百歲行醫錄

韓兼善 韓兼思 著

香港新華書城出版有限公司

書名：**百歲行醫錄・貳**
編著：韓兼善、韓兼思
出版策劃：尹健文
總 編 輯：何德敏
校　編　：蘇漢培
美術編輯：尹健銘
美術構成：李頌宜
出版發行：香港新華書城出版有限公司
地址：香港九龍紅磡鶴園街 2G 恆豐工業大廈第一期 4 字樓 A1-J 室
印刷：香港美迪印刷公司
版次：2023 年 7 月第一版第一次印刷
國際書號 ISBN：978-988-79909-7-0
售價：HK$130

作者簡介

韓兼善、韓兼思，廣東番禺人，都已行醫五十多年。父親韓紹康（1909-1986）傳承先祖醫術，18 歲開始行醫，提倡針灸與藥物結合治病。1958 年受聘於廣州中醫學院（今廣州中醫藥大學）和廣東省中醫藥研究所，是該院針灸學科創始人。畢生從事傳統針灸的研究，以針藥結合實踐《內經》，首次在國內開展針刺治療多例瘧疾，首次開展人體衛氣現象的臨床針刺研究，取得滿意效果；針灸選穴少而精，常常獨取一穴而愈重疾，故有嶺南一支針之譽，代表著作有“對五輸穴的認識和運用”，“論三焦”等。

韓兼善傳承父親醫術，是中醫副主任醫師，廣州中醫藥大學客座教授，廣州市中醫學會第六屆常務理事，曾五次應邀赴德國交流中醫學術，多次赴香港講授中醫內科、針灸課程，有多篇學術文章，如“略論針刺候氣”、“略論針刺導氣法”等在國內外發表，擅長運用傳統針刺手法治癒奇難雜症。

韓兼思 1963 年考入廣州中醫學院，畢業後留校，先後在內、兒科和中藥方劑教研組工作，多次參加全國方劑學教材編寫和審稿，對中藥方劑有較深入研究，長期師從周子容、劉赤選、關濟民三位著名教授，先後在《新中醫》、《家庭醫生》等醫學雜誌發表數十篇文章，如“韓紹康老中醫的學術思想和臨床經驗”、“針藥治癒熱入血室的體會”等，現在香港行醫已數十年。

目錄

總論

一 . 取法自然

取法自然是中國的主要哲學思想，尤其在公元前三世紀以前的中國歷史上佔有主導地位。現存公元前一世紀以前的著名典籍，例如《易經》、《管子》、《道德經》、《莊子》、《荀子》以及漢初的《淮南子》等等，都明確主張取法自然，期間著名的學者或政治家，如管仲、老子、莊子、鄒衍、荀況、張良、蕭何、曹參等、都是這一主張的鼓吹者或實踐者。

歷代不少成功的中國統治者，尤其是開國君主，由於有意無意地根據取法自然的思想制定國策，因而取得成功，被稱為一代明君。

取法自然的思想甚至一度對歐洲產生影響。十八世紀傑出的啓蒙運動思想家、哲學家伏爾泰（Voltaire）對此讚賞有加。法國前總統希拉克就曾說過，啓蒙思想家們“在中國看到了一個理性、和諧的世界，這個世界聽命於自然法則且又體現了宇宙之大秩序。他們從這種對世界的看法中汲取了很多思想，通過啓蒙運動的宣傳，這些思想導致了法國大革命。”（引自希拉克先生 1987 年 11 月 10 日的講話）

由於早期道家的闡發和大力提倡，取法自然成為道教的理論基礎。這一理論的大部份觀點也被儒家、佛教所接受，因而成為“三教合一”的主張的重要理據。

取法自然也是中醫最重要的經典著作《黃帝內經》的核心思想。

取法自然是指人類的一切活動必須遵從自然規律，掌握和運用自然法則。“自然”即天然、自然而然、自己本來面目。這一思想最少可追溯到《易經》，它認為人不但要順從自然，還要設法輔助自然，發揮人的作用，而不可逆勢而行（《泰卦》、《否卦》之意）。老子把這一思想納入“道”中，稱之為“道法自然”。（《道德經》第二十五章，簡稱道·25，下同）

“道”是一種狀態，無形無物無聲，無處不在，大得無極，又小得無限。它是宇宙的本源。老、莊為首的道家理念和西方哲學明顯不同，它反對神造天地，也不用風、火、水、土、空氣、原子等有形物質來解釋宇宙起源，而認為鬼、神、天帝、萬物都必須在“道”的參與下才能顯出各自的本性。這本性稱之為“德”。只有由道變成德，道才顯得有形可徵，有跡可尋。

道家的哲學思想是“無為”。其來源可追溯到《易經》。“無”與“亡”相通，“亡”的原意是“藏匿”。“無為”的用意是藏而不露，無表面現像可尋（道·41：道隱無名），就是說，他們不會刻意地違反或破壞自然規律，而是遵照事物發展的自然規律來處理問題，可見無為的實質就是取法自然。自然之道無私無為，卻能衍生萬物，造化無窮。所以管子說：“無為之謂道。道的作用，就是扶持萬物，使它們生長發育，從而貫穿其生命的全過程”（《管子·心術上》），因此，他把無為治國建構於順應民心的理念上，主張“百姓所希望的，應當給予他們，百姓所反對的，應當廢止”，主張愛民、安民、慈民、敬民，為此，實行了一系列政策，其中包括：一.取消農奴在貴族莊園的無償勞動制度，改為按土地好壞分配給農奴耕種，然後“案田而稅”；二.取消高稅率，改為兩年只收農業稅一次，豐年只收收成的十分之三，中等年收十分之二，下等年收十分之一，災年免稅；三.利用齊地瀕臨大海的優勢，大力發展漁業、鹽業、商業、運輸業，提高手工業者、商人的政治地位；四.實行鹽、鐵、銅由國家專賣、調節和鑄造錢幣。短短數年，齊國成為當時國富民強的最強國。管仲的一生，成為道家"無為而無不為"的偉大實踐者。

中國很多封建皇朝在開國之初，幾乎都面臨前朝留下種種多如牛毛的刑律、苛捐雜稅、徭役，甚至等級、門閥制度，加上連年戰亂，百業凋零，賄賂公行等等，這些人為的嚴重違反自然規律的結果令國家陷入極度經濟危機，所以這些皇朝的開國之君都在實際上採取同一國策：1.廢除前朝苛政，制定和執行有利於人民休養生息的法令；2.鼓勵百姓定居、墾荒，軍隊大量裁員，回鄉種田；3.政府帶頭節省開支，崇尚儉樸，嚴懲貪腐。令整個社會處於自然、和諧、安定的狀態，"撫民以靜"，於是出現了文景之治、光武中興、貞觀之治以及順治、康熙年間的斐然政績，由此產生了下一代的"太平盛世"。

上述的管治方式，就是中國人所追求的"堯舜之治"。其實質都是孔子、莊子等所稱贊的"無為而治"。《莊子》說："英明的君主是這樣治理天下的——功績廣被天下，卻像和自己無關，教化廣及萬物，而萬物各得其所，他立於神妙莫測的地位，卻不露痕跡，好像行若無所作為。"孔子更說："無為而治者，其舜也與？夫為何哉？恭己正南面而已矣"。

道法自然在日常生活中的表現，是中國人養生觀的反映，它要求人們要"依乎天理"，適應氣候環境而生存，在衣著、飲食、娛樂各方面力求不走極端、不尚奢華、保護生命、保全本性、從而享盡天命，甚至懂得駕馭六氣的變化，遨遊於無窮的天地。道家思想的先進之處，在於發揮《易經》“君子考慮到禍患而豫防”的思想，指出“治之於未亂”的重要性，他們早就認識到順從四時、符合地利、合乎人和是治國之本。順從四時的積極涵義是掌握自然規律，根據季節的特點，制定不同的預防和環保措施，例如：在春天，要求官員指導民眾薰烤房屋，鑽木取火、整修竈台，淘井消毒；到了夏天，官吏會同有關人士巡視鄉里，令百姓生火消毒，地裏、院裏都要蓋井，不讓毒氣沾汙食器，防止飲用中毒、疫病蔓延；至於不合時令發生的異常天氣，官吏要及時做好預防、教化輔導工作，要利用空閑時間訓練有關人士，年終進行賞罰（《管子 · 霸言 · 輕重己 · 度地》、《道 · 64》）。這一積極防治疾病的思想，既體現了取法自然的精神，也是《內經》“上工救其萌芽”的防重於治理論的先驅。

尤其可貴的是，管子已經注意到情志的轉變和個人修養對健康的影響，認識到音樂能調養性情，他說：“心性之所以受損，必定是由於憂、樂、喜、怒、欲、利的作用”、“人的生命，一定要依靠歡暢，憂愁會使生命失常，惱怒會使生命無序”、“制止忿怒莫過於詩歌，消除憂悶莫過於音樂”、“人能做到形正心靜，皮膚自然顯得豐滿、耳目聰明、筋骨舒展而強健”（《管子 · 禁藏 · 形勢解 · 內業》）。他不但認識到利用七情可以治療疾病，而且比孔、孟更早提出以詩、樂、禮、敬、靜以“定性”，喜怒哀樂要“致中和”，亦即控制情緒。

《內經》總結了上述經驗，系統地、全面地創造出一套中醫預防、養生和診治的理論，把“無為”作為得道、治身的最高境界和長壽要訣。《陰陽應象大論》："聖人為無為之事，樂恬憺之能，從欲快志於虛無之守，故壽命無窮，與天地終，此聖人之治身也"，認為取法自然猶如"臨深決水，不用功力，而水可竭也；循掘決沖，而經可通也"。

天地陰陽的變化，反映在每一具體事物都有其特定的氣和味。《內經》把藥性分成四氣五味、升降浮沉、歸經，從而創立了中醫藥物學的完整理論，用以指導調整人體陰陽，達到治病的目的。整個理論就是取法自然的反映。此外《內經》又指出"上工治未病"在醫學上的具體運用：1. 通過診斷洞察先機，首先參考日月四時的變化對於人的形氣榮衛的影響而預定調治之法；2. 區別邪氣的輕重緩急，分辨虛邪、正邪（虛邪傷害人體，出現症狀；正邪只是微見於氣色，身體並無特殊感覺），上工根據氣色的微輕變化，就能見微知著，救治於萌芽之先；3. 在疾病初起，正氣尚未敗壞的時候，"可以三部九候之氣"進行診察，及早調治；4. 根據邪氣入侵的淺深及傳變規律提出了及早治療的重要性及其治則。一方面，邪氣襲人，是按五行生尅乘侮規律以勝相加，至其所生而愈，至其所不勝而甚，死於其所不勝，因此，掌握傳變規律就能及早防治，另一方面，"卒發者，不必治於傳，或其傳化有不以次"，疾病突然發作，就不必計較按傳變的次序治病，或者因為七情的變化干擾傳化的次序而產生大病，也不必囿於傳變的框框；5. 在上述診斷基礎上提出針刺大法：在疾病未發生之前進行針刺預防；其次在邪氣未盛的時候針刺治病；再次在邪氣已衰、正氣來復的時候進行針刺扶正；後世孫思邈更補充"以道御之…天地有斯瘴癘，還以天地所生之物以防備之…則病無所侵矣"（《千金方・卷九》）。

治未病的觀點，反映了古人在尋找自然發展的規律並利用這些規律去解決問題的決心和嘗試。經過長期探討，古人提出了陰陽學說、五行學說，並歸納為術數。這些理論滲透到整個中醫體系之中。

一 . 陰陽學說和五行學說

陰陽是中國最古老的哲學概念。陰陽和合、和諧是陰陽相互作用的最佳、最完美的狀態。《易經》全書都是體現陰陽關係的大道理。隨後數百年，陰陽一直被視為“道”的具體表現，它與萬物的關係，猶如提綱之總繩，散絲之頭緒，被視為宇宙千變萬化物的本源、始末。《內經》先進之處，不但提倡法於陰陽，處天地之和，更提出以“提挈天地，把握陰陽，呼吸精氣，獨立守神，肌肉若一”作為得道的最高境界和目標，這一提法是希望從具體事物進而尋找並得到無形的道，亦即《繫辭》所說的“形而上者之謂道”，可見《內經》直接繼承和發揚了《易經》的精神；至於五行學說，其來源似乎和古人對宇宙的認識有關，《天元紀大論》說：“天有五行，禦五位，以生寒暑燥濕風”。這裏的五行指五種運行之氣，五位指分屬二十八宿的五個方位；1973 年出土的長沙馬王堆《易傳》也證實了五行源於“天道”：“聖人之立正（政）也，必尊天…理順五行…甘露時雨驟降…德也天道始，必順五行”，這一觀點也為中醫所接受，例如張仲景、孫思邈都同意“天布五行以運（植）萬類”（《傷寒論原序》、《千金方 · 婦人方》）。天地之氣不斷升降出入才能產生萬物，包括大地上的物質，這些物質亦有五行。這裏的五行主要指構成萬物的五種成形的基本物資，亦稱五材。人們把天地五行和五色、五位、五時、五氣、五味及其生尅乘化，和人的五臟甚至氣血筋脈骨肉等通過取類比象結合起來，產生了闡述萬物變化的完整的五行學說，所以《易·系辭傳》說：“天數五，地數五，五位相得而各有合”。

由於“善言天者，必有驗於人”，所以五行學說也用來解釋“人性”。例如《管子》就說：“道德衰敗時，可以按五行之位來考察……修養心志，用五行相克的道理看待形勢，滿虛哀樂之氣就可以容納。”（《侈靡》）

與陰陽學說有密切關係的是動、靜、剛（剛強）、柔（柔軟）。陰主靜、主柔；陽主動、主剛。正如周敦頤所說：“太極動而生陽，動極而靜，靜而生陰，陰極復動，一動一靜，互為其根”。萬物從無到有，以至發展、壯大、衰老，最後歸於寂滅的過程，是一個由靜→動→靜的過程，靜中有動，動中有靜，靜以制動、動靜結合、剛柔並濟、“剛柔相推而生變化”。天主動，動而不息；地主靜，靜而守位。

《內經》把這一哲理應用到醫學中，《內經》說：“天地的動靜，是以變化莫測的大自然物像作為綱紀”，作為養生之道，其中重點之一就是“節陰陽而調剛柔”。認為萬物的生、長、壯、老、已以及變化、成、敗，氣的機能的升、降、出、入都是“動”的表現，“物體的新生，是從化得來，物體到了極點，是由不斷變而成。變和化的相互鬭爭、轉化，是成敗的根本原因……成敗彼此相關、互為轉化的關鍵在於運動。由於不斷的運動，才會產生不斷的變化……不生不化，只是相對靜止時期。”（《六微旨大論》）任何物體要生存，就要不斷運動，才能保持生生不息的生機。

南北朝的陶弘景認為“能動能靜，所以長生，精氣清靜，乃與道合”。

宋·丹波康賴進一步發揮了動靜學說，認為寧靜和躁動各有其特性，片面強調靜，易陷於不夠靈活、不知變通；片面強調動，易發展成急躁而不精密，只有順應動靜的特性，動靜結合，調養得宜，才能養生延年。

元·朱丹溪據太極的涵義，主張“主之以靜，動皆中節”。

明代養生學者萬全把正確處理動靜關係作為養生要點之一，他認為靜是指喜怒哀樂未發之時，此時重點在修心養性，不可違反天地四時陰陽的規律；而喜怒哀樂則是動的主要表現，情感的宣洩要適當節制。動靜適宜，便是中和的體現。

陰陽在醫學上的應用遠遠不止這些。其中最著名的還有精氣學說。精屬陰，宜潛藏靜養；氣為陽，宜環動不息。精是構成人體最基本的物質。氣的含義有二：一是流動著的微小物質，如水穀之氣、呼吸之氣；二是活動能力。氣在人體內像水流一樣的不斷運動，標誌著人的生命活動存在不息。日月四時的變化、外邪的入侵、臟腑虛實都能對氣的浮沉、大小、形態、速度，以至某臟腑、經脈的盛衰、充盈度產生影響。精和氣都有先後天之分，先天的精和氣與生俱來，後天之精由水穀精微化生而成，然後分為營氣、衛氣和宗氣三部份，在營氣、衛氣和宗氣的運行過程中，還吸取了呼吸的精微，從而衍化出後天之氣。水谷精微還化生成津液，津液的一部分經三焦成為衛氣以溫肌肉、充皮膚，肥腠理，或經皮毛開闔，出而為汗，另一部分津液中比較稠厚的部分則充骨生髓（包括骨髓、腦髓），濡養、潤澤關節、皮膚（《靈樞·決氣第三十、五癃津液別第三十六》）；精、氣所表現出來的生命活動現像叫做“神”（廣義的“神”），氣聚成形。形是神所藏的地方，神是形的主宰，無神則形不可活，無形則神無所依附，“形與神俱”是生命存在的必備條件。精充、氣足、神全是健康的保證；精虧、氣虛、神耗是衰老的原因；精絕、氣散、神離是危亡的標誌，所以，如何保、養、增加精、氣、神和減少、避免損耗精、氣、神，乃是中國一切養生學家、尤其是中醫為之研究終生的課題。

與陰陽學說有密切關係的另一重要理論是“天人合一”。天人合一的思想在易學、道家早已有之。《易經》不僅教人順天道（順從陰陽規律），還要輔天道，亦即發揮陰陽規律以造福人類。養生也要和天道直接聯繫起來，“要履行養生之道、探求道的往來，可以索之於天，與天同期”，不單如此，早期道家還提出“有諸內必形諸外”的看法，認為“內心健康完整是藏不了的，它在外貌上可以表現出來，也可以從外表的顏色來察知”。

既然“有諸內必形諸外”，那麼，通過對“外”的詳察，也應可以洞悉“內”的情況。《內經》由此創立了四診（望、聞、問、切）合參，以及通過針刺來判別正氣、邪氣、正邪強弱盛衰的方法，從而奠定了中醫診斷學的基礎。

二.術·數

中醫養生十分強調“和於術數”。“數”不單指計算，而且是代表天地萬物的某種規律，中國古代哲學歷來天、數不分，為中醫者，要“上知天文，下知地理，中知人事”才算懂得“道”，而“天地之本皆源於數”（引自《中國考古天文學》）；“術”則指探索、掌握和推斷天地萬物（包括人事）存在和發展規律的方法，亦即“數”的方法。術數源於象，所謂象，是根據事物的外表、名稱、時空、相似性、類別、位次、形狀等等，“援物比類”、“象其物宜”、“引而伸之”（《易經 · 繫辭》）、這種引申，包括意象、物象以及“在天成象，在地成形，變化見矣”。所以王安石說：“象者，有形之始也”。在中醫而言，主要指自然界萬物之象（形像及其內涵）、以及由此歸納而出的陰陽五行之象、再由上述兩種象比類，這種象數思維顯然是源自《易經》，天數一，地數二，隱藏陽和陰之義，但是又參考了《道德經》的涵義，把三代表人，三生萬物。《內經》雖然不斷試圖總結天地陰陽變化規律，但是最後都要落實到全書的重點，亦即討論到人這一萬物之靈。我們聰明的祖先經過數世紀的對天象的詳細觀察和探討，最終把處於北極位置的北斗作為最重要的授時星象組成了中宮，把太陽的周年視運動軌跡稱為黃道，把與天球極軸垂直的最大赤經圈稱為赤道，在黃道、黃道帶和赤道、赤道帶上分佈着二十八星宿，再把北斗七星和二十八宿的相對關係使其沿赤道組成東、北、西、南宮，從而構成了中國獨特的（五宮）天文學體系。由此體系可以較準確地推算出太陽、月亮的運行規律，從而創造出陰（月）陽（日）合曆的中國曆法。他們把黃道帶等分為 24 個弧度，太陽繞地球一周約 360 度為一年，故此每一弧度為 15 度，以對應每 15 日為一節氣，一年四季，每季六節共二十四節氣。五日為一候，每三候為一節氣（3 × 5 ＝ 15）。由於三數主東方，為節氣之始，恰應斗柄每行 15 度為一節，這時候正值春分，萬物萌發，可見一、二、三和五都是天地變化的基數。這些象數如何“類比”於人呢？例如：一為太極之數，變化為陰陽二氣，陰陽變化各分為三，三氣合而成天，三氣合而成地，人亦應之，故三氣合而成人。“人之合於天道也，內有五藏，以應五音（註：《左傳》認為五音上應五星，下應五行）、五色、五時、五位也；外有六腑，以應六律，六律建陰陽諸經，而合之十二月、十二辰、十二節、十二經水、十二時、十二經脈者，此五藏六腑之所以應天道”（《靈樞・經別》），所以，《血氣形志篇》說：“天之常數也就是人之常數。”《六節藏象論》進而指出：“天地之間，六合之內，其氣九州、九竅、五藏、十二節皆通乎天氣。其生五，其氣三，數犯此者，則邪氣傷人，此壽命之本也”。如果說這些規律可以是人為的話，那麼，正常人的氣血運行規律則十分耐人尋味了，用現代的話來說，《內經》已發現了天人之間不少人體生物鐘現像。例如，“許多病人的病情在早晨減輕，神志清爽，白晝較為安靜，傍晚病勢漸重，夜間病勢最甚，這現像和人的正氣運行情況有關，至於少數不符合這規律的病人，則是患病的臟腑與時日五行生尅有關”，又如日月星辰的變化對人的氣血，尤其對衛氣有明顯影響；古人已經觀察到人體內營氣、衛氣的運行規律、週期和太陽行經二十八宿的規律、週期是一致的，營衛的運行速度都和呼吸之數相關，人有二十八脈，上應二十八宿，就像《靈樞》所說：“夫血脈營衛，周流不休，上應星宿，下應經數”（詳見《針道》一文）這對取法自然、順乎自然、天人合一的哲理又提供了一大理據。此外，一些“數”是男女有別的，例如男子生長發育的規律大概以八為數，女子則以七為數（《易經》艮為少男，其數八，兌為少女，其數七）；某些經脈的長度，例如蹻脈，則是“男子數其陽、女子數其陰”，這些差異，無疑是古人細心觀察的結果。

可見茫茫宇宙、蕓蕓萬物按照一定的"數"來運動，《內經》說："任何數都是從極微小的數目產生的，而這些毫釐的小數又起於更小的度量，只不過它們經過千萬倍地積累、擴大、增益，推而廣之，才形成形形色色的大千世界"。

那麼，有沒有違反這些"數"的情況呢？答案是肯定的。《內經》提供了四種情況：第一，天地不正之氣。早期道家已經注意到氣候異常的現象，《內經》進一步把五運六氣和季節氣候的反常分成"至而甚、至而反、至而不至、未至而至"四種情況。後世張仲景再補上"至而不去"並舉例解釋："冬至之後甲子，夜半少陽起，少陽之時陽始生，天得溫和，以未得甲子，天因溫和，此為未至而至也；以得甲子而天未溫和，為至而未至也；以得甲子而天大寒不解，此為至而不去也；以得甲子而天溫和如盛夏五六月時，此為至而太過也"。《內經》還指出，體虛之人，若遇上歲運不及之年，又逢上弦月之前、下弦月之後，月缺之時，再重複感受病邪，疾病就會加重，甚至危篤；至於卒然遭逢的天氣變化則不在此例。此外，地域改變也會造成氣候的差異，西北屬陰，氣候偏於寒涼；東南屬陽，氣候偏於溫熱；即使一州之氣，也有生化壽夭的不同，因為"高下之理，地勢使然也，崇高則陰氣治之，污下則陽氣治之，陽勝者先天，陰勝者後天（陽氣盛的地方，萬物先於四時而早成，陰氣盛的地方，萬物常後於四時而晚成）此地理之常，生化之道也"，唐詩"人間四月芳菲盡，山寺桃花始盛開"就是一個明顯的例子，人類如果不知根據氣候環境的變化而作出相應改變，就必然令身體受到傷害。第二，有意無意地違反人的正常生理節律。《內經》指出，有些人"以酒為漿，以妄為常，醉以入房，必欲竭其精，以耗散其真（元），不知（保）持（精氣的充）滿，不時馭神，務快其心，逆於生樂（違反了正常人生樂趣）、起居無節，故年半百而動作皆衰也”，今天，我們看到更多違反“數”的現像，例如，日夜顛倒的作息制度、逢場作興的濫飲豪賭、但求一快的吸食毒品、不顧一切的節食減肥、恣情縱欲的聲色犬馬、日以繼夜的嬉戲玩樂（如打遊戲機、唱K之類）……都是傷身促壽之舉。第三，先天不足：由於先天精氣不足、臟腑、骨骼脆弱等原因而早夭；第四，善於調養、攝生，從而延年益壽，甚至遠超正常的生理年限。《內經》稱這一類人為“得道”。陶弘景認為，掌握養生規律的人，正常可以活到一百二十歲；而稍稍通曉“道”的人，更可活到二百四十歲。

有人認為中醫學理論核心是藏象學說，實際上，它不過是陰陽五行和術數理論在中醫學的發展。亦即取法自然的思想在中醫學的發揮。為什麼這樣說呢？先看看什麼叫“藏象”。臟與藏通，內臟隱藏於體內，按理藏象學說應以實質存在的內臟為出發點，事實上，上古之時，我們的祖先已從事過人體解剖，這在《周禮》、《史記》等典籍都有明確記載。《內經》、《難經》記載的多個內臟的位置、形狀、重量、大小、長短、內容物都和現代醫學所得大致符合，可見古人必經實物解剖，然而，綜觀這些書籍就可知道，藏象學說中用來說理的內臟，絕大部分不是解剖實物，而是“參天地而應陰陽”得來的東西。

“藏象”一詞，源出《內經·六節藏象論》，該章節共論述三個問題：天地日月運行以成歲月之數以及失常的時候對人的影響；關於五行、五色、五味、五臟和陰陽的關係；脈象和陰陽曆法的關係。文章一開始就指出人的全身有三百六十氣穴，其數正好相應每年歲之數，而歲運、節氣、臟腑等等皆與三和五這些生、成之氣數有關，可見藏象討論的重點是陰陽五行和人的關係，是以天地之象數來對應臟腑、經穴。天地萬物之象數源於“道”，所以藏象主要討論“藏”和“道”的關係，是“道”的一部份內容，在本篇則具體落實到象數，這和全書主題並無二致。

從以上的論述可以得知，中國早期的主要哲學流派，其主張都源於取法自然的理念，中醫學只不過是這一理念的一個分支而已，要研究中醫理論及其在實踐中的運用，必須本著取法自然的精神，才能明白中醫學的精要。

下面，再著重從中醫其他養生學的內容，看看它是如何運用這一精神的。

1. 飲食

中醫對飲食的要求，可以用三句話來概括：一是“食飲有節”、二是“謹和五味”、三是飲食要“醇美”。

飲食要有節制、節律。有節制，即不可多飲、多食、暴飲、暴食；有節律，即飲食要定時、定量，養成良好的習慣、符合身體在不同情況下的要求，不可時饑時飽或過冷、過熱。正常人在不同年齡、不同地域、不同疾病、疾病的不同階段，對飲食的要求都有所不同，《內經》更發現了某些飲食對身體某部份有特殊作用，從而更好地發揮了飲食的功能。以上因素，都可以影響到飲食的定時和份量。

“謹和五味”的意思，是仔細地調合食物的氣味，達到均衡飲食的目的，穀、果、畜、菜皆有裨益，強調“氣味合而服之，以補精益氣”，謹和五味才能“骨正筋柔，氣血以流，腠理以密，如是則骨氣以精，謹道如法，長有天命”。各種飲食都有其獨特的氣味，而氣味又和五色、五方、五臟、五音等掛上號而應用於臨床，值得一提的是，早在漢代初期已鄭重指出不吃肥膩濃厚美味、少吃過鹹過酸食物作為養生要訣（《養性延命錄》）。

飲食“醇美”的含義，第一是強調食物新鮮；第二是飲食衛生，用火煮食可以“炮生為熟，令人無腹疾”，“勿食生肉，傷胃”；對於飲水的清潔，公元前 770—前 403 年已有“土厚水深，居之不疾”的記載，前面說過，《管子》一書已載有保護飲用水以避污染的辦法。商代已有相當先進的地下排水系統，而《內經》記載，稻米釀酒，可以“得天地之和，高下之宜，故能至完（美）”，可見古人對飲料的衛生，還是有比較嚴格的要求的；第三是飲食要求味美可口，烹調合理。孔子對飲食的要求可說是近乎嚴苛：“食物放得過久以至變味、魚肉腐敗變質、食物變色難看、氣味臭惡、腐敗，不吃；不經過適當烹飪、不是出產的季節、肉切得不合標準、煮肉的調味醬料不當、甚至連買來的酒和肉乾，一律不吃”。張仲景進一步補充了食物的衛生標準：“各種肉和魚，如果連狗也不吃，鳥也不啄，人就不要吃它；肉中帶有朱點，不可吃；牲畜因發瘟疫而死，必然有毒，不能吃！”（孫思邈補充：“凡禽獸自死無傷處，不可食”）“污穢的米飯，吃了會傷害人”、“食生肉，容易變生寄生蟲”、“果子停留多日，有損處，食之傷人”……

後世更發現某些食物不能混在一起煮食，否則會產生副作用，甚至中毒；此外，有些食物容易引起過敏，在中醫典籍中屢有記載。古人甚至連進食時的環境氣氛、進食習慣、食後處理也有講究，《論語》“子食於有喪者之側，未嘗飽也”就是其中一例。進食時要安靜、愉快、去除煩惱，最好有音樂伴奏；進食時要專注，要反覆咀嚼食物，細細品味；食後要漱口，吃飽東西要慢行數百步，晚飯後也要散步約“五里多”才能睡覺，這樣做有助於消化，除去很多疾病，但飯後不要急跑、馳馬、登高、涉險，否則會氣息喘滿以致損傷臟腑。

比對中西醫學，對飲食的原則和疾病的飲食宜忌有很多相同之處，甚至西方醫學也有“五味學說”，例如，西醫主張心血管患者，應避免進食過鹹和含脂肪過多的食物，《內經》已記載：鹹味能進入血，使血液變得粘稠。過食鹹味，則耗傷血液，使血脈凝澀不暢，而色澤也改變（包括血管顏色、面色、唇色、指甲顏色變深、變瘀黑等），甚至骨骼損傷、肌肉短縮、心氣受到壓抑，所以血病、心病不要多食鹹。此外，過食甘味令人中滿，心中滿悶、“心氣喘滿、色黑、腎氣不衡”，膏粱肥甘太過容易引致內熱、消渴、卒倒、中風、偏癱、胸滿氣喘促、嚴重的疔瘡等類似現代糖尿病、心腦血管等疾患；又如，吸煙傷肺和影響心臟，在現代已是常識，然而《靈樞・五味》已有“過多服食辛味，令人心中空虛”的記載，大約在1476年，已有中醫提出“煙草辛熱有大毒”的警告，清代學者更指出“煙草味辛性燥，熏灼耗精液⋯一入心竅，便昏昏如醉矣”（《老老恒言》）、“吸煙最灼肺陰，令人患喉風咽痛，嗽血失音之症甚多”，為吸煙損害心肺功能提供了論據。

現代醫學已經證明，一些曾被認為久服、多服、有益無害的藥物，即使維他命C、E之類，實際上也有副作用，反而印證了中國哲學“物極必反”、“過則為災”的理論和《內經》的論點：“藥物服用日久能增強各臟之氣，這是藥物在人體氣化的一般規律，若繼續服用過久，又能縮短壽命、導致夭亡。”事實上，即使常用藥、補藥，中醫也認為不可濫用或久服、多服，例如甘草、人參，長期大量使用，也有副作用（已被現代藥理證明）。

但是，只要稍加分析就會發現，中、西醫對飲食的理念是大不相同的。西醫提倡均衡飲食理論，建基於人體細胞對多種營養物質（蛋白質、脂肪、醣、維他命、各種電解質……）和熱量等綜合要求上，是微觀理論發展的必然結果；而中醫對均衡飲食的看法，建基於對飲食的氣和味的均衡要求上，這種把各種飲食、藥物都分成不同性（氣）味的理論，統屬在陰陽五行學說之下，是取法自然的宏觀結果。同樣，對一些疾病的飲食宜忌，中、西醫的結論雖然相同或相近，但其理論依據則大相逕庭。

那麼，是否現代的均衡飲食理論就全無瑕疵、而中國古代的飲食理念就一無是處呢？筆者認為也不能這樣看。舉一個例子：一些急性黃疸型的乙型肝炎患者，不少西醫主張大量吃糖，既可補充病人失去的營養，又可幫助肝細胞解毒，可是從中醫的角度來看，這類患者很大部份有胃腸道證狀，如腹脹、食欲不振、易於困倦、甚至有噁心嘔吐、泛酸、大便不正常等，屬於脾濕壅盛，而食糖或葡萄糖味甘甜，多食壅脾助濕，令人中滿，未轉化成單糖之前就已加重了胃腸道負擔，使得本來已被濕困的脾更難運化（“脾主運化”類似現代醫學的消化吸收作用），所以這一階段不宜多吃糖。

有人以為，中醫只反對膏粱肥甘厚味，提倡飲食清淡。其實是誤會，中醫既反對太過，也反對不及。過於清淡無味、過份節食、禁食，也不正確，中醫提倡的，是“薄滋味”，亦即富有營養、味道鮮美可口而不膩滯的飲食。清代葉天士曾說：“膏粱無厭發癰疽，淡泊不堪生腫脹”。

中醫認為“醫食同源”，但是食物並不等同藥物。大多數藥物寒熱之性較明顯，都有一定的副作用，病去十之八九，就改用食療。食療包括兩大類，一是前文提到的五穀、五果、五畜、五菜，它們基本上都是性味醇和的食物，只要調配得法，就能達到補益精氣的目的，可以長期食用。所謂調配得法，首先是根據主次來處理食物，按照《內經》的意見，主食是五穀，具有充養五臟之氣的關鍵性作用，其次是果，再其次才是畜、菜，正如《壽親養老新書・卷四》所說：“古代分別列出五畜、五果、五菜，一定以五穀為先，因為要維持生生不息的生命，莫如五穀。”從現代觀點分析，上述主、副食構成的“食譜”確已包含了人體所需的各種養份，而且動物脂肪類只是副食之一，說明我們祖先的飲食配搭是很健康而科學的。其次，因為食物各有辛、酸、甘、苦、鹹的不同，各有利於某一臟氣，所以在使用的時候，要根據四季和五臟元氣的盛衰、苦欲等具體情況，各隨其所宜而服之。這一點甚至佛教典籍都在記載，如《大正藏・金光明最勝王經疏》列出飲食禁忌：“春食澀熱辛，夏膩熱鹹醋，秋時冷甜膩，冬酸澀膩甜”；又如，長夏暑濕當令，甘甜而生冷的瓜果雖然有提供水份、補充營養、減輕暑熱等作用，但小孩子脾胃運化吸收功能較差，水寒之濕容易停留在脾胃，變成腹脹泄瀉，所以不要亂吃生冷瓜果。再如熱病後，正氣不免受損，如果單從營養學的角度來考慮，應該趕快大量補充各種營養物質，但是病後消化吸收能力往往較差，能否一下子“承受”比常人更多的營養，尤其是難以消化的脂肪類食物？所以《內經．熱病論》告誡人們：“當熱勢稍減的時候，食肉則病情復發；如果飲食過多，則餘熱不盡。”

那麼，對於久病的患者該怎樣處理？《內經》也作了回答：“其久病者…養之和之，靜以待時，謹守其氣，無使傾移…待其來復”，也就是說，必須保養得法，調和陰陽，耐心地等候時機，謹慎地守護正氣，不要使它受到損耗，才能慢慢康復。

由此可見，中醫對待任何疾病、包括病後，都不會單從營養學的角度來考慮問題，硬性規定每日攝取量，而是根據多方面的情況來斟酌患者的保養。

藥膳是食療的另一大類。唐代已有專科。作為藥膳的材料，絕大多數是沒有或只有很小副作用的藥物，配製成日常飲食，如藥茶、藥酒、藥湯，或加米粉製成糕點、加果或加肉製成菜肴、肉羹、粥等等，起到治病和補益的作用，但是畢竟是藥物，必須注意服食者的體質和服食時間長短。

下面談談飲品，現就中國人釀酒和飲茶的歷史談一下。

中國人懂得釀酒，最少已有五千年歷史。最初的酒是用糧食釀製的。後世醫家認為它還有通血脈、祛瘀積、禦寒氣、行藥勢、引藥性上行、厚腸胃、潤肌膚、散濕氣、辟穢濁、振奮陽氣等作用，而各種藥酒，更因藥物的特殊作用而擴大了酒的應用範圍和治療作用，所以中醫並不一概反對飲酒，清・王孟英主張老人可以飲少量陳酒，認為酒“壯膽辟寒、利血養氣、老人所宜。”然而，隨著釀酒業的發展，酒味越來越濃烈，酒性更趨辛辣大熱，對人體損害越來越明顯，這種酒稱為燒酒，以別於一般米酒，因為它“消爍真陰”、“性烈火熱，遇火即燃，陰虛火體，切勿沾唇……凡燒酒醉後吸煙，則酒焰內燃而死。”（《老老恒言》、《隨息居飲食譜》）“酒性慓悍，其入於胃中，則胃脹氣上逆，滿於胸中，肝浮膽橫。”（《靈樞・論勇》）若從性味分析，烈酒對肺、心，以至氣、陰都有損害，尤其暴飲、多飲、酗酒、酒後當風、酒醉行房的危害更大，隋・巢元方已把飲酒過多稱為“惡酒”、“毒酒”，認為如果酒毒不能消解而浸漬於腸胃以至其他臟腑、流溢於經絡，使血脈充滿，令人“煩毒昏亂、嘔吐無度，乃至累日不醒，往往有腹背穿穴者”，還可以“狂悖變怒、失於常性”，或發生腹脹不消、高熱、惡寒、上吐下瀉；或營衛閉塞、痰水停積以至“酒痰相搏、腹滿不消（類似現代醫學的肝硬化腹水）。”元・朱丹溪也說：“酒性善行而喜升，大熱而有峻急之毒”，所以古人說，多飲酒能“傷神折壽，飲酒過度，喪生之源”。

再說飲茶，中國人和茶打交道的日子最少也有兩千年，《詩經》已有贊美茶的句子，《神農本草經》記載“茶味苦，飲茶可以增加思維，減少睡臥，身體輕快，對視力有幫助。”隨著茶的品種越來越多，人們發現茶有更多的藥用功能，如除痰、下氣、消食、利尿、除煩渴、清頭目、解毒等等，有些茶還能醫痔瘡、痢疾、有減肥、美容作用。王孟英更推崇普洱茶，認為它不但消肉食，還能解暑辟穢、調理腸胃。至於藥茶，更是品種繁多，常見的有人參茶、菊花茶、玫瑰花茶、靈芝茶等。雖然茶已成為世界三大飲料之一，在中國更有“不可一日無茶”之說，但是綠茶性偏寒涼，體質虛寒的人慎用，藥茶更因“藥”的關係，使用上亦有禁忌，例如不少港人喜歡用玫瑰花泡茶，長期飲用，因為花氣清香而不燥，還有美容、條達肝氣、活血行氣的功效，但本品通而無補，能治跌仆瘀傷，若無氣血鬱滯，多服久服，反而有破血的可能，對正氣不利。

對於老年人，如非稟賦異常，最好飲用一些性質平和的茶，如壽眉、六安、烏龍之類，此外，不宜飲濃茶，尤其不要在睡前飲。

中醫對不同年紀的人的飲食要求是不同的。《壽親養老書》說得好：“少年人真氣壯旺，即使饑飽失調、飲食生冷，由於體質強盛，不易成為病患，但是高年人真氣耗竭，五臟衰弱，全賴飲食來資生氣血，如果生冷沒有節制、饑飽失調、生活安排沒有規律，往往形成疾患。”所以，“老人的飲食，基本上適宜溫、熱、熟、軟，忌粘（滯）、（堅）硬、生、冷，不要吃得過飽，宜少食多餐（孫思邈早已指出：生活安逸的老人，不能消化過多飲食，必須少食多餐才易於消化，保存消化功能）；早上最好吃富有營養的粥。適合老人吃的粥很多，其中不少兼有治療老人常見病的作用，孫思邈說：“食能排邪而安臟腑”，如山藥、陳皮、黃精、人參補脾、百合、茯苓安神、杞子補肝腎明目、羊肉、豬腎補腎強腰益精、火麻仁、芝麻、肉蓯蓉、奶、松子潤腸通便等等，藥性平和，可根據需要斟酌使用。原書還列舉了四時的老人飲食禁忌，例如春天喜慶事多，老人不宜多飲酒、不要吃冷盤、涼的米食、甜湯圓、粽子、肥肉等粘滯、生冷、肥膩食物，以免損傷脾胃、難以消化；夏天雖然天氣炎熱，容易口渴，但老人氣弱，不要吃生冷肥膩的食物，以免引起泄瀉，即使瓜果之類，也要根據身體的虛實來選擇，不可吃得過多；秋天金旺木衰，宜減去有助肺金的辛辣食物，適當增加扶持肝木的酸味食物；冬天腎水偏旺而心火不足，宜減少鹹味入腎的飲食而適當增加苦味入心的飲食，至於炙、煿、煎、炸之物，尤宜少食，晨起天氣寒冷，可以飲少量醇酒，然後才吃粥。朱丹溪甚至指出："人生至六十、七十以後，好酒膩肉、濕面油汁、燒炙煨炒、辛辣甜滑，皆在所忌"。可見古人對於老人的飲食宜忌的見解，是從天人合一等理論、結合的生理情況來制定的，內容詳盡、考慮周全，值得借鑑。

至於小兒的飲食原則，中西醫的認識大體一致。從出生開始到斷奶，均提倡母乳餵養。母乳既然從飲食變化而來，就必須注意乳母的飲食營養，避免進食煎炸食品和飲酒，避免吃有毒性的藥品（如鴉片、莨菪酒之類），以免通過乳汁影響嬰孩，如果母乳不足，可用牛乳代替；由準備戒奶直至孩兒期，膳食宜碎、軟、鮮；隨著年歲生長，膳食可以由淡到濃、由幼到粗、由少到多、由稀到稠。小孩子更要注意飲食清潔，不可偏食、嗜食、饑飽無常。孫思邈認為"小兒常帶三分饑"最為適合。清 · 陳飛霞說得更具體："脾胃病有因為年紀幼少，乳食不夠，脾胃功能不足，過早吃食物，耗傷了真氣而形成的；有因為亂吃肥甘膩滯食物，飲食過量，積滯日久，面色萎黃，肌肉瘦削而形成的；有因為乳母本身寒熱失調、或者大喜大怒、房勞之後哺乳而形成的；有因為二、三歲後，恣意亂吃穀、肉、果、菜，因而食停脾胃，食久成積，而又治療不當，耗損了胃氣，或者因為大病之後，嘔吐、泄瀉、瘧疾等等，乳食減少，以致脾胃失去調養而產生疾病”。

附帶說一下飲食和美容的關係，不少皮膚疾患，如瘡瘍、暗瘡（粉刺）、某些酒渣鼻、濕疹、蕁麻疹等等，都和心肺脾胃功能失調有關，其中飲食不當是一大病因。舉例來說，中醫認為瘡瘍和心有關，又和營氣受到邪氣阻遏於肌肉有關，而營氣的來源，正是脾氣運化飲食精微產生的，只要處理好心脾的病因，調和五味（包括飲食、藥物治療），這個病並不難預防和治療；又如嬰幼兒濕疹，亦多與飲食不當有關，飲食、脾胃如果調理得當，病情即有明顯好轉甚至痊癒。

《內經》早已觀察到，一般人都有一個自然衰老的過程，大致來說，到了四十歲，陰氣已經衰減一半，起居動作漸漸衰退。女子以七為基數、男子以八為基數，女子到了四十二歲，男子到了四十八歲，陽氣衰於上，面部開始變得憔悴欠潤澤，頭髮開始變白，皮膚開始疏鬆；女子大約到了四十九歲，男子五十六歲，天癸竭，精血減少，身體沉重，筋脈活動不夠靈活，耳目開始不聰明，女子月經停止，六十歲以後，心肝血氣開始衰弱，形體惰懈，陰氣萎弱，九竅不通利，齒髮漸去，常流涕淚，行步不正；七十歲開始，脾氣虛，皮膚乾枯；到了八十歲，肺氣虛，言語容易出錯；到了九十歲，先天腎氣都枯竭，其餘四臟血氣也空虛了；到了百歲，五臟血脈空虛、神氣都消失，只有形骸仍存在。現代醫學也證實，一般人到了四十歲，步入衰老期，人體表面的抗氧化物質不斷減少，皮膚越來越鬆弛，皺紋漸多，隨著年紀增長，新陳代謝變慢，器官逐漸老化，因而出現心血管疾患、骨刺、耳聾、語言和思維遲鈍、乾眼症、便秘等。

所以，怎樣才能避免早衰，實是養生的一大難題。就飲食來說，古人已摸索出不少食物，保持青春、延緩衰老、容顏潤澤、精神壯旺，例如菊花、黃精、芝麻、松子、靈芝、蟲草、茯苓、山藥、杞子、首烏、地黃、玉竹、黃芪、五味子等等，用作湯劑、丸、散、佐膳、藥酒、藥茶，無不適宜。因為藥性平和、味甘無毒，只要身體適合，可以服用較長時間，例如清代乾隆皇帝年老脾虛氣弱，御醫們用芡實、淮山、蓮肉、茯苓、扁豆、白朮、薏米、人參、米粉等製成糕點，長期食用，慈禧太后跟著效法，都獲長壽，然而即使很"平和"、"穩健"的藥物，中醫也不會一成不變地使用。例如慈禧長期飲用的"仙藥茶"，由烏龍、六安、澤瀉等組成，藥性平和，有消滯減脂、輕身美容之效，但是，當御醫們發現慈禧因為肝火上攻而眼目昏花，就改用清肝明目的桑葉、菊花製成藥茶，另外，每週服用小量珍珠末，加強清肝明目，並有潤膚美容的作用，使她不但眼目清明，而且年逾七十，還是皮膚潤澤，從此不難看出中醫治病的原則性和靈活性。至於用在皮膚美容的物料也有很多，而且都是天然材料，例如用作胭脂的紅花、蘇木、玫瑰花（賈寶玉吃的胭脂，就是玫瑰花汁製成的），用作敷面的白芷、去斑的當歸、川芎，除皺的人參、珍珠末，治皮膚皸裂的白芨末等等，都是性味平和無毒，其中部份更是食物，如用於面部美容的西瓜、苦瓜汁、蘆薈汁、鷄蛋白、蜂蜜、牛奶，治療瘡癤的綠豆、苦瓜都是日常食品，使用簡便而有效，力求取於自然，順乎自然。

2. 勞動

古代中國人所說的勞動，主要指勞心（腦力勞動）、勞力（體力勞動、日常活動，包括娛樂、體育運動）等。

其中"勞"字還包括房事。《莊子·刻意》早已指出過勞的害處："形體辛勞不休則疲憊、精力使用不停則枯竭。"中醫既反對長期不活動，又反對過度勞動。《內經》說："久視傷血、久臥傷氣、久坐傷肉、久立傷骨、久行傷筋。""由於過度用力，會損傷腎氣，腰部脊骨會受到損壞。""負重而遠行，則骨骼容易勞損而元氣浮越，腎氣受傷。"、"疾走而恐懼的時候，由於疾走傷筋，恐懼傷魂，則肝氣受損。""勞力過度，則脾氣受傷。"(《宣明五氣論》、《生氣通天論》、《經脈別論》)只要看看現代那些整天坐著打遊戲機、玩電腦、看電視的青少年，無不肌肉腰脊痠痛、甚至勞損，視力下降，就可知《內經》的正確。

中西方都早已認識到運動的重要性，但是，古代希臘人體育健身的目的，是追求獲得超常體能和耐力，而古代中國人則強調運動目的在於養生保健，例如"導引"、"按蹻"（按摩導引），就是其中的獨特鍛煉方法。《內經》首先記載了在寅時向南靜神閉氣吞咽餌津以治腎病之法，開導引治病先河，此後逐漸成為一種醫療、運動、養生的綜合方法，陶弘景就強調"我的生命長短，取決於我的修煉，而不在於先天的賜予。"他總結前人的經驗，提出了包括頭髮、面部、眼、耳、口腔（包括牙齒）、胸背、腰、四肢等各部位的按摩保健方法，後世醫書也不斷補充，例如經常、多次以兩手梳理頭髮，或用梳多次梳頭（以不使頭皮疼痛為度），可以令"血液不滯、髮根常牢"、"令頭不白"，"晨起擦面，非徒為光澤也，和氣血而升陽益胃也"，這一道理已為現代科學證實。對於眼睛，古人一方面介紹保健方法，一方面指出："夜讀細書，久處煙火，抄寫多年，博弈不休，日沒後讀書（古代照明亮度不足），飲酒不已，熱食麵食，雕鏤細作，泣淚過度……數向日月輪看，月日讀書”以及“迎風追獸，日夜不息”等等，都是傷目喪明的原因。至於面部按摩法，有助於減緩面部皮膚早衰、減少皺紋、減輕大腦和眼睛疲勞；腹部按摩可以加強胃腸蠕動，有助消化、吸收功能和消減脂肪；足部按摩有助於延緩衰老。宋代進一步總結和發展了按摩足部以治療五勞的經驗，認為：“撚兩足指，引腹中氣，去疝瘕，利九竅；仰兩足指，引腰脊痹，令人耳聰；兩足相向，引心肺去咳逆上氣（咳嗽氣促）；踵內相向……利胃腸去邪氣；張腳兩足指，令人不會“抽筋”（例如腓腸肌痙攣之類）；外轉雙足，治各種勞損。”據載明代道士冷謙活了一百多歲，他說：“平坐以一手握腳趾，另一手擦足心赤肉，不計數目，以熱為度。”清·乾隆皇帝注意養生，包括平常堅持按摩雙足，結果活了八十九歲。報載香港百歲壽星邵逸夫爵士公開其中一個長壽秘訣：每晚睡前躺在床上，腳掌前後、左右擺動六十四次，再轉六十四個圈（2006 年 8 月 5 日《明報》）。看來也是受了前人的啓發。上文所謂“足心赤肉”，是指腎經的重要穴位湧泉，腎藏精，其絡脈入心，心主血，勤擦湧泉，有補益心腎、固攝精血的作用。近年流行足底按摩，據說還有防治多種疾病的效果。隋·巢元方還介紹叩齒治虛勞法：鷄鳴的時候，叩齒三十六次，以舌撩口二十次，然後用口中津液舐唇、漱口、最後把唾液分三次咽下，認為可治虛勞，有補益作用，令人強壯。

中國人也重視口腔和皮膚保健，公元前七世紀已有雞鳴起床洗臉刷牙漱口的記載，公元三世紀已懂得使用牙簽、叩齒咽津來清潔口腔，孫思邈指出：“吃完東西，要漱口數次，令人牙齒牢固、不敗、口香”；明·《壽世保元》：

“凡一切飲食之毒，積於齒縫，當於每晚刷洗，則垢污盡去，齒自不壞”。皮毛全賴衛氣溫煦和潤澤，衛氣源於脾胃吸納運化水穀精微；皮毛又和肺相合，要想皮膚緻密，毫毛潤澤，有效地抵禦外邪，必須注意飲食營養的正常補充、肺功能的正常調節。汗孔排泄汗液，還有助於肺氣宣發、呼吸開闔。保持皮膚清潔，是減少皮膚病的重要因素，孫思邈建議：“要勤洗沐，不妨再加香草薰洗，一定要保持皮膚潔淨，精神自然清爽”。古人還有一種皮膚乾洗法：兩手掌搓熱，依次從頭頂百會穴開始，向面部、肩、臂、胸、腹、肋、腰、腿摩擦，經常進行，能使全身氣血通暢、舒筋活血，有助於皮膚潤澤、保持彈性。

名醫華佗說：“人體欲得勞動，但不當使極耳。動、搖則谷氣全消，血脈流通，病不得生，譬如戶樞（經常轉動的門樞軸），終不朽矣”，因此，他發揮了“天人合一”的理念，根據導引和吐納的原理，模倣虎、鹿、猿、熊、鳥的動作，創造了“五禽戲”。主要目的在於增強臟腑功能，例如鳥形，主要以呼吸帶動身體動作，目的在於調整心肺功能；熊形，主要以意念調整脾胃運化吸收功能，而非簡單的彎腰和手部運動，這種強調心意合一、以意帶動的形式，成為中國人運動的一大特點，現代中國百姓很喜歡的太極拳、太極劍、易筋經等等，以至不少中國功夫，都體現這一特點，顯然和流行的西方運動不同。

正常的思維能鍛煉大腦，“用則盛，不用則廢”，但是，思慮太過也是過勞的表現。《內經》說：“思慮過度集中，心有所存，神歸一處，以致正氣留結而不運行，所以叫做氣結。”“恐懼和思慮太過會傷及心神，神傷則時時恐懼而不能自主，大肉慢慢瘦削，皮毛憔悴，氣色枯槁，到了冬天就會死亡。”（《舉痛論》、《本神》）巢元方把志勞、思勞、心勞、憂勞、瘦勞稱為五勞，統屬於虛勞病。臨床碰到不少思覺失調患者，從中醫角度分析，都屬於憂思過度而致肝氣鬱結、心脾氣阻。《紅樓夢》的主角林黛玉就是典型例子，這類患者，若不解除思想上的死結，單憑吃藥是不能痊癒的。

一些人驟遇精神刺激、或所求不遂，會陷入深深的思慮中而不可自拔，例如“因為親愛的人分離而思念不絕，情志鬱結難解……可致五臟空虛、血氣離守。”（《內經·疏五過論》）古今中外屢有發生。還有一類病人，由於醉心某事，思想過度集中而患病，例如日夜苦讀、鑽研學問；寫作構思、費耗心神，以致茶飯不思、耗盡精力。古人稱為曲運神思、誦讀勞心，“形體安逸而心志勞苦。”認為他們很易心陰、腎精、血脈、元神受損。近年報道不少沉迷玩電腦、打遊戲機的青少年猝死事件，亦屬此類。所以，《內經》把“不妄作勞”、“形勞而不倦”作為養生、得道的最高準則之一。

中國人一向很重視音樂。《禮記·樂記》認為“凡音之起，由人心生也。情動於中，故形於聲”，甚至說“聲音之道，與政通矣”。孔子所開設的六門課程中就包括音樂課。荀子推崇音樂“可以善人心”、是“仰合自然”的“天樂”，他和孔子都認為音樂最能移風易俗。《呂氏春秋》和前文引述的《管子》一樣，明確指出音樂對養生保健的作用，認為“樂之務，在於和心”、“足以安性自娛”，而“情神不安於形”的音樂、“侈樂”則“駭心氣、動耳目、搖蕩生”，是“伐性之斧”。《內經》在前人學說的基礎上，指出五行所發出的聲音能影響人類內臟的生理活動，前 475—公元 24 年已發現和諧的音聲能組成美妙的音樂，有助於消除疲勞或激勵人的意志，甚至能治療某些疾病，現已證明，好的音樂對神經系統、內分泌系統和消化系統都有良好影響，相反，過高或過低的聲音或兩種不協調的聲音（如《內經》所說的上角、少角、上徵、少徵以及角徵、宮角、商徵等）有損健康，噪音更可致病，大約在公元前 120 年，古人就正確指出："五音嘩耳，使聽不聰"、"耳目淫於聲音之樂，則五臟搖動而不定矣，血氣滔蕩而不休矣，精神馳騁而不守矣。"所以當五行發出的五音太過，變得有害於人的噪音的時候，可以根據五行生尅的關係來治療。這些觀點，正越來越被現代醫學驗證。

一般來說，勞心太過，易傷陰精；勞力太過，先傷陽氣。正確的做法是勞逸結合，或者根據動靜結合的原則，適量的勞心、勞力交替進行。

對於不同年紀和不同體質的人，"勞動"量也有所不同。量力而行才是養生之道。

3. 起居

宋・金時代的劉河間說："飲食者養其形，起居者調其神"。在中國，起居有常度、生活有規律被認為是保養神氣的重要一環，而神與形共存是生命的標誌，所以中國人歷來重視並深入研究起居。現代科學業已證明，良好的作息習慣對減少疾病、抗緩衰老、延年益壽十分重要，良好的居住環境不僅有利於人類的身體健康，而且還為人們的大腦智力發育提供了條件。研究表明良好的環境可使腦效率提高 15 ～ 35%。尤其是發現了人體生物鐘現像後，上述證明顯得更有說服力。許多動物實驗清楚地表明，長期生活在毫無規律、複雜多變的環境的動物，很快就變得衰老。前文已略有提及。古代中國人的作息生活習慣也是建立在取法自然基礎上的，達到這一最高境界的人都是因應天地陰陽變化之理而制定各自的起居。針對一般人的養生，中醫典籍更有詳述。首先是順應四季氣候變化特點，調整作息、活動習慣，包括心境等（具體可參考《內經·四氣調神大論》等篇章）。至於每日作息，古人主要根據營衛二氣的運行規律來制定，還要參考當日的陰睛、風雨、寒熱的具體情況靈活掌握。《內經·生氣通天論》告誡人們要專心致志，順應天氣而通達陰陽的變化，如果違反，在內會令九竅不通，在外令肌肉壅塞，衛氣渙散，陽氣亦因此削弱；睡眠受到營衛二氣運行的影響，是陰陽交替的結果，有平衡陰陽的作用，可是，現在有些人偏偏要違反這一規律，日間精神萎頓或呼呼大睡，夜間冶遊歌舞、飲酒達旦，晝夜陰陽顛倒，精氣暗耗而不自惜，實在可悲可嘆。充足而恰當的睡眠是延年益壽的重要因素，為了保證良好的睡眠，古人提出入睡前要做到"先睡心，後睡眼"，亦即睡前要神志安定，不要飲食。對於雜念紛呈以致難以入睡者，古人提出兩種方法來誘導入睡，一是"貫想頭頂，默數鼻息，或意守丹田，使心有依著"，思念集中於一處，就不會胡思亂想；二是任思想馳騁到廣濶飄渺的世界，來代替日常的思慮憂愁等雜念，由此漸入矇矓的境界，進而入睡，最忌是拼命想著要睡，越焦急就越難入睡。此外，睡前做一些放鬆身心的動作，例如用意念來"指揮"擦面、摩腹、擦腰、叩齒，或以手指輕敲百會、風池等穴位，均有助於排除雜念。要注意睡姿：最佳姿勢是右側臥、枕平、頸略向前彎、上身成微弓形、右手輕靠於枕上、手心向上，左手輕放於臀側，手心向下，左足微屈膝，放於自然伸直的右腿上。不同年紀的氣血陰陽不同，睡眠時間也不同。小兒“陽常有餘、陰常不足”，睡眠時間宜長，藉以補不足之陰；老人氣血虧虛，每日宜睡 8—10 小時，“少寐乃老年人大忌”。老年人的胃氣已經衰弱，一定要等到食物消化後才可睡覺；又由於元氣虛弱，睡眠過久則氣道滯澀，所以不妨把睡眠時間分成兩段：每天午時過後，陽氣漸漸消退，可以稍事休息以養陽氣；相反，到了子時，就要熟睡以養陰；久坐傷氣，對於老人，則經脈更容易瘀滯，所以坐久無事，也要在室內時時緩步數十圈，“使筋骸活動，絡脈乃得流暢…步主筋，步則筋舒而四肢健”，起步前要站立調穩呼吸才慢慢開步；飯後食物停留胃中，必須緩緩行數百步，促使脾胃運化消磨食物，睡覺、進食、散步時都不要說話，散步時要想說話就須停步才說，否則會耗散真氣，因為行動已是動氣，再說話則容易“氣遂斷續失調”。散步是用來養神的，要從容不迫，必須衡量足力，不要勉強，不要拘於形式。

對於衣著，古人要求根據四時和每日的寒熱變化來更換或增減，主張未雨綢繆：“寒冷將到，先穿衣保暖；炎熱將到，先酌減衣服”。今天的牛仔褲一定會被古人反對，因為衣服長時間緊束會影響氣血運暢，尤其在中國東南地帶，炎熱潮濕的時間很長，緊束的衣服不利於體溫的降低和汗液的排泄，古人主張衣著宜軟、輕、寬鬆、樸素大方，要經常洗換，尤其是出了大汗，要“即時易之”，洗去汗漬。作息時間和地理環境有關，前文已有提及，不再重覆。對人類健康、生活、智力、繁衍影響最大的，莫過於居處的環境。中國人從巢居、穴居以至屋居，最後發展到根據陰陽五行的道理而擇居，所以《宅經》認為住宅是人之本，是“陰陽之樞紐，人倫之軌模”。擇居是中國人獨特的風水學的主要內容。“風水”主要指“選擇建築地點時，對氣候、地質、地貌、生態、景觀等各建築環境因素的綜合評判，以及建築營造中的某些技術和種種禁忌的總概括。”（《風水與建築》·江西科技出版社）其目的在於求得與大自然環境的和諧、適應。先說氣候，如果風從與當令相對的方位而來，也就是說，與時令季節的主要風向相反者，是為害人戕物的虛風、賊風。深諳養生之人，避虛風如避矢石。東、東南、南、西南之風較弱較溫濕，而西、西北、北、東北之風較強、較猛、較寒燥，所以古人認為最佳的住宅大致有如下特點：1.背山面向平陽，亦即風水學所說的“負陰而抱陽”、“陰陽和合，風雨所會”的“寶地”，大致座北朝南：這一朝向，既與中國地域所處的磁場方向一致，有利健康，而且，中國地勢西北高、東南低，每年秋天西風蕭索，冬季季候風由北向南下，天氣迅速轉冷，如果住宅背靠山，可以有效地減弱西北的肅殺、陰寒之氣；夏天東南風吹向大陸，給南向平坦的住宅帶來溫暖濕潤的空氣，利於炎夏乘風納涼；此外，在冬季，據中國北部的北京和南部的廣東的統計，兩個地區的太陽輻射熱量、紫外綫量都是南向的牆面為最多，有利於居屋保溫和殺菌，而在夏季，南北向的太陽直射輻射最少，從而相對減少炎夏的氣溫，由此可見，中國人認為住宅座北朝南為大吉，確有利於改善居處環境和健康，符合中國的地理和氣候環境實際。現存的中國古建築，大部分是座北朝南偏東或偏西，即使按現代建築學的要求來測定全國最佳朝向，全國各主要城市大多數亦選用向南偏東，正南、南偏西。至於古人提倡在居屋周圍、尤其在屋前的左右方多植樹木，顯然也符合現代美化居處環境、調節氣溫、濕度、保持空氣清新、減少水土流失等觀點。2. 選擇有利於居處的水勢、水源、水質：住宅的地台宜高以防潮濕和水浸，但又不能過高而近於乾旱，宅前宜有水，既方便飲用、排污、灌溉，又使住宅保持穩定的濕度，所以宅前最好有池塘、水井之類，如果是河流，宜選彎曲成弓狀的內側，形成水流三面環繞住宅的狀態，因為按五行的道理，環抱的形狀象徵“金”，金生水，水有來源就不會衰竭，從現代水文學知識來看，住地高於常年洪水水位之上，又在河流凸岸一方，可以避免河床不穩定和水流過於湍急；水質宜清澈透明、無色無臭、無異味、味甘。以泉水為例，風水書籍記載：“如果有山泉滙合在住宅前面的話，泉水一定要色澤晶瑩、氣味清芳、四時不乾涸、不滿溢、夏涼冬暖，才是最好，飲了才能長壽。”3. 住宅地基宜用碎石土，其次為砂土、粘土，土質要求“土細而不鬆、油潤而不燥、鮮明而不暗”。4. 要選擇避強風、地下磁場穩定、向陽、陽光充足、空氣流通的地方建宅。風水學中，山為陽、水為陰；山南為陽、山北為陰；水北為陽、水南為陰；溫度高、日照多、地勢高為陽，溫度低、日照少、地勢低為陰。“風水寶地”必然是陰陽平衡、“藏風聚氣”的地方，住宅避免過冷、過熱、過強的風，這一點與西方古建築學甚為相似。公元前古羅馬建築師維特魯威在《建築十書》中也提到：“如果審慎地由小巷擋風，那就會是正確的設計。風如果冷便有害，熱會感到懶惰，含有濕氣則要致傷。”5. 傳統的中國建築，大量運用平衡對稱、強調中軸綫的平面和立面設計，不僅客觀上達到結構穩固、實用、美觀、大方、協調的效果，而且符合左右、上下、前後互相呼應的陰陽平衡、互抱的理念。總之，上乘的中國古代建築，不管建陽宅（居屋）、陰宅（墳墓），都是善於選擇和充分利用最佳的自然環境、甚至選擇有利建築的時日動工、竣工，設計上儘量利用原貌以保留和彰顯自然之美，絕不矯揉造作。這一"總是與自然調和，而不反大自然"（著名中國科技史研究學者李約瑟對中國古建築的評價）的特點一直為世界建築界重視，力求把建築風格與大自然融合為一體，成為周圍環境的一部份，已成為現代建築界的潮流，最近幾屆建築界最高榮譽獎——普立茲克獎的獲得者，包括中國的王澍先生，都是其中的佼佼者。可以說這些建築大師的靈感都源於取法自然。

4. 吐納

中國所有的哲學流派都重視養氣，後天精氣已見前述，至於先天精氣的補充和調養，主要通過吐納來解決。吐納又稱調息或息法，主要包括導引、氣功。前面簡介了導引。至於氣功，是指用人的意念來積聚精氣，引導精氣，從而達到強身、護體、養生延年的目的，值得一提的是佛學非常重視的禪定法。禪的本意是靜慮，亦即靜中思慮，心緒專一；定的含義，按《成唯識論》解釋，是"於所觀境，令心專注不散為性，智依為業"，禪定和氣功都注重調身、調息、調心。禪定包括止觀。止是繫心於一緣，從而心定念寂；觀是觀察分析。很多疾病起於貪、嗔、痴。痴是無知、無明，因無知而產生貪，產生私欲，貪之不得便產生嗔，因為嗔，導致肝膽火旺，影響到五臟六脈氣血，百病叢生。通過禪定，摒除雜念迷妄，專心靜觀頓悟，獲得安樂。坐禪方法有五，其中數息（安般）與氣功、與《難經．一難》所述如同一轍。息不調，心必不調，調心必調息，《釋禪波羅蜜多次第法門》："以氣粗故，則心亂難錄，兼復坐時煩憒，心不恬怡”，初學坐禪數息從一數到十，只數出或入，周而復始；第二步是隨息，僅意念微注於息，隨息出入；第三步是不再著意呼吸，不念一切，寧靜其心，此時處於入定狀態，不見內外，無欲無求，寂然不動。對佛教天台宗有重大影響的名著《摩訶止觀》更指出坐禪必須“調身”：保持腳正、手正、頭頸正、身軀正、脊骨勿曲勿聳，不寬不急；“調息”要求呼吸“不聲、不結、不粗，出入綿綿，若存若亡…”；“調心”要求調伏亂息，使心安靜，這三者必須同步進行。這一修持方法，調息和調心具體解釋了上文數息的真義和目的，其實和老莊的“坐忘”、“存思”、孔子“心齋”，以及《內經》的“恬淡虛無，真氣從之，精神內守”的要旨相同，和筆者的恩師李佩弦老師（霍元甲徒孫）所教的氣功入門修煉步驟也完全一致，靜坐練功的時間最好選擇在寅時，此時是促進營衛氣血循環、打通經脈的最佳時機。至於意守丹田的練功法，醫家、道家、佛家都無區別。

5. 情志

中醫學十分重視情志對人的影響和調節，這和現代心身醫學有不少共通之處。後者是研究心理社會因素為主而引致疾病的臨床醫學，中醫則把五行和五臟、五志、五聲聯繫起來：木、肝、怒、呼；火、心、喜、笑；土、脾、思、歌；金、肺、悲、哭；水、腎、恐、呻（五志加上驚、憂合稱“七情”），正常的七情和發出的聲音是人類心理活動的正常表現，是五臟的生理功能所化生，例如，遇到賞心悅目的事會歡笑，遇到傷心的事會悲哭，遇到不如意的事，會憤怒甚至呼叫，這些都是正常的情緒發泄，有利於臟氣的條達、營衛的通暢。《內經》還根據這一學說，把人分為二十五種類型，並指出其中某一類型的人較常用某種情志和聲音來表達感情，例如面色青、頭小、面長、肩寬大、背挺直、身形小、手足小，屬於木型中的一類，這類人經常顯得憂心忡忡；又如面色赤、背寬廣而背肌豐滿、面瘦、頭小、肩背髀腹發育很好而手足短小、步履穩重但走路時肩部搖動、思考敏捷，屬於火型中的一類，這種人多憂慮而性情躁急。異常的心理變化則可致病，例如遇喜反憂，該悲憤反而拼命壓抑感情而不宣洩，這樣做只會損害健康；若七情太過，會造成精神創傷，耗氣損精傷神，甚至危及生命，反之五臟有病亦可表現為情志失常，例如肝火盛的人容易發怒，肝氣虛容易恐慌；心神有餘則狂笑不止，不足則悲泣不已；胃的經脈有病，可以經常呻吟，聽到竹木的響聲也會驚惕不安，甚至精神異常，登高歌唱、脫衣亂跑；腎經有病，可以因氣虛而產生恐懼、心中驚悸，感覺好像有人捕捉他；膽經有病，可以口苦並經常長嘆……有一些甚至是病情危重的標誌，例如手足陽明二經脈氣將絕的時候，病人除了口眼抽動、歪斜、面色黃、二脈過於亢盛卻不流暢之外，還有容易驚恐、胡言亂語等情志失常的表現。精神治療方面，第一是解除患者的思想顧慮，從而怡情悅志；第二是根據五行生尅的道理來治療。中國最早的精神治療醫案見於《呂氏春秋》，此後散見於不少醫案中，例如《後漢書》就生動地記載了華佗巧妙運用《內經》“怒勝思”的道理，激怒一位因思慮太過，以致氣血鬱結的官員，令他吐出瘀血而愈的例子、至於有人主張到郊外大聲呼叫，認為可消除心胸鬱怒，歡懷歌唱可以減少日夕憂思，都可用上述五行學說解釋。對於臟腑有病引致的精神異常，要針對相關臟腑採取藥物或針灸治療，異常的情志變化就能恢復正常。此外，利用情志刺激還可治療一些機能活動失調的疾病，《靈樞》就曾記載一般功能性的呃逆，可令患者突然受到大驚刺激而治癒。總之，經常保持心境平和安泰，是治療七情太過與不及的良方和養生要訣。

結語

取法自然是中國哲學的核心，它以陰陽五行作為說理的工具，力圖找出宇宙萬物、包括人類的活動規律——數，以此反過來解釋萬物的起源、本質、規律及其相互聯繫，並試圖預測將來。就人類而言，取法自然具體表現為用天人合一的思想，運用數為依據，廣泛應用於政治、經濟、文化、宗教、軍事、藝術、生活等一切領域達數千年之久。中國醫學的重要理論——陰陽五行學說（包括藏象學說），都源於取法自然的哲理。它一直有效地指導中國人的養生和治病，包括衣、食、住、行，所以中醫學實際上是取法自然的延伸，它既是醫學、也是哲學。

二. 素問、靈樞解

《黃帝內經》由《素問》和《靈樞》兩大部份組成。為什麼叫《素問》？相信不少學習中醫者都不甚了了。很多譯本也沒有解釋。張景岳認為："平素所講問，是謂《素問》"。筆者有不同看法，據漢 ·《說文解字》："凡物之質曰素"；《列子 · 黔鑿度》："太素者，質之始也"，又《道德經 · 十九章》："見素抱樸"，這裏的"素"，原意都是沒有染色的絲。質相對於無形的氣而言，氣聚才形成有形的質，所以最原始的物質猶如未染的絲，在這裏比喻道如素的質樸無華；可見"素"的原義是本質，引申為事物的本源，故梁 · 全元起曰："素，本也"。"問"即問難，引申為問答、討論，所以，"素問"的含義是：

通過反覆問難來探求事物的本質，又，漢 ·《淮南子 · 俶真》:“是故虛無者道之舍，平易者道之素”，可見本、素指的都是道，也就是探求“道”的本質。

《素問》討論、研究的“本”也是同一含義，《生氣通天論》說：“夫自古通天者，生之本，本於陰陽。天地之間，六合之內，其氣九州、九竅、五藏、十二節皆通乎天氣。其生五，其氣三，數犯此者，則邪氣傷人，此壽命之本也”《四氣調神大論》有同樣見解：“陰陽四時者，萬物之終始也，死生之本也，逆之則災害生，從之則苛疾不起，是謂得道”，可見研究陰陽術數亦即研究壽命之本。得道，就能掌握到死生的竅訣。

首篇《上古天真論》揭示了“道”和人的關係。該篇借黃帝和歧伯之口說出，《素問》一書研究對象是“人”，是“道”，其中很重要的是人和陰陽四時的關係。歧伯一開始就指出：“上古之人，其知道者，法於陰陽，和於術數，食飲有節，起居有常，不妄作勞，故能形與神俱，而盡終其天年，度百歲乃去”。這是全書的總綱。在這裏，歧伯清楚地解釋了“道”。《素問》一書，反覆問難、研究、探討的正是人和陰陽、術數、食飲、起居、勞力、形神、壽命的關係。值得指出的是，全書體現了我國先賢認識自然、取法自然、探討自然（規律）、駕馭自然的觀點，達到了當時中國哲學研究的先進水準，是十分難得和可貴的。人在整個宇宙萬物中的地位是最重要的，《素問 · 寶命全形論篇》強調指出：“天覆地載，萬物悉備，莫貴於人……君王眾庶，盡欲全形”，可見古人對“人”是何等重視，對人的探究是何等重視，《素問》的作者也絕不會把全人類（君王眾庶）最為關心的、探討人類怎樣才能合道全形的重大問題放在政餘閑暇討論的地位。

下面談“靈樞”。對“人"和陰陽的重視，也表現在“靈樞”二字。《道德經．二十五章》說得好：“有物初成，先天地生，寂兮寥兮，獨立而不改，周行而不殆，可以為天下母。吾不知名，強為之名曰大，故道大、天大、地大、人亦大，域中有四大，而人居其一焉”。人是四大之一，與道、天、地有同等地位。天地萬物莫貴乎人。《孝經》說：“天地之性人為貴”；《尚書、泰誓》：“惟人萬物之靈”。《說文》引曾子：“陽之精氣曰神，陰之精氣曰靈，毛公曰，神之精明者稱靈”。又、王逸註：“靈，謂神也”。陰陽不測謂之神，所以靈字又代表陰陽精氣神。樞者，樞要也，關鍵也（據《古漢語常用字字典》），所以靈樞之意，是研述人這個天地萬物之靈的陰陽精氣神如何取法於大道、天地陰陽的關鍵問題的要典，與素問一義相通。

據證，靈樞原是仲景所說的“九卷”，靈樞的命名出於唐初，此時道家學說盛行，而靈、素兩書不論立論、內容，都與此學說有緊密聯係，兩書內容又互有闡發，前後基本一致，所以有此取名。

三.《內經》寸口脈法

《內經》說：“微妙在脈，不可不察”。現今中醫診脈，基本上是以王叔和《脈訣》和李時珍瀕湖脈學為依據，獨取寸口以決五臟六腑死生吉凶。毫無疑問，叔和、瀕湖脈學悉本《內經》並有所發展，但細考《內經》脈法，又不難發現其中的異同。撇開《內經》的三部九候，單以獨取寸口而論，《內經》加以《難經》的補充說明，已充分奠定了脈法的基礎，如持脈的機理、持脈部位、時間、常脈、病脈、死脈的論述，在《內經》、《難經》已經大備，現就這幾方面重溫一下，希望對進一步研究脈學有所幫助。

一·取寸口的機理

平人脈象的基本條件為胃、神、根的同時存在，診寸口能知五臟六腑虛實、尤其是先後天元氣的情況。但是，是否單憑脈象（在這裏只指寸口）就能反映一個人有沒有病呢？反過來說，如果臟腑有變，是否只反映在脈象呢？顯然不是。試舉《脈要精微論》為例："徵其脈不奪，其色奪者，此久病也…徵其脈與五色俱不奪者，新病也。"可見病之新久，不但要色脈互參，而且單是脈象無病，並不代表沒有病，反之，有病也不一定見諸於脈，再看《離合真邪論》："夫邪之入於脈也……亦如經水之得風也，經之動脈，其至也亦時隴起，其行於脈中循循然，其至寸口中手也，時大時小，大則邪至，小則平，其行無常處，在陰與陽，不可為度，從而察之，三部九候，卒然逢之，早遏其路。"可見，邪氣初入於脈，未必一定能在寸口反映出來，何況，按正常途徑，邪氣入脈之前，還要先入皮毛、絡脈。而邪氣又有正邪和虛邪之分，虛邪初襲人，通常只是灑淅動形而未必彰於脈，正邪更是只見於色，而《邪氣臟腑病形》就已清楚指出："正邪之中人也，微，先見於色，不知於身，若有若無，若亡若存，有形無形，莫知其情"。《素問·刺熱》也指出："肝熱病者，左頰先赤，心熱病者，顏先赤，脾熱病者，鼻先赤，肺熱病者，右頰先赤，腎熱病者，頤先赤，病雖未發，見赤色者刺之，名曰治未病"。近賢冉雪峰先生指出："脈者氣血之先，有病未形而先見於脈者。色者神之旗，亦有脈未見形而先見於色者。先見於色，病猶未發，病雖未發，先見於色”（《冉雪峰．內經講義》）。可知後人“有是病即有是脈”之說未必正確。

二．持脈部位

《難經》在《內經》的基礎上，定出寸、關、尺、浮、中、沉診脈之議，後世宗之，但細考《內經》，則有可議之處，且看《脈要精微論》：“尺內兩傍，則季脇也，尺外以候腎，尺裏以候腹；中附上，左外以候肝，內以候鬲，右外以候胃，內以候脾；上附上，右外以候肺，內以候胸中，左外以候心，內以候膻中。前以候前，後以候後。上竟上者，胸喉中事也；下竟下者，少腹腰股膝脛足中事也。”這裏的“上竟上”、很多註家認為指尺膚前段直至魚際，“下竟下”則指尺膚後段超過肘橫紋、然則以後世獨取寸口（包括寸關尺）來代表尺膚前中後段的話，超過寸部向魚際、超過尺部向尺澤方向也應有診斷意義，事實上，《難經．三難》也有寸脈直上魚際和關脈直入尺澤的記載，清代葉天士也注意到了這一情況，《臨証指南》、《未刻本葉天士醫案》就有不少這樣的例子，如“脈弦且出寸口，陽明無有不受其戕”、“脈出魚際，吞酸神倦，此木火內鬱，陽明受戕”、“脈數，垂入尺澤穴中，此陰精未充早洩，陽失潛藏，汗出吸短，龍相內灼，升騰面目，肺受薰蒸…”、“脈細澀入尺澤，下元精虧，龍旺火熾，是口齒齦腫”、“形瘦，脈垂尺澤，久嗽嘔逆，半年不愈，是腎虛厥氣上乾”、“診脈細數，左垂尺澤，先天最素薄，真陰未充……龍相刻燃，津液暗消”、“脈小數，入尺澤，夏季時令發泄，失血形倦”、“脈如數，垂入尺澤，病起肝腎下損…”。由此可見，垂入尺澤的細脈，都是精血虧損；以筆者所見，脈沉無力，過於尺部而入尺澤方向，重按至骨始得者，其腰膝必無力，若兼弦或緊，腰或膝甚至以下必痛，兼微或遲而舌淡面白者，腰或膝必冷。至於超出寸口之弦脈，浮弦多屬風（瘦人脈露者例外），見於頭部疾患，或頭痛、或眩暈、或耳鳴、或鼻流涕而癢、或喉癢而咳；浮滑超出寸部，按超出的程度，可為胸部不適，或咽喉有痰、或風痰上擾（浮弦滑）而頭眩目黑或頭重墜。

三 . 診脈時間

診脈常以平旦（天剛亮，太陽尚在地平綫上），較易診得有過之脈，因為此時陰氣未動，陽氣未散，飲食未進，氣血未亂。原來，營氣和衛氣每日各行五十度，於寅時復大會於手太陰，然後，於卯時出於陽分，衛氣由陰出於太陽，營氣則由陰出於手陽明，故寅卯之間，陰陽交接之際，營衛氣血由合而分，由手太陰而出，於手太陰之動脈寸口較易診得有過之脈。至於飲食未進之時，營衛氣血未得驟然補充，故氣血未亂，脈搏如常運行，容易察其異常。

四 . 平脈

平脈除了胃、神、根必備外，還有什麼標準？《移精變氣論》指出："理色脈以通神明，合之金木水火土、四時、八風、六合，不離其常，變化相移，以觀其妙，以知其要。欲知其要，則色脈是矣。色以應日，脈以應月……夫色之變化，以應四時之脈……以合於神明也。"《脈要精微論》也說："陰陽有時，與脈為期……脈合陰陽。"可見，平脈要與色相應，還要合陰陽四時五行之道。所謂合道，也不止脈合四時，舉例來說，《至真要大論》指出："北政之歲，少陰在泉，則寸口不應；厥陰在泉，則右不應；太陰在泉，則左不應。南政之歲，少陰司天，則寸口不應；厥陰司天，則右不應；太陰司天，則左不應……北政之歲，三陰在下，則寸不應；三陰在上，則尺不應。三陰在天，則寸不應；三陰在泉，則尺不應，左右同。”《八正神明論》有月的盈虧影響經絡氣血的記載，可見平脈還要應天地日月歲運的變化。此外，體質肥瘦也不可忽視。《三部九候論》認為，診脈“必先度其形之肥瘦，以調其氣之虛實”，因此，形盛脈亦盛、形瘦脈亦細才是正常現像，是平脈的表現。《邪氣臟腑病形》說得更全面：“色脈形肉，不得相失”。《難經》更補充認為男子尺脈通常弱於女子的尺脈；此外，居處、動靜、情志、勇怯等都能影響脈象，未必是病脈。個別人仕表現為六陽脈（例如吾師劉老的脈象）、六陰脈、反關脈等，都是正常脈象。

五. 病脈

現今奉行的二十八脈，是在《內經》的基礎上發展起來的。它們在辨脈和辨症上，大大豐富了《內經》的內容。但奇怪的是，有一些內經、仲景書常見的脈象，《脈經》卻不載，現就它們和《內經》、《難經》記載不同的某些脈象提出討論：

1. 躁脈

脈搏躁動。有些書本把它附於數、疾、急脈之後，因為《說文》：“躁，疾也”。但證諸醫典，躁脈是指脈搏觸指的上下躁動的感覺而非快慢，若加上脈率快速，《內經》、《金匱》即言躁疾或躁與數分開，如《三部九候論》：“九候之脈，皆沉細懸絕者為陰……盛躁喘數者為陽”，《金匱．五臟風寒積聚篇》：“心死藏，浮之實如丸豆，按之益躁急者死”。此外，《靈樞·熱病第二十三、五禁第六十一》謂：“熱病三日，而氣口盛、人迎躁者，取之諸陽……身熱甚，陰陽俱靜者，勿刺也”；“熱病七日八日，脈不躁，躁不散數……”；《素問·評熱病論·脈要精微論》：“汗出輒復熱，而脈尚躁疾”，“諸浮不躁者，皆在陽，則為熱，其有躁者在手；諸細而沉者，皆在陰，則為骨痛，其有靜者在足”。可見躁是躁動，與靜相對，與數、疾是不同的脈，所以不應附於數、疾脈之後。吳鞠通解釋躁脈是滑動之意。但《國語·賈註》：“躁，擾也，亦動也”；《廣韻·號韻》也說：“躁，動也”，並不言“滑”，《靈樞·論疾診尺》：“尺膚熱甚，脈盛躁者，病溫也，其脈盛而滑者，病且出也”。可見躁和滑是兩回事。劉老對躁脈有詳細論述：“躁象來去如電掣，而不相連續。診躁脈關鍵不在至數之多寡，它與緩脈至數差不多，約一息四、五至，但躁脈之來有頃而一掣，去亦有頃而一掣，而緩脈則上下迴環，從容不迫，它與數脈之區別，亦不著眼於至數多寡，而在於起止之迫促”。躁脈有虛實之分，如上文“脈盛躁者，病溫也”和《素問·平人氣象論》“人一呼脈三動，一吸脈三動而躁，尺熱曰病溫”，皆指實躁而言；無力為虛躁，實躁尚有清熱瀉火或理氣除痰之機，虛躁只宜扶正。劉老認為：“凡虛勞久病見躁脈，必應指無力，此為氣不相接，屬虛；若新病實病見躁脈，必應指有力，此為痰凝氣鬱，血液少而氣躁熱，屬實”。筆者曾隨劉老診一位四十多歲的婦女，因患大葉性肺炎，熱退後下肢浮腫，前醫以利水消腫、清熱化痰、行氣化濕、健脾燥濕諸法治療近兩周不愈，劉老認為患者脈象虛躁，予加減復脈湯加冬瓜皮，兩劑痊癒，在他所著的《溫病學講義》中說：“溫病後發水腫，脈躁疾者，宜加減復脈湯加冬瓜皮、澤瀉、苡米之屬治之”。並引吳瑞甫先生所言：“熱病水腫，審其脈數或躁疾、或弦勁……用此方多效，余試驗屢矣”。筆者治例：林先生，78歲，2015年8月診。患者平素多病（心、肺、腎功能不全），前一段時間因肺部感染住院，出院後兩周發現下肢浮腫來診。現症下肢中度凹陷性水腫，動則氣促，精神疲乏、小便黃短、口乾、不欲食、脈弦虛躁，兩寸浮，舌苔淡黃乾裂，處方：花旗參、阿膠（烊化）、生甘草、麥冬各三錢，生地、白芍、鮮冬瓜皮各一両，大棗三枚。兩劑後，小便增多，水腫全消。

熱病最易傷津，若見躁盛之脈，須審汗之有無，因為“汗者，精氣也”，精氣與熱邪相搏，一勝則一負。《靈樞．熱病第二十三》謂：“熱病已得汗而脈尚躁盛，此陰脈之極也，死；其得汗而脈靜者生；熱病，脈尚盛躁而不得汗者，此陽脈之極也，死；脈盛躁得汗，靜者，生”《內經》還有比較人迎、寸口的躁脈來診斷三陰三陽病變之法，具體內容參考《靈樞．禁服第四十八》，不贅。

此外，《內經》多處提到喘脈。《脈經》亦有言喘脈，如“浮之不喘”、“浮之而喘”等，但不歸入二十八脈。喘脈與躁脈不同，《靈樞．熱病第二十三》說：“熱病已得汗，汗出而脈尚躁，喘且復熱，勿刺膚，喘甚則死”。可為明證，按“喘”通“惴、揣”，《甲乙經》喘字作“揣”、“惴”與“揣”都解作動。《廣雅》：“揣，蠕動也”《莊子．胠篋篇》：“喘耎之蟲”。《注》云：“動蟲也”，又《釋名》“喘，湍也，湍，疾也”。可見喘脈有類躁脈，但有快疾之象。劉老認為：喘脈之象，自沉而浮，出多入少，來勢逼切，似至浮分即止，不甚見其氣之反吸，此命門無氣上脫，久病虛羸、失血、泄瀉等病忌之；若兼數而實，為痰火。

2. 澀脈

澀脈是《內經》列舉的脈象之一。按理，滑和澀相對，前者往來流利，後者往來艱澀，其義甚明，無需討論，可是，戴啟宗卻說："脈來蹇滯，細而遲，不能流利圓滑者，澀也"；《脈經 · 脈形狀指下秘訣》又說："澀脈細而遲，往來難而散，或一止復來"。則澀脈不但往來艱澀不暢，還要具備脈形細、脈律遲，甚至歇止的特點；《瀕湖脈學》也形容澀脈如輕刀刮竹，如細雨沾沙容易散，病蠶食葉慢而艱。既言輕刀，很易使人覺得澀脈偏於浮，既言細雨，易認為澀必兼細，既言病蠶食葉，又易使人覺得澀脈必兼無力而遲。這樣一來，澀脈的含義就複雜得多了。

其實只要參照《內經》和仲景及後賢之書，上述疑難並不難解決。例如《內經 · 大奇論》："心肝澼亦下血，二藏同病者可治，其脈小沉澀，為腸澼"、"胃脈沉鼓澀，胃外鼓大，心脈小堅急，皆鬲偏枯"。《調經論》："厥氣上逆，寒氣積於胸中而不寫，不寫則溫氣去，寒獨留，則血凝泣，凝則脈不通，其脈盛大以澀"《脹論》："其脉大堅以澀者，脹也"。《傷寒論》："寸口脈浮而大，按之反澀，尺中亦微而澀，故知有宿食也，大承氣湯主之"。既言脈浮大，則按之澀亦必不會細，既言主以大承氣湯，則其脈必澀而有力（與傷寒論另一條文："脈弦者生，澀者死"比較，可知澀而無力是大承氣湯証的死脈）。朱丹溪："脈數盛大，按之而澀，外有熱証者，名曰中寒"。可見，澀脈可沉、可大，可有力：《傷寒論 · 辨脈法》又說："陰脈遲澀，故知亡血也"。《平脈法》："諸陽浮數為乘府，諸陰遲澀為乘藏"。可見遲和澀是兩種脈：此外，如丹溪有診左手脉大無力、重取則澀，因而斷為血少胎墮的醫案（《格致餘論》）；葉氏《臨証指南、肝火、秦氏》有“脈澀大”治以苦降辛通，並服局方龍薈丸的記載，可見葉案澀大之脈必有力。以上論述，都證明澀脈本身並不包括大、細、遲、浮、有力、無力等因素，所以，劉河間論澀脉，只說“往來不利是謂澀”（《河間醫學全書 · 卷五》）；李東垣也只說“澀者，三五不調，如雨沾沙”，於澀脉之外，更有浮大而澀、細澀、遲澀、澀數等區別。（《脉訣指掌病式圖說》）

澀脈可不可以和數脈並見？答案是肯定的。《脈如》指出：“至於虛勞細數而澀，或見結代，死期可卜。凡診此脈，須察病機，庶無謬治”，李東垣說：“若飲食不節，勞役過甚…氣口脉急大而澀數，時一代而澀也，澀者，肺之本脉…洪大而數者，心脉刑肺也，急者，肝木挾心火而反克肺金也”（《內外傷辨惑論》）“澀數為氣鬱火結、陰血傷、大便燥結、下血、小便赤濁、淋閉、熱痹”（《脉法指掌》）；朱丹溪更說得具體而透徹。《格致餘論》云：“澀之見，固多虛寒，亦有痼熱為病者。或因憂鬱，或因厚味，或因無汗，或因補劑，氣騰血沸，清化為濁，老痰宿飲膠固雜糅，脈道阻澀，不能自行，亦見澀狀。若重取至骨，來似有力，且帶數，以意參之，於証驗之，形氣但有熱証，當作痼熱可也”。並附有醫案：“未康呂親，形瘦色黑，平生喜酒…年近半百，且有別館，忽一日大惡寒發戰，且自言渴，卻不飲，予診其脈大而弱，惟右關稍實略數，重取則澀，遂作酒熱內鬱，不得外泄，由表熱而裏虛也”；“俞仁叔…連得家難，年五十餘得此疾（臌脹）…脉弦澀而數緊”；“陳氏，年四十餘，性嗜酒，大便時見血，於春間患脹，色黑而腹大，其形如鬼，診其脉數而澀，重似弱…”；張景岳認為：“澀數、細數者多寒…凡痢疾之作…脈數，但兼弦澀細弱者，總皆虛數。”（《景岳全書．脈神章》；虞天民、葉天士、王孟英亦有澀數並見的醫案數則，姑節錄為證：“虞天民治一人…騎馬跌仆…脈左手寸尺皆弦數而澀”（《宋元明清名醫類案》）；“嚴，脈數澀小結…由乎五志過動…相火…致絡血上滲混痰火…”、“某，失音咽痛…嗽血，脈來濇數，已成勞怯…”、“診脈數澀，咳血氣逆，晨起必嗽，得食漸緩，的是陰損及陽”；“吳，脈弦澀數，頸項結癭，咽喉痛腫阻痺，水穀難下，此皆情志鬱勃，肝膽相火內風，上循清竅…”（《鬱》）；“寤不成寐，食不甘味，尪羸， 脈細數濇”（《臨証指南．吐血．鬱．不寐》）；“左關弦，來去躁疾，右細澀，食減，陽明困頓，血液暗耗…”（《未刻本葉天士醫案》）；“毛允之…脉來澀數上溢…結澀非關積滯，且脉澀為津液之已傷，數是熱邪之留著，溢乃氣機為熱邪所壅而不得下行…”“朱氏婦…左手弦而數，右部澀且弱，曰，既多悒鬱，又善思慮，所謂病發心脾是也”（《回春錄．冬溫．諸虛》）

由此可知，上文《脈經》所說的遲是遲鈍、呆滯，不是速度；散不是散脈，而是散而不聚；“或一止復來”，是說澀脈不是代脈，因為代脈有定數和速度，不會或來或者復來；也不是結脈和促脈，因為澀脈雖然也可以包括偶有止歇，但不會如結脈三五不調，頻頻出現，也不會如促脈之絕不艱澀。澀脈最主要是指往來艱澀，和滑利相反。筆者認為用輕刀刮竹、細雨沾沙來形容最為恰當。切脈的時候，先以手指摸到患者脈搏，然後手指向上提，直至輕輕觸及患者脈管上部，亦即僅僅觸及脈的最上峰，如果不是澀脈，其脈峰、脈氣必然仍然連貫，但是澀脈，你會覺得指下如有一點點，如細沙觸指、如輕刀刮竹，來往艱澀，並不連貫，這是最主要的指徵，或有一止復來，這個“一止復來”，可以是在某位置消失而又復至，例如在指下A點感到跳動，偶有一下突然消失，但下一次又可在A點感觸到；也可以是有模糊輕重快慢不一的感覺。要注意，以上的感覺都要在指下僅僅觸及患者脈管最表層的時候才成立。

3. 芤脈

說到芤脈，先說一病例。1973年夏，診一病人李先生，年四十餘，因咳血住院，一周來反覆咯血，期間共輸血600ml，醫用抗生素、止血藥（維K、仙鶴草素、垂體後葉素、六氨基己酸等）及止血方藥（如犀角地黃湯、十灰散、槐花散、咳血方、四生丸及田七、側柏、仙鶴草、白芨和諸炭藥之類，服溫熱止血藥更是入口片刻則血、藥汁隨即吐出）均告無效，院方已發出病危通知書，筆者診其脈浮大中空而搏指欠柔，脈症相符，上述處方何以無效？筆者苦思半小時，突然想起一個問題，於是問病者，起病之初有否外感，病者否認，筆者只好說：“筆者沒有辦法了，另請高明吧。”不料還未走出醫院大門，患者的妻子從後趕來，說：“我想起來了，入院前一天，我們去飲茶，他（指患者）說覺得頭痛，周身冷！”筆者說：“果真如此，還有希望。”即處以解暑清熱養陰益氣止血之藥，一劑血止，調治十日痊癒。當時的想法是：脈雖似芤，固然可以是陰血內損而亡血，以致經脈不得柔和，但多番止血無效，當有別情。時當盛夏，浮為外感，大則病進，夏暑發自陽明，脈大為常見之脈，所以浮大而虛空也可以是外來暑熱傷及元氣，現在既然證實病之初起曾有外感，說明思路正確，果一劑而效。芤脈之名，首載於《傷寒》、《金匱》。王叔和謂：“芤脈浮大而軟，按之中央空，兩邊實。”，但再三研讀仲景之書，卻令人不無疑惑。仲景論及芤脈的條文有六，一為“脈極虛芤遲，為清穀亡血失精，脈得諸芤動微緊，男子失精、女子夢交”、一為“脈弦而大，弦則為減，大則為芤”、一為“太陽中暍 ... 其脈弦細芤遲”、一為戰汗：“脈浮而緊，按之反芤，此為本虛，故當戰而汗出也。其人本虛，是以發戰，以脈浮故當汗出而解也…”、一為“趺陽脈浮而芤，浮者衛氣傷，芤者營氣傷…浮芤相搏，宗氣衰微”、一為“脈浮而芤，浮為陽，芤為陰，浮芤相搏，胃氣生熱，其陽則絕。”比較前三條和後三條（尤其是最後兩條），不難看出，仲景既把浮和芤並列，則浮和芤是兩種脈，似乎芤脈不一定都浮，再看“大則為芤”，但又有“弦細芤遲”，則芤脈未必大；李東垣在《脉訣指掌病式圖說》、《東垣試效方》也只說：“芤者，中空旁實，如按葱管”，“兩頭皆有，中間全無而虛曰芤”也沒有強調一定要浮和大。《臨証指南 · 暑》有“左脉小芤”一說，可見葉天士也認為芤脉不一定大。

六 . 死脈

死脈可分數類，一是真臟脈；二是從陰陽四時五行的理論來看，尅盡無救的脈，再結合具體症狀分析，邪極盛或正極虛或兩者同時存在，脈証結合，可知為不治，這些脈象也是死脈；三是形、脈相失太甚；四是臟、脈相失；五是色、脈相尅；六是極慢、極快、乍遲乍疾之脈。所謂真臟脈，都是無胃氣的脈，若色脈互參，更為確診，如真肝脈至，更見色青白不澤；真心脈至，色赤黑不澤等等；第二類比較複雜，如“春得肺脈、夏得腎脈、秋得心脈、冬得脾脈，其至皆懸絕沉澀者，命曰逆四時”；又如五實、五虛、陰陽交，是陽亢極而無泄、陰虛極而無補或陰精虧極而見陽亢無制之脈，或陰陽俱衰竭之脈；其他脈、症不相協調的死証多屬如此，如腸澼而脈懸澀；腸澼下白沫而脈浮；腸澼下膿血而脈懸絕等，皆屬此類；第三類是外形與脈象的關係，如《三部九候論》：“形瘦脈大，胸中多氣者死；形肉已脫，九候雖調，猶死”;第四類最易忽略，《三部九候論》說:“中部之候雖獨調，與眾臟相失者死”；第五類如《邪氣藏府病形篇》：“見其色而不得其脈，反得其相勝之脈，則死矣”。第六類是極速、極遲之脈，乍遲乍疾之脈。《平人氣象論》有一呼脈四動以上的極速脈，有一呼一至、一吸一至的遲脈，有乍疎乍數之死脈，《大奇論》更有一息十至以上，如浮在水波之上的死脈；《難經·十四難》推而論之，詳列“一呼四至，一吸四至，病欲甚…一呼五至，一吸五至，其人當困…，其有大小者，為難治；一呼六至，一呼六至，為死脈也…”。“再呼一至，再吸一至……三呼一至…四呼一至”皆為損脈，古人認為病屬危甚或死，但是隨著醫療水準提高，在現代來說也不乏可治的例子。由此可見，判斷是否死証，不能單憑脈象本身而下結論。

七.七診

欲察知病之所在，有時還要運用《內經》七診。七診原是用來診察九候獨小、獨大、獨疾、獨遲、獨陷下和獨熱、獨寒，除特殊情況外，都是病脈。張景岳引申其義至寸口脈中，他說：“九候之中，而復有七診之法，脈失其常…此雖以三部九候為言，而於氣口部位，類推為用，亦惟此法”，並把獨寒、獨熱解釋為“或在上，或在下，或在表，或在裏”。如此引申，則寸口脈也有部位之獨，即六脈之中，只有某一部異常；有臟氣之獨，例如六脈俱弦，都是肝脈，六脈俱洪，都是心脈……；有脈體之獨，例如《平人氣象論》：“尺脈緩澀（按：有論者認為是“尺緩脈澀”，即尺膚及脈俱緩澀）”可引申為氣口中的尺脈緩澀。又如“獨小者病，獨大者病”等等；此外，《內經》有三部不同脈象的記載，如《陰陽別論》提到陽加於陰、陰虛陽搏等脈。又提到左右不同脈象，如病能篇有“病厥者，診右脈沉而緊，左浮而遲”，張仲景也提到兩手不同脈象，如“脈偏弦者，飲也”、“諸積大法…脈出左、積在左；脈出右，積在右”。後賢如叔和、瀕湖對部位之診多有發明；葉天士不但熟練地運用以上理論於臨床，還有所批判和發揮，例如他對前人左脈屬血、右脈屬氣的見解常加應用，認為：“凡咳血之脈，右堅者治在氣分，係振動胃絡所致…左堅者乃肝腎陰傷所致。”“脈右數大，議清氣分中燥熱”但又認為對某些病來說，這一見解“未必盡然”（《臨証指南 · 吐血 · 燥 · 中風》），他還發現了兩部獨異的情況，例如一中風醫案；“左關尺脈獨得動數，多語則舌音不清，麻木偏著右肢，心中熱熾，難以名狀，此陽明脈中空乏，而厥陰之陽，挾內風以糾擾，真氣不主藏聚，則下無力以行動，虛假之熱上泛，為喉燥多咳…”可見葉氏對脈診有深入研究。七診在理論和臨床應用上還有更多引申。據筆者觀察，如，右關獨虛，乃中氣不足，上世紀七十年代，曾診一郭姓男患者，因乘自行車飛速衝下斜坡摔倒，住院內服活血袪瘀“跌打藥”月餘，後期更因大便秘結而服硝、黃等，來診時，大便不通已六、七日，診脈右關尤虛，如空豁陷下，病人劃火柴燃點香煙時，竟因手震顫，幾次都點燃不著，處方以升陷湯加減，重用吉林參、北芪、當歸、升麻，一劑而大便得下，足見診脈之重要；再舉一例：1967 年 9 月，筆者隨父親在中山小欖鎮義診，一天下午來了一位二十來歲的女子，訴說一個半月前因"感冒發熱"在當地服西藥打針，熱退後漸覺胸中窒悶，接診中醫，但覺上述症狀日漸加重，近一周以來，"胸中如有大石壓住，呼吸都覺得困難"，眠食俱減，煩渴欲飲，檢查血液、心電圖、胸透正常，病人面色青而帶黑，舌尖絳、舌苔中心帶灰黑而乾，脈象左寸獨沉。檢視前醫用藥，芩連梔葦者有之、枳實陷胸者有之、百合固金者有之、大黃枳樸亦有之。父親認為病屬"暑熱內閉心胸"，取外關透內關，用透天涼手法，約四十分鐘後，病人覺"胸中大石移去，呼吸舒暢多了，病好了七八成"，懇求繼續針，父親笑著說："夠了，你回去買一個西瓜分幾次吃，然後摘二十條竹葉心、一支蓮梗連葉、再加上一個鮮西瓜皮去白，一起煎水當茶飲，剩下的病就好了，不必再針"。

又如，凡哮喘或久咳而有右關脉明顯不足者，乃子病及母之像，切不可再套用小青龍、定喘湯等，更傷其氣，必治其母氣，或脾肺同治方愈，近期接診不少新冠後遺久咳不愈患者，不少呈右關或右寸關脈俱不足，若只是湊幾味降氣除痰之藥希圖止咳，必不能效。而判別妊娠以至屬男屬女，也與某部脈象特異有關，可見七診的運用，已不限於病脈了。

《內經》脈診博大精深，筆者窮數十年之力，僅得管見，敬希讀者教正。

四 .“金匱”解

據考證，《傷寒論》在北宋的時候，還有一個名字叫《金匱玉函經》，翰林學士王洙於館閣殘本找到《傷寒雜病論》殘本《金匱玉函要略》三卷，其上卷即《傷寒論》部分原文，中、下二卷，改編名曰《金匱玉函要略論方》，簡稱《金匱要略》。

按《說文》解釋，“匱”是匣子，“函”字“假借為含”。漢代以前認為金和玉是十分珍貴的東西，倍加重視，以金匱玉函收藏醫學著作，或者說，匣子內含如金似玉的東西，是極言其珍重之意，所以歷來很多註家，包括《全國高等中醫藥院校規劃教材》的編者都認為：“金匱指藏放古代帝王旳聖訓和實錄之處”，所以“該書是極為珍貴的典籍”，確實，《內經》每提及重要的大論，多有藏之金匱之說，但是筆者認為註家仍有不足之處。若聯繫到仲景的學術來探討，則書名《金匱》當有更深含義。

仲景在《傷寒論原序》中指出，《素問》是他的著作的最重要的理論依據之一，而《素問》的作者和仲景都強調“天地萬物，莫貴於人”，《素問 · 病能篇》明確指出：“上經者，言氣之通天也，下經者，言氣之變化也，金匱者，決死生也…”，這裏指出，金匱也是一本書，而且比其它書更重要，因為它是能決定、判定人的生死的醫學典籍，和通天、窮變化的氣一樣重要，所以要用最珍貴的東西盛放在最重要的地方，並以此命名，告誡世人重視生命，重視研究探討決定死生的大學問，從而達到上療君親、下救貧賤、中以保身、以求長生的願望、這才是《金匱玉函》的真正用意。《素問》言金匱者，還有《金匱真言論》、《氣穴論》和《天元紀大論》等，前兩篇分別研究四時五行和人體的臟腑陰陽的關係，以及研究一歲之中和人體氣穴的關係，而《天元紀大論》也是研究、探討天地陰陽與萬物的關係。可見，《素問》把探討天人之理作為決生死的關鍵，仲景在《傷寒論原序》中說：“天佈五行以運萬類，人稟五常以有五藏，經絡府俞，陰陽會通，玄冥幽微，變化難極，自非才高識妙，豈能探其理致哉”？類似看法也見於《金匱要略》首篇，只不過重點在於從病因、預防的角度來闡述人與天地四時的關係而已。比對《素問》對金匱的提法，仲景也是試圖從天地變化無窮之氣探求到人的理致。兩者的學術觀點如出一轍。由此可見“金匱”二字的深層意義，在於研究、探討天地陰陽四時五行和人的關源，也就是如何才能道法自然，才能決死生。

五．閑話診斷

中醫診斷主要是通過外診來診察精、氣、神（正氣）以及邪氣入侵體內的情況。神是精、氣的最好表現，欲知精、氣當先察神，而診邪氣，當知其盛衰、存亡、部位及途徑、趨向。

一·望診

望診包括望神色、形態。色是氣息、顏色。色是氣之華，能反映神的情況。由於人與天地相參，氣息變化亦如天氣之有陰晴。鮮明、潤澤、隱隱然於皮下而不暴露，是色中有神的標誌；晦暗、乾枯、外露無遺是色中無神的表現；兩者之間則是病態，不過色的淺深有疾病輕重新久之別。有人認為只有面色紅潤才是有神，其實五色皆有正色、病色、死色之分，故《素問 · 異法方宜論》有地域、嗜好不同而有不同膚色的記載，《五藏生成論》把青如翠羽、赤如雞冠、黃如蟹腹、白如豚膏、黑如烏羽謂之生色，而青如草茲、赤如衃血、黃如枳實、白如枯骨、黑如炲為死色，明顯以潤澤與否來決生死而非單是紅潤才是有神，《脈要精微論》又說："五色精微象見矣，其壽不久也。"記得讀大學時候，某教務長平素並無大病，日餌人參，為人小心保養，謙躬儒雅、生得油光滿面，光可鑑人，連頭頂也像泛出油彩，孰料還不到五十歲，突然無疾而終，全院師生無不惋惜和愕然，可見精華盡露也不是好現像。臨床常見一些高血壓患者，也是油光泛面，更兼面色紅得像飲醉酒似的，其實是陰虛陽浮的凶兆，所以葉天士說："面亮油光，皆下虛少納"(《臨証指南 · 吐血》)；也有一些面色白的患者，驟眼一看，好像很有光澤，其實細看之下，其人肌肉鬆浮，尤其是目下浮腫，唇淡指甲色淡，下肢亦有浮腫，此乃水氣外泛之像。

《內經》有不少病色的記載，現選擇幾段來說明它們的臨床價值。《靈樞 · 五色》：青黑為痛（筆者認為青黑是血氣不暢的表現，所以也可見於瘀血內結、或經常失眠的患者）；黃赤為熱（筆者覺得屬濕熱鬱結者居多）；白為寒（多屬陽虛氣虛。葉天士："面色白者，須要顧其陽氣"、"面色枯白，中極氣黯"）；《靈樞 · 決氣》："液脫者，骨屬屈伸不利，色夭，腦髓消，脛痠，耳數鳴（曾見一些過用激素的沙士病癒後的患者有此症狀）；血脫者，色白，夭然不澤，其脈空虛，此其候也"。在此值得一提的是血脫者，治療上首先是急固其氣而非補血，舉例：文革期間，廣州中大數學著名教授鄢先生大便下血數日不止，因為是“反動學術權威”，好不容易蒙某市級中醫院“收留”，但並無適當治療，後來偷偷在早上請同樣是“反動學術權威”的筆者的父親診治，患者表現出上述血脫的典型症狀，父親拿出家中遭抄家而僅剩的一両一錢人參濃煎藥汁一碗，讓患者服下，當天下午血全止。

再舉兩例：某年輕護士崩漏三月不止，服養陰補血及炭類止血藥多劑無效，乃轉診於筆者，察其面色蒼白帶青，唇舌俱淡，神倦聲怯，脈象微細，分明因失血過多以致陽亦衰微，處方用當歸錢半、北芪四両、烏梅一個、乾薑二錢，每日一劑，連進四服而血止。據劉老說，解放前，廣州方便醫院（市第一人民醫院前身）有女患者血崩不止命危，急請一位九十多歲老中醫救治，那中醫只是略略一瞧，也不看舌診脈，就寫下上述方子，治癒了患者。劉老認為那位老醫對此病已有豐富經驗，才能單憑望面色而處方，而患者一定是面色蒼白、㿠白。

本學院教務處職工，年約五十，患漏下八個月不止，曾服八珍湯、二至丸加菟絲子、崗稔根、金櫻根……、六味地黃湯加大葉紫珠草、血餘炭、棕櫚炭以及西藥（不詳）無效，患者面色青白、唇舌爪甲俱淡，明顯貧血指徵，脈象沉細微，自言“走路不穩，常常眩暈欲跌倒，胸中好像有東西塞住，呼吸都感到困難，很怕冷，遂給予上述劉老之方，連服八劑而愈。

先父曾教導：碰到肥肥白白、垂頭說話、陰聲細氣的人，即所謂太陰之人，即使偶患熱証，也不要過用寒涼；相反，碰到形瘦色蒼赤、性格急躁易怒，屬於木火有餘的患者，即使偶染風寒，於解表散寒之時，也要常常顧護陰液，這些道理看似顯淺，臨床一不小心就易忘記。望面色須結合部位，《靈樞·五閱五使》說：“五官五閱以觀五氣。”故觀五官可閱五臟之情，即使仲景，亦強調明堂闕庭之診。綜合各家所論：目以候肝；耳、顏以候腎；鼻以候肺；口、唇以候脾、胃、腸；眉心、舌以候心；鼻準以候脾胃，在臨床上均有參考意義。如：目下色青為肝熱，色黑通常認為是腎虛，但如果是顴高眼凹之人，常常也可以目下黑而非腎虛，還有，環目青黑而兼白睛佈滿紅筋，則是睡眠不足；目胞下腫如臥蠶為水病；唇淡為貧血、脾虛；唇乾為津液少；唇黑為瘀血或寒；唇青紫黑為中毒或寒、或缺氧；此外，“耳焦枯受塵垢，病在骨”（《靈樞·衛氣失常》），老人見此，為腎精虧耗；耳輪焦黑、唇反、鼻孔上縮、齒如枯骨、舌卷囊縮、瞳孔散大無神均為臟氣將絕之候；又，楊鶴齡說：“小兒身偎母懷、鼻流清涕、咳嗽聲重，是外感之病也；噯氣嘔酸、惡心惡食、滋煎不安，是內傷浮食也；面白唇青、惡心嘔吐、口中氣冷、喜就暖處，是寒証也；兩腮紅、唇色焦絳、口渴不止、啼聲重實者，是實証也；唇深紅而亮為風熱；紅而焦暗為燥火，為實熱；鼻乾無涕為風熱閉肺（葉天士：“鼻乾如煤、目瞑或上竄無淚，或熱深肢厥，狂躁溺澀、胸高氣促，皆是肺氣不宣化之徵”）；鼻孔開張、出氣多、入氣少，宜分看，若初病見此，皆由邪熱風火挾痰壅塞肺氣使然；若久病見此，是為肺絕，不治。”這些都是歷練之言。若小兒自鼻旁至唇周一片青白之色，多屬脾胃虛弱，近兩三年內多有泄瀉或痢疾病史、或有過服寒涼削伐、或濫用西藥抗生素等病史可查；小兒為純陽之體，陽常有餘而陰常不足，然近日在粵港所見，脾陽虛、肺氣弱的患兒有增多趨勢，即使咳嗽或泄瀉，每有投薑、附、桂、术才能治癒的例子，大抵與多進冷飲或過服寒涼藥物有關，此類患兒面白帶青、唇淡聲怯、舌淡腹涼、指紋沉而青、推之不起，只要醫者留心，不難診斷；至於成人，鼻準深紅或瘀紅為酒渣鼻，多屬胃熱或濕熱，每多挾瘀，亦有兼氣虛者；鼻旁有蝶形紅斑為鬼臉斑，多屬陰虛挾瘀熱；兩顴附近有褐色斑，多屬血虛血瘀，此証之治驗不少，聊舉一例：黃小姐，37 歲，2008 年 3 月 19 日初診，面色白，兩顴各有褐色斑各一塊如拇指指甲大小，約 1.2 × 1.5 ㎝，已病年餘，每次來月經均有輕度腹脹及少量瘀塊，脈弦細，舌淡微帶黯，處方：柴胡四錢，當歸、桃仁、赤芍、菟絲子各三錢，雲苓、黨參五錢，川芎、紅花、淡全蟲各一錢（或加土鱉一錢），每日一劑，連服三十劑，褐色斑全消失；兩顴雖紅，但細察有瘀黯之色，須防心臟病。附記一証：1963 年 11 月某日上午，父親與佘藻棻中醫師在筆者家閑聊，適歐姓世伯來訪，甫坐下片刻，佘世伯定神望著歐世伯，忽然請歐伸手來診脈，然後鄭重地說："你趕快回家，切勿外出！"此時，父親仔細看了歐世伯的面色和脈象，也很鄭重地對歐說："天下無不散之筵席，我們一場好朋友，就此永別了，你快些回家把後事吩咐家人吧！"說罷，大家握手而別，當時筆者已十多歲，亦已學過一些中醫，眼見這一情景，十分震驚和不解，歐伯走後，父親解釋說："《內經》云，赤色出兩顴，大如拇指者，病雖小愈，必卒死；黑色出於庭，大如拇指，必不病而卒死。歐先生久患肺癆，今日面現死色，又脈見蝦遊，色脈俱敗，故斷其必死。"筆者這才想起，歐世伯的兩顴都出現紅赤如燒壞了的紅磚的顏色（略帶微黑），面庭的部位確有如大人的拇指大小一塊煤煙狀的黑色。果然，歐世伯晚間吃了他最喜愛的燒鵝，又洗了澡，隨即上床睡覺，翌晨其家人醒來，赫然見歐世伯已逝世了！這是筆者親見的事，可見中醫望診之神妙！

望診不單在面部要區分部位，在身體其他地方亦然，並且要結合經絡，例如上文談及小兒鼻旁、唇周青白多屬脾胃虛弱，因為這些地方是陽明經脈所過，而脾“其華在唇四白”，故其變化足以反映脾胃之虛實，同理，這些部位經常生“暗瘡”，多是腸胃濕熱、飲食失調；若“暗瘡”集中在眉心附近，則是心肺有熱，更兼舌尖紅絳，其人近日必心煩氣躁；鼻準光亮、肌肉鬆浮，乃屬胃虛；又如，濕疹集中在肘彎、膝彎者，往往與脾胃有關，治療脾胃每可奏效；纏腰火丹病位多在肝膽經，病因、病機、治療都以肝膽熱毒或濕熱為主，但亦偶有屬虛者；齒為腎之餘、齦為胃之絡，牙齦腫痛與胃和腎有關；痛風好發於大趾二趾，多與脾胃飲食有關；膝痛多責諸腎，但也可以和脾胃有關，因為膝部亦為脾胃經所過，陽明束筋骨而利機關。舉例：1971 年，本院職工伍先生因膝痛、發熱五日不退，經用青霉素、羅瓦而精及二妙散加味治療未效，由門診抬入住院，筆者接手主診，中西檢查確診為風濕熱，決定單用中藥。患者體溫 38.6℃，一膝紅腫熱痛，便秘三日，舌紅、苔老黃而乾、脈滑數，處以小承氣湯加味，一劑便通，膝痛減，可以勉強步行，體溫降至 37.3℃，調治一周痊愈。下面談談常見部位的望診 ：

1. 察目

五臟六府之精皆上於面而走空竅，其津液皆滲於目，故察目可知臟腑之情。就像面色一樣，目色也有太過不及之分，目光有神而眸子正、黑白分明、精彩內涵、顧盼自然是正常之目，前人形容目光如炬、十步之外望之仍可分清黑白，表示精氣充盈逾於常人；目光無神為病，以兒科為例，數十年所見，觀察小兒神色，實屬重要，若眼神充足、啼哭響亮，即使高熱、甚至抽搐、胸高氣促、痰湧，尚不足畏；相反，即使無熱或低熱、血像白細胞又不高（甚至稍低）、但目光無神、啼哭聲低怯而短，亦須高度警惕、詳加診察，每多險、重之証；血脫者目不明，但是目露凶光或目光如泛油彩亦非佳象。目定神呆若見於久病，固然不好，但是眼球震顫、或遊走如鐘擺不定也是凶兆。眼球深陷如非天生，便是精血內虧，眼球凸出、甚至眼裂不能閉合，多屬陰虛陽亢。

古人把眼睛分為五輪八廓來論述眼科各種疾患，不能盡述。在此只提出一些臨床點滴所見以供討論。瞳孔是五輪之中最重要的地方，足以反映先天腎氣的情況，《內經》謂"瞳子高者，戴陽不足"，屬於危疾，《傷寒論》有"目中不了了、睛不和"的條文，後人釋為悍熱沖腦所致，近賢黎庇留先生有一醫案，謂患者黑睛上移幾至不見，結果以大承氣湯一下再下，黑睛才回復正常位置，可見病情之危重，但瞳孔亦有下移有如太陽下山者，每屬腎虛，它如瞳孔散大、橢圓、針狀縮小，若非藥物、食物中毒所致，便是危重（如酒精、杏仁、桃仁、馬鈴薯、白果、川烏、附子、草烏中毒，令瞳孔散大；有機磷、嗎啡類、洋地黃中毒，令瞳孔縮小）。又有真假寒熱之分別，每令醫者疑惑，但通過察目可以分辨。父親述初年行醫曾治一位少女，患病已兩月，初因發熱，前醫投清熱劑，熱減而未愈，再請中、西醫多人治之，低熱總不除，日漸困倦，終至神昏，至父親往診時，病者已盛裝躺於庭中奄奄待斃，但見病者面色蒼白、手足逆冷、牙關緊閉、脈象已摸不到，檢視前醫處方，皆是寒涼之品，其中紫雪丹更服十餘服之多，心中大起疑惑，莫非此低熱乃假熱？於是仔細檢查患者雙目，但見白睛全無紅筋（無充血現像），瞼內紅肉亦蒼白一片，於是書人參四逆湯大劑，急火邊煎邊撬齒多次頻服，結果挽回一命，因為患者若是真熱，白睛應有紅筋，而瞼內紅肉斷無蒼白之像，加以實熱之人，亦無多方服寒藥而病反日重、竟至神倦昏迷之理，若是過服寒涼，削伐陽氣則於理可通，故可斷其真寒之証。

2. 察絡脈

《內經》之察絡脈，主要是察大魚際肌的色澤，筆者覺得它對診斷小兒疾患較有參考價值，至於診斷成人疾患，筆者認為，若癌証患者見爪甲黑、大魚際青黑、或面色尤其唇色，或肌膚黯黑，而脈象又見澀、舌邊瘀點或瘀黑者，不管現代醫學檢驗結果如何理想，亦要小心，不可遽斷為徹底治癒，因為從中醫角度來看，患者尚有瘀血，尚有復發可能。

診小兒食指絡脈（簡稱指紋）是小兒診斷的重要內容，習慣上以浮沉分表裏、青紫定寒熱、三關決輕重、淡滯別虛實，但對於形狀診斷，每每輕輕帶過，然而細考近代、現代兒科大家、名家，對指紋形狀十分重視，近賢楊鶴齡總結《幼幼集成》等所論，結合畢生經驗，指出一些臨床上有用的指紋形狀，如：狀如強弩反張是急驚；如短丫，主慢驚；長丫主瀉停；透關射甲，多主重病。

3. 察膚色

正常膚色潤澤柔軟，富有彈性，雖偶有天生如魚鱗、如樹皮者，亦多限於局部，老年則彈性、柔軟、潤澤均減，冬天皮膚更乾燥而搔癢。若普通患者皮膚乾燥而乏彈性，當是津傷，小兒久病見此，兼見抓痕，很可能是濕疹；膚色黃如橘子，是陽黃；黃如煙薰，即黃而帶晦暗之色，是陰黃；黃色而欠潤澤，是萎黃，須分辨血虛或肝膽胰腺疾患；久痛血絡瘀阻亦可發黃，非泛泛除濕之藥可治；黑而晦暗為黑疸，書謂多從黃疸轉變而來，又"因其多由色欲傷腎而來，故又稱女勞疸"（見《中醫診斷學》．高等醫藥院校教材），但肝腎病晚期亦多見面色黑晦如蒙烟塵者，心血管病晚期也可見面色瘀黑，未必由色欲所致，也不是黃疸傳變而來。而是像《靈樞．經脉第十》載："肝足厥陰之脉，是動…面塵脫色""腎足少陰之脉…是動…面如漆柴""手太陰氣絕，則脉不通，脉不通則血不流，血不流則髦色不澤，故其面色如漆柴者，血先死"。此外筆者曾見馬雲衢老師診一黑疸男性患者（西醫確診為阿狄森氏病），諸醫皆作腎虛論治不愈，馬老師獨斷為瘀熱，連用大承氣湯多劑竟愈；父親曾治一位患肝硬化的中年男子，全身尤其是面、唇、齒齦均呈黯黑，諸醫亦作黑疸從虛論治數年不愈，父親斷其瘀熱互結，針藥並用，調治而愈，可見黑疸亦有實證者；皮膚現大理石紋，病多危重，例如中毒性痢疾後期可見此表現；全身皮膚紅如火燒雲樣，多為熱毒，亦可見某些肝硬化的病人；若猩紅成斑、唇紅舌絳起芒刺、白睛亦紅如血者，乃血分大熱，麻疹熱極或斑疹傷寒均可見此，結合流行病史不難診斷；局部青黑，是跌打瘀傷或壞死，或服某些西藥、或血液系統有缺陷所致；肌膚甲錯，須辨明氣血虛或血瘀，若兼有痛處不移，須防生癰；至於斑、疹、痘、白（痦）、癰疽疔癤、濕疹、牛皮癬、麻風之類，病種繁多，詳見有關書籍，在此不贅。古人有膚脹與膚腫之辨，脹有虛實，俱屬氣；腫亦有虛實，實者按之即起，虛則按之凹陷，良久始恢復，仲景云："上氣面浮腫、肩息，其脈浮大，不治，又加利，尤甚。"又云："咳而上氣，此為肺脹，其人腫，目如脫狀。"哮喘或肺氣腫晚期，或肺性心臟病的晚期病人，均可見此，中西兩法合治，偶有可生者；書載五平（手心、足心、缺盆、臍、背俱平）之証不治，多見於水腫病晚期，亦須結合現代醫學檢查及治療，未可言其必死。

4. 望爪甲

肝，其華在爪甲，紅潤光澤含蓄、堅韌呈瓦形，若壓其甲尖然後放開，甲內紅色即復，是為正常。甲床色黃為黃疸；淡白為貧血或氣血兩虧、或虛寒 ；黑為血瘀，癌証化療後多可見之；青為寒証，或中毒；指甲上有白點，或為蟲病，或為咽喉病；反甲，或指甲薄、易脆皆是肝血不足；指甲如湯匙狀，是長期鬱血所致；筋急而爪枯，病重。

5. 骨骼、肌肉、皮毛、形態

骨為腎所主，精血所凝注，人體之幹柱，故骨骼之狀況，足以反映先天腎氣之盈虧、精血之多少、稟賦之厚薄；肌肉之狀況，反映後天脾胃之虛實，營衛氣血之多少；局部肌肉萎縮，須注意所主的神經是否損傷；皮毛之狀況，足以反映氣，尤其是肺氣之虛實、衛外之能力；外形體態既是不同發育過程的表現，也是病邪在人體作用的結果，故形態的變異，亦可在一定程度上反映正邪消長的情況。形有緩急、氣有盛衰、骨有大小、肉有堅脆、皮有厚簿、毛有澤夭，通過望診可大致瞭解它們的情況，從而有助於判斷壽夭、盛衰、甚至邪正的消長變化。

例如健康的標誌是：“血和則經脈流行，營復陰陽，筋骨勁強，關節清利矣；衛氣和則分肉解利，皮膚調柔，腠理緻密矣；志意和則精神專直，魂魄不散，悔怒不起，五臟不受邪矣；寒溫和則六腑化穀，風痺不作，經脈通利，肢節得安矣。”(《靈樞 · 本臟》) 長壽的特徵是：“明堂廣大，蕃蔽見外，方壁高基，引垂居外，五色乃治，平博廣大，壽中百歲……。如是之人者，血氣有餘，肌肉堅致。”(《靈樞 · 五閱五使》壽夭的表現：“五官不辨，闕庭不張，小其明堂，蕃蔽不見，又埤其牆，牆下無基，垂角去外，如是者，雖平常殆，況加疾哉！”後世總結的五軟、五遲，也是先天不足的表現。

形與神要結合整體因素來考慮。《靈樞 · 壽夭剛柔》指出：“形與氣相任則壽，不相任則夭；皮與肉相果則壽，不相果則夭；血氣經絡，形勝則壽，不勝形則夭。”《靈樞 · 經脈》又說：“手太陰氣絕則皮毛焦…皮枯毛折”，手少陰氣絕則“舌萎，人中滿、唇反…”，“足少陰氣絕則骨枯…骨肉不相親則肉軟卻，肉軟卻故齒長而垢，髮無澤，髮無澤者骨先死”；《玉機真臟論》：“大骨枯槁，大肉陷下，破䐃脫肉，目眶陷，真臟見，目不見人，立死。”《脈要精微論》：“頭傾視深，精神將奪矣……背曲肩隨，府將壞矣……（腰）轉搖不能，腎將憊矣……（膝）屈伸不能，行則僂附，筋將憊矣……不能久立，行則振掉，骨將憊矣。”；《臨証指南》：“少壯形神憔悴…少陰腎病何疑”等等，臨床上都可見到，很有參考價值。筆者粗淺體會，凡危重病人，突然天柱折者，其壽命不超過四十八小時。但是老年人經常頭低垂不抬，只是精和神虧虛的表現。

6. 望舌

舌診在《內經》早已有之，《內經》指出了舌和內臟、經絡的聯繫及其生理功能，病理方面主要指出熱病傷津在舌上的的反映，如《刺熱論》說：“肺熱病者…舌上黃，身熱”，仲景對此略有發揮，並初步作為某些方劑的製方依據，而對後世影響最大的，莫過於集前人舌診大成，又有所發揮的葉天士，但是，綜觀葉氏醫案，如《臨証指南》二千四百多個醫案中，有舌診記載的不到十三分之一，而且集中在溫熱病最多，在內傷雜病方面，舌診只在中風、肝風、眩暈、痢疾，瘧疾稍多記錄，並不是什麼病都把舌診作為依據，再說，葉氏之望舌，也不像今人那樣呆板，試觀以下《臨証指南》醫案：“鄭，兩投通裏竅法，痛脹頗減…舌絳煩渴，不欲納穀……法當仍以通陽腑為要……豬苓、茯苓、澤瀉、寒水石、椒目、炒橘核”、“朱，初因面腫，邪干陽位，氣壅不通，二便皆少……濕熱無形，入肺為喘，乘脾為脹……便不通爽，溺短渾濁，時或點滴，視其舌絳口渴……背脹腹滿，更兼倚倒左右，腹脹隨著處為甚，其濕熱佈散三焦……飛滑石、大杏仁、生苡米、白通草、鮮枇杷葉、茯苓皮、淡豆豉、黑山梔殼”（《腫脹》）若依今版教材，舌絳口渴，當治血分蘊熱，然而葉氏仍以淡滲氣分之濕熱為法。又如：“汪，舌灰黃，脘痺不饑，形寒怯冷，脾陽式微，不能運布氣機，非溫通焉能宣達，半夏、茯苓、廣皮、乾薑、厚樸、蓽撥（《脾胃》）；舌黃脈緩，脾胃之氣呆鈍，濕邪未淨，故不飢，益智、半夏、橘白、厚樸、茯苓、乾薑”（《未刻本葉案》），若依教材，灰黃“常見於裏熱証”，案中舌苔黃而用乾薑、蓽撥，豈不相反？再觀葉氏手創之甘露消毒丹，王孟英在《溫熱經緯》中列出本方証之舌象：“舌苔淡白，或厚膩，或乾黃。”《醫效秘傳》亦證實本方証的舌象是“舌或淡白，或舌心乾焦；又，吳鞠通《溫病條辨》的杏仁滑石湯，舌象是灰白苔，治的是濕熱交混、三焦均受之証，方中有芩、連等味，若依教材一一對號入座，恐怕無所適從了。近賢也曾對辨舌的準確性存疑，秦伯未認為，由於溫邪傳變甚速，有時溫熱已入營血，但是舌象尚未反映出來，所以“邪熱入營，舌色必絳”未必全對。（見《謙齋醫學講稿》），岑鶴齡老師亦對舌診提出質疑，現引用他的著作《中醫爭鳴》中的一段話佐證：“前賢陸定國很早就曾指出，淡白苔亦有熱証，黃厚滿苔亦有寒證，舌絳無苔亦有痰證（按：王孟英認為‘絳而澤者，雖為營熱之徵，實因有痰……若胸悶者，尤為痰據，不必定有苔也’），當以脈証便溺參看……陳澤霖氏統計正常人各種黃苔出現率為 16.64%，說明黃苔不一定是個病證……劉代庚氏調查 1900 例 18-43 歲婦女，發現 95% 以上在月經前後一周內，有明顯的舌尖紅赤，認為是因月經週期變化而出現的生理現像；上海中醫學院部分同學調查 2090 例正常人群中，淡紅質佔 78.51%……不少正常人可有不正常的舌，如舌絳 0.05%，舌質淡 4.8%，黃苔 5.1%，白厚膩苔 10.4%，剝苔 2.2%，都說明舌象的非特殊。”師兄宋教授曾告訴筆者，他常患便秘而舌苔黃厚滑膩，每每用增液湯，大便得通而苔膩隨減。筆者早年隨治風濕的某名醫學習，發現他對很多有舌苔黃的患者，只要舌苔不乾，他都大膽用桂枝，有時每劑竟用一両之多而奏效，後來細心觀察，才知他主要參考症狀和脈象；筆者另一位老師、兒科名宿區少章世伯曾說：“小兒咳喘，由於很多時用過激素，往往舌質變紅，若依熱証診治，並不恰當。”筆者這樣說，並不是要全盤否定舌診的重要性，有時舌診甚至十分重要，例如溫病夾痰和夾氣鬱，都有胸脅苦滿、上氣喘急，甚至脈沉伏而澀，但劉老指出，夾痰者，苔必厚滑；夾氣鬱者，苔多薄乾，須細辨方得真相。他很重視舌診，雖然活到八十多歲，看舌時仍一絲不苟。他曾說："半夏瀉心湯証，通常見舌苔濕滑，黃白相兼；而王孟英之善用芩、蔞、梔、葦、茹、苓、橘、貝，亦必苔滑、膩、灰而不燥。"可謂經驗之談。筆者早年曾治一位患青光眼急性發作、頭痛如劈的老婦，經專科中西治療數日無效而來診，患者脈弦細而躁，煩渴口苦，筆者因經驗不足，正在"肝火"和"陰虛"的診斷上猶疑不決，及至診舌，舌絳而不鮮、乾枯而痿，乃按葉氏所言，診為腎陰欲涸而用藥，竟然一劑而痛愈大半，再劑而痛全止！

再說一個熱病的例子：196X 年，湛江發生"乙腦"，當地參照石家莊經驗，用大劑白虎湯治療無效，廣州中醫學院派關汝耀老師赴湛江助診，當地醫師說："多數患者舌乾無苔或微黃苔，明明是白虎或紫雪丹証，何以罔效？"關老師細察後說："不然，多數患者脈浮，舌苔望之若乾，捫之原有津液，何況以甘寒治之，高熱全然不退，若非濕熱薰蒸，何以致此？"乃按濕溫不同階段，分別用新加香薷飲、菖蒲鬱金湯加痕芋頭、安宮牛黃丸等治療，取得非常好的療效。此等舌苔，已載葉氏原文。此事乃當年關老在筆者家所親言，至今思之，猶如昨日耳！望舌應結合整體考慮，絕不能呆板。潘信華先生說："余曾見一耄耋老翁，神情困憊，杳不思納，苔膩遍佈，舌根有鹹味不斷湧出，知非尋常濕困脾胃，乃元海根微，精不養谷，用腎氣丸，熟地一両，凡七劑，苔淨神爽，知飢索食矣"（《未刻本葉天士醫案發微》）。筆者也曾治過舌苔白厚膩，便秘，脉緩細無力的患者，用參苓白朮散，反得大便甚暢，舌苔即轉薄，這是脾家實、腐垢去的結果。可見舌診不可不精研，尤其是溫熱病，更有其重要診斷價值，但舌診並非對任何疾病都如此重要，更不是如大多數書本上說的那麼絕對，而是必須四診互參，方不誤治。

7. 望分泌物、排泄物

察看患者的精、津、血、液、汗、二便等分泌物，往往有重要診斷參考價值，舉例來說，精稀如水、冰冷如鐵，即《金匱》所謂精氣清冷者，精液檢查結果，若非精子過少，便是死精子、活動力過低的精子過多；痢疾排下如鼻涕、如膿血膠粘狀大便，眼鏡蛇咬後的皮膚潰瘍等等，只須看一次便終生難忘。一般來說，陰道流出咖啡色血液，腹痛有下墜感，腰部亦有下墜感，三症併存，其流產必不可免，但中醫更進一步，除了妊娠脈消失為最重要參考外，孕婦或覺體內有寒氣透出，或舌質突轉青黑，或面色突現青或青黑，醫者都要高度警惕；望小兒的分泌物尤其不可忽視。舉例：1988 年某日，某婦與筆者閒聊，偶然說及她的一歲半的孫子經常無故嘔吐，經多醫診治無效，筆者細察其孫多次嘔吐物，都是未消化的飲食，而且面色青白，唇爪色淡，呈明顯貧血，遂引起筆者警覺，要求留下患兒糞便觀察，赫然發現其糞便稀爛而青黑，甚為腥臭，即建議帶患兒糞便求西醫驗大便潛血，不料竟被某醫訓斥“如此年紀，那有便血”拒檢，幸患兒父母再住國家醫院急診，檢查診斷為“裂孔疝合併消化道大出血”，經連夜進行手術挽回一命！（詳見《大陷胸湯》條）

據說楊鶴齡先生的診桌很大，任由患兒爬在桌上玩耍，嬉鬧啼哭、吐瀉便溺亦任由之，籍此大大豐富望診、聞診的資料，楊公可謂聰明矣！事實上，以大便性狀顏色來觀察，如痢疾的膿血粘液、腸套疊的爛魚腸樣、急性壞死性小腸炎的腥臭赤豆湯樣或暗紅果醬樣大便、阻塞性黃疸的陶土色、遠血的栢油樣、近血的鮮血夾糞便、宿食的臭蛋氣味夾不消化食物、熱結旁流的稀而惡臭、慢驚水瀉的清稀帶腥及完穀不化、風熱泄瀉的蛋花樣或帶微青或帶泡沫、受驚嚇泄瀉之明顯帶青色……都對有關疾病的確診有決定性意義。有一年清明時節，筆者隨父親診一小兒，由春節起即患泄瀉、伴有低熱不退，檢視前醫處方，或作食傷、或作熱滯、或作陰虛，偶亦有作脾虛而用七味白朮散治療者，均未見效。患兒面白、腹不溫、舌淡苔白，當是脾虛無疑，何以補脾不效？正沉思不決間，患兒瀉下稀糞，糞色青，再細看指紋沉中帶青丫狀，於是詢問患兒曾驚嚇否？其父亦說不清楚，但訴患兒近來常半夜突然尖叫。其母則回憶，患兒很有可能在春節時被爆竹聲所驚嚇，因為患兒從此就得病，家父處以四君子湯，加入正珍珠末一錢分兩次沖服，僅服藥兩劑即告痊癒，可見望診之重要。同樣，對小便的詳察也很有診斷價值，虛寒的小便清長、實熱的小便短赤、濕熱的小便混濁、淋証的頻、急或中斷、以及小便脂膏樣、砂石、血尿等，都不難診斷。此外，對鼻分泌物、嘔吐物、咳血等，也可一目了然，茲不概述。痰是呼吸道的排出物，教材記載，痰黃稠甚至成塊者為熱；清稀或有灰黑點為寒；清稀而多泡沫為風；白滑而量多易咯為濕；少粘難咯或乾咳無痰為燥；痰中帶血為熱，……可是證諸臨床，則未必盡然。前人對此早有異議，如清 · 何西池說："傷風咳嗽，痰隨嗽出，頻數而多，色皆稀白，誤作寒治，多致困頓，蓋火盛壅逼，頻咳頻出，停留不久，故未至於黃稠耳……故黃稠之痰，火氣尚緩而微，稀白之痰，火氣正急而盛也……推之內傷亦然，孰謂稀白之痰，必屬於寒哉！”，有不少咳嗽患者，晨起吐出第一、二口痰呈黃色，這是痰液在呼吸道時間過久之故，未可遽斷為熱証；同樣，碰到咳嗽一週以上而見黃痰，脈、舌俱表現為寒或虛寒，則需慎用苦寒清熱除痰之品，尤其對入夜或晨起咳嗽加甚的患者更應慎重；痰色灰黑亦未必是寒，呼吸道吸入較多灰塵亦可見此；至於風痰、濕痰，亦須四診合參方可斷之，不可單憑痰色而下結論；痰中帶鮮血更不是只有實熱或虛熱，無論表、裏、寒、熱、虛、實皆可。口角流涎，睡則更甚，多屬脾虛失攝，但小兒胃熱或肝火犯胃也有睡中流涎者，不可不知。口吐清涎，多屬脾冷，治之不愈，應進一步考慮到腎，因為腎火不能溫煦脾土，而且腎主五液，所以腎陽虛衰也可見此症；此外，有些大腦疾患、蟲疾亦可見此。口吐粘涎，是濕熱的徵兆，或是肺痿；頻頻吐涎沫，若非脾胃有疾，便是精神異常。

二. 聞診

聞診包括嗅氣味和聽聲音。咀嚼洋蔥、大蒜、香口膠、吸煙等都有特殊氣味而非疾病。飲酒、臭狐、香港腳等均有特殊氣味而不難鑒別，至於口臭，須區別口腔或胃腸道疾患；大便臭穢多熱、腥氣多寒；小便黃赤濁臭為濕熱；帶下黃而臭為濕熱、白而腥氣為寒；某些氣味的鑒別，又須結合西醫知識以互補：爛蘋果味為酮中毒或胃壞疽；氨味為尿毒癥；肝腥味為肝昏迷；痰液腥臭帶血，除了肺癰外，還可能是支氣管擴張。1972 年，新會雙水發生 160 多人的有機磷農藥 1059 中毒，筆者與西醫學習中醫班的同學一起參加搶救。某些嚴重患者雖經西藥治療，效果不夠理想，後來發現這些患者的頭髮、頭皮帶有很濃的大蒜氣味，詢問才知是患者把農藥噴到頭上以避蚊蟲！於是囑其家屬把患者的頭髮、頭皮浸於水中，頻頻換水以稀釋農藥，結果把病人全部搶救過來。聞診之重要可見一斑。

古人積累的寶貴經驗值得重視。1983 年筆者帶學生實習，有學生開玩笑，要筆者不看西醫病歷記錄，能否作出疾病預後的推測，筆者分別對一位腎炎水腫女病人和一位上消化道出血手術後的男病人診察後，在宿舍對學生說："男病人快要死了，恐怕過不了半天；女病人雖病重，但三天內死不了"。參與管理這兩位病人的學生大笑說："老師錯了，女病人是慢腎尿毒証晚期患者，已接病危通知書，主管醫生說她過不了一天；而男病人昨天才輸過血，醫生說病情已穩定了。"筆者回答："根據中醫理論，男患者胃病大失血後，陰血大傷，現証脈微細、但欲寐；間有呃逆，但短促而聲低弱，正是"病深者，其聲噦"，並且間有呵欠（約兩三分鐘一次），都表示陰氣欲絕，這種現像的預後見於徐靈胎註解《臨証指南》；女病人雖然全身浮腫，但四診所見，還未見死像。"該學生不信，立即笑著跑去病房，十多分鐘後，他跑回來說："男病人剛剛死了！"（女病人過了一周才死）上世紀六十年代，筆者隨父親往診一位久咳患者，剛進門，父親就皺著眉頭說："病人恐怕很重了！"隨後他進去診完病後，也沒處方就當面告辭。事後父親解釋："剛進門就聽到患者咳聲無力，短促而低微，診脈呈蝦遊脈，故判其必死！"不出所料，病者翌日就逝世了。聽聲音的內容，詳見有關診斷專書，不再重覆。

三. 問診

問診無疑是四診的重要一環，即使名醫也強調“未診先問，最不誤事”，然而現代不少中醫，他們不願意、或不屑在望、聞、切三方面下功夫，而過份強調、依賴問診，殊不知由病人提供的“第一手的客觀資料”有時並不真確。

1971 年某日，一位少女來門診，自填病歷“18 歲、未婚”，自稱最近三天下腹痛、小便頻急，筆者診其脈滑數，小便常規 RBC + WBC ± 體溫正常，診為熱淋，予八正散加減，處方之際，忽聽見患者與身旁一男少年嬉笑談話，狀甚親密，筆者心中一動，即停筆再診其脈，覺指下滑甚，但因出道不久，未敢確定是否“如珠走盤，按之不絕”，何況按當時政府規定，患者並非適婚年齡，心中疑惑，姑且順著“可能是妊娠，不如鑒別一下”的思路細詢，患者說：“已有兩個月沒來月經，但平時亦不一定準時來經，近兩天腹痛時有下墜感，自覺寒從裏透出來”，筆者大吃一驚，即轉介患者婦檢，證實是“先兆流產”。

西醫病歷很強調“過去史”。《內經》說：“臨病人問所便”。喻嘉言解釋：“便者，問其居處動靜陰陽寒熱性情之宜”。《醫原》更具體指出“過去史”的內容，包括有無宿疾、恚怒憂思、飲食習慣、嗜茶嗜酒、二便情況、胎產、月事、病因、變症等等，不過中醫問診中的“過去史”，其重視程度和詢問內容的全面、系統性，都不及西醫，值得中醫學習。

但是，中醫對某些症狀詢問之細緻深入，有些內容是西醫所不能比擬的。就以《十問》中的第一問“問寒”為例，要詢問全身寒冷還是局部寒冷；惡寒還是寒從內發、還是畏寒；寒的程度大小（微、甚、振、戰、慄）、規律（包括寒與熱的關係，如寒重熱輕、寒輕熱重、寒戰熱熾、寒多熱少、寒少熱多、但寒不熱、但熱不寒、先寒後熱、先熱後寒、初惡寒，後但熱不寒、寒熱發作是否有固定週期……）。即使以惡寒而論，也不是"有一分惡寒便有一分表証"一句話就能概括。

問診要有目的，有重點，尤其是門診，因為時間所限，更不能每項都問得很詳細，這就需要醫者不斷積累醫學知識和經驗。舉一個門診常見例子：一位年青人在夏月來診，訴說午後發熱三天，胸中煩熱，口苦，胃納差，相信不少醫者首先想到的是小柴胡湯証，然而，有經驗的醫者還會鑒別是否還有外感，是否暑溫，是否濕溫，是否有膽道疾患或胃腸道疾患，是否兼夾痰熱、血瘀、食滯…必須順著上述思路通過四診，尤其先通過問診一一分辨，絕不能先入為主。

四 . 切診

切診包括切脈和按診。

先說切脈。本篇只談筆者對按寸口診斷病脈的一些粗淺體會。

診斷病脈的方法，有整體看、左右手看、超出或不及本位看、某一部位看、比較不同部位看等等。試以外感為例：外邪初感，還未影響到經脈的時候，縱有外感的某些症狀，但是在診脈上未見浮脈。這個道理，我們已通過《內經寸口脈法》一文作了解釋。此外，葉天士常把大脈見於寸口作為外感的診斷依據之一。《臨証指南 ·

咳嗽》載：“脈獨氣口空搏，與脈左大屬外感有別”。其說可能源自《內經・調經論》：“風雨之傷人也，先客於皮膚，傳入於孫脈，孫脈滿則傳入於絡脈，絡脈滿則傳入於大經脈，血氣與邪并客於分腠之間，其脈堅大，故曰實”。若外感已見浮脈，初起一至一天半，通常只見一邊寸脈，若兩寸俱浮，甚至六脈俱浮，外感已是兩天以上了；注意，上面說一邊寸脈浮，並不一定先見於右寸，其實《內經》並無左寸屬心、右寸屬肺之分（見《病能論》），心肺同居上焦，經脈直接相通，很多時候不必嚴格區分；同理，若兩寸俱虛，或一手寸脈獨虛，臨床所見，可以是肺虛，可以是心虛，也可以是心肺俱虛，要靈活處理。

左手脈明顯虛於右手脈屬血虛，右手脈明顯虛於左手脈屬氣虛，古人雖然認為“未必盡然”，但證諸臨床，還是基本正確的。同理，失血之脈，左弦乃肝腎陰虛，右弦屬胃陰虛；左澀病在血分，右澀乃氣分不暢，都有很高的診斷價值。單純在右關診得弦脈、乃是木入土中，治法：“欲實脾土，必先遠肝木”（李東垣語）。

脈象的轉變有時對判斷疾病的輕重有關，以鬱證為例，鬱証之初，僅見弦脈，隨著病情加重，脈象漸轉弦細、弦澀、弦細澀、最後轉為沉細而澀、沉伏而細澀，氣機也越來越不暢，正氣（尤其是陰血）越來越損耗，終於到了氣鬱血瘀、虛極不復的地步，治療也就越來越困難了。正常右關脈較右寸尺稍浮而有力，若反較右寸、右尺稍沉及稍軟而乏力，其人必胃脘脹，而且與饑飽、發作時間無關，通常見於慢性胃炎患者。

現再舉常見的滑脈以說明脈診的複雜和重要性。

滑脈大致有四種情況，第一種，正常的滑脈，《內經》："脈弱以滑，是有胃氣"，可見往來流利滑動，是有胃氣、生氣的正常現像。張錫純說："脈之真有力者，皆有洪滑之象…滑者指下滑潤，累累如貫珠"，筆者覺得他指的似乎是《內經》所說的"平心脈來，累累如連珠"這是指連貫如珠滑利柔潤不斷，不一定如珠之圓形，而是張景岳所說的脈滑而沖和；第二種，死脈，《大奇論》："脈至如丸，滑不值手，不值手者，按之不可得也…棗葉生而死"，此謂脈滑而無根，所以重按即不可得。《傷寒論 · 辨脈法》："浮滑之脈疾數，發熱汗出者，此為不治"此乃有陽無陰之脈，故死；第三種，妊娠，妊娠脈如珠走盤，按之不絕，這是說脈形如珠，圓滑流利。《脈診選要》說得對："懷孕，每有如圓珠一粒活躍指下，臨床者可隨時辨析而體味之"。筆者體會，此種脈象，即使重按到底，把脈管壓死，指下再無搏動，但指兩旁仍覺跳動，其脈似從指左右兩傍溢出，如果把緊壓的手指稍稍向上放鬆，立刻感到其脈應指而起，似有一股生機蓬勃向上，遏抑不住之勢，指下脈形如珠樣圓滑流動，這在一般脈象是感覺不到的，所以叫做按之不絕，當然，這些感覺要反覆體認才能掌握，這種脈象尤其在尺脈最為重要，可以說有決定性意義，也就是說，即使寸、關已摸不到這種滑脈，但只要尺部滑象仍存，而又未見其它不可免流產症狀出現，則還有一線生機，大補元氣或可挽回；第四種，病脈，這種脈通常稍快，它們又可分為三類，一是有痰，脈形多為圓滑如珠狀，但有揣動之感，指下很易感到，無妊娠脈按之不絕的感覺，其圓滑有力之象與痰的粘稠成粒成塊狀幾乎成正比，此時必須參考舌苔，或黃或滑或濁膩而有根，若兼胸悶，便可確診，若胸悶而煩熱，痰必黃稠或黃綠成塊；二是有熱，常見肺熱或胃熱，其脈亦有力，《內經》、《傷寒》等多有記載，不贅；三是元氣虛衰，《脈學輯要》："虛家有反見滑脈者，乃是元氣外泄之候"，李時珍："滑脈為陽元氣衰"；張景岳："凡病虛損者，多有弦滑之脈…瀉痢者，亦多弦滑之脈，此脾胃受傷也"。臨床所見，虛損而見脈弦滑，必重按無力，不難辨別。

最後要強調的還是那句老話；必須四診合參。

按診包括按肌膚和按俞穴。按肌膚要注意：1. 溫度：有經驗的醫者用手背接觸患者的尺膚和額部，通常都可以估計患者是否發熱和發熱的程度；如果患者上午已經退熱，尺膚和額部都感覺不到發熱，而觸摸掌心仍熱甚者，須防下午再次發熱；小兒腹中熱而手足冷（尤其是手足指趾冷），俗語說是"燒得不均勻"，多是腸胃有積熱，或是出疹先兆；腹部堅硬脹實拒按為實，為積滯，為痛；柔軟喜按，喜溫為虛，更加腹皮冷者為寒；小兒指尖冷而眼如怒視，須防驚搐；肌膚或關節局部紅腫熱痛俱備，熱証無疑，若只見其中一二，即只有紅腫而無熱痛、只有紅痛而不熱不腫、只有腫痛而不紅不熱之類，未可遽斷為實熱；至於久按熱減還是久按熱增以辨表裏之熱、手足心熱還是手足背較熱以辨內傷、外感發熱，冷過肘膝或不過肘膝以辨是否真寒；少陰病是否手足尚溫以判陽氣之存亡等等，古人皆有專論，在此不贅。 2. 濕度：皮膚乾燥與濕潤程度可測津液之耗損程度。皮膚乾癟，津液不足；拈起小兒臍旁皮膚，良久不能恢復，加上啼哭亦無淚者，是中度以上失水；肌膚甲錯，陰津已傷，更見膚色黯黑，是有瘀血；皮膚濕冷汗出，須辨熱厥還是寒厥；3. 彈性：按之凹陷，不能即起，是水腫，但若只是某一部位有此現象，例如絲蟲病、局部跌打損傷、靜脈曲張、中風後遺等等，不能按一般水腫處理；按之凹陷，舉手即起者，氣腫而已。4. 腫物：皮下能觸及塊狀或條索狀異常物，須注意位置、大小、形狀、軟硬、壓痛等，在這方面，須借鑒和學習西醫的檢查和鑒別診斷方法。5. 按虛里：中醫歷來重視按虛里。《傷寒論》桂枝甘草湯証便有病人"叉手自冒心，心下悸，欲得按"的記載，不少註家認為"心下"即胃，筆者覺得此處指"虛里"更符臨床實際。

六. 中藥的氣味學說及其應用

一．氣味的來源

氣味學說起源很早。氣源於天。《周禮》說："天有五星，故有五行，以為寒暑，以為陰陽風雨晦明，分為四時，序為五節，淫則為災，以生寒熱少腹惑心之疾"，《內經》說得更清楚，《天元紀大論》指出："天有五行，禦五位，以生寒暑燥濕風…五運終天，布氣真靈，揔統坤元…寒暑弛張，生生化化，品物咸章"，《五運行大論》："夫變化之用，天垂象，地成形，七曜緯虛，五行麗地，地者，所以載生成之形類也，虛者，所以列應天之精氣也，形精之動，猶根本之與枝葉也"，這就是說，太空中有五種運行之精氣（指丹天、蒼天等五氣），統御（一說分屬）東西南北中各個方位，從而產生寒暑燥濕風等氣候變化。這些精氣行於天道，終而復始，佈施真元靈氣，五行之氣附麗於大地，寒來暑往，生化不息，萬物都得以產生、成為有形的物質，茁壯成長。可見古人早已認為：第一，地球上四季寒暑的更迭因為在天的五行、六氣（陰陽風雨晦明）的影響而劃分，又因為五行（氣聚而成五星）、六氣的變化產生而滋生萬物；第二，《內經》說："天食人以五氣……五氣入鼻，藏於心肺"，寒暑燥濕風之氣入於人體，產生寒熱溫涼的變化，若變化失常，則產生寒熱心腹之疾。古人由此覺察到食物也有寒熱溫涼平之別，合於四時養生，《周禮》說："凡食齊（劑）視春時，羹齊視夏時，醬齊視秋時，飲齊視冬時"，鄭玄註："飯宜溫，羹宜熱，醬宜涼，飲宜寒"、"寒、熱、溫、涼，通四時為言"。

《內經》總結了前輩的經驗，明確提出治法和藥物均有寒熱溫涼之分，指出寒熱溫涼的治法和藥的"氣"是從治療疾病的過程中體驗而來的——"寒者熱之、熱者寒之、溫者清之、清者溫之"、"治寒以熱、治熱以寒"。

溫，有時亦指溫煦、溫養，如朱丹溪："形不足者，溫之以氣。夫為勞倦所傷，氣之虛故不定，溫者，養也，溫存以養，使氣自充，氣完則形完矣，故言溫，不言補。經曰勞者溫之，正此意也"（《格致餘論》）。葉天士亦同意"勞者溫之"，並非指溫熱之藥，更非"溫熱競進之謂"，而是指溫養，"氣溫煦"，和甘味配合，用以"培生生之陽"，他更在前賢主張勞倦傷中，治以甘溫的基礎上，進而提出"勞傷腎"、"溫養腎真"（《臨証指南．虛勞》、《未刻本葉天士醫案》）。

除了四氣，尚有平氣，其源亦與上文提及的五行之氣有關，似乎合五星五行之數。平氣在《內經》中原來也屬天之氣，此外，在治則中也有提到"和者平之"，所以推而及之，藥物也應包括平氣。至於明確指出藥之氣有四氣之分的，當推《神農本草經》，內有"療寒以熱藥，療熱以寒藥"，以及藥物有平氣的記載。此書雖最後定稿於漢武帝之後，但從周代到漢初的漫長歲月中，五星、五行之說已大行其道，故推測藥物四氣之說早在漢初之前已經確立。

平性的藥物雖然寒熱不明顯，作用亦平和，但也有偏溫偏涼的傾向（這才符合古人認為事物沒有絕對平衡的哲理），故仍稱為四氣或四性。

寒傷陽、熱傷陰。陽氣不足者，不宜過用寒涼；陰液虧虛者，應當慎用溫熱。五味之說，亦早見於《周禮》："以五味、五穀、五藥養其病"。五味雖源於大地萬物所得，亦由氣候變化調節產生，所以《左傳》說："天有六氣，降生五味，發為五色，徵為五聲"。管子、老子、莊子都提及五味對人體的作用，《內經》認為"夫五運陰陽者，天地之道也，萬物之綱紀…在天為玄，在地為化，化生五味"。在天的四時五行之氣與地之氣相感而化育萬物，構成萬物的五種基本物質亦即在地之五行即五材。五材化生五味，發為五色、五聲，大地萬物化生之五味供養人類，故曰"地食人以五味"，可見《內經》五味的來源與《左傳》所說同出一轍，不過更為具體，例如酸味之產生，是"東方生風，風生木，木生酸……其在天為風，在地為木"，苦味之產生，是"南方生熱，熱生火，火生苦……其在天為熱，在地為火"，如此類推，說明五味由在地之五行化生，其源亦與天之五氣密切相關，與老子"地法天"的說法隱然合契。《內經》更把氣和味聯繫起來，認為氣為陽、味為陰，陰陽和合才能化生萬物，並把它們歸納於藥物和治則中，組成完整的氣味學說。

除五味外，還有淡味，有認為此說首見於《神農本草經》，其實《管子》早有記載："淡也者，五味之中也"，其後《呂氏春秋》也有記載："調和之事，必以甘酸苦辛鹹"，但調味要適當，要"甘而不喂，酸而不酷，鹹而不減，辛而不烈，淡而不薄"。

下面談談五味的作用：

1. 辛

概指辛辣的味覺而言，但嗅覺上的芳香也歸此類。辛能散能行，散指發散、散結；行包括行氣、活血。舉凡宣散、宣通、辛開、辛通、辛香走竄、辛香入絡、芳香辟穢、化濁、芳香化濕、通竅透解等說法或作用都可視作“散”或“行”在某種場合的同義詞。瘀阻、痰結、寒凝、濕濁、氣滯、竅閉等等，用辛散或辛行的藥往往有助於治其閉結凝冱，故除解表藥外，活血祛瘀藥、理氣藥、化痰藥、祛風濕藥之中，有不少屬於辛味的藥，至於芳香化濕藥、宣竅藥、溫裏（祛寒）藥更幾乎是辛味藥的天下。事實上，有辛味的藥佔了常用中藥的大部份。

有方書把辛能潤與辛散、辛行並列，筆者認為值得商榷。考辛能潤之說，始見於《內經》。《藏氣法時論》：“腎苦燥，急食辛以潤之，開腠理、致津液、通氣也”；《至真要大論》：“諸氣在泉，寒淫於內，治以苦熱、佐以苦辛、以鹹瀉之、以辛潤之、以苦堅之”，可見辛潤都是有條件的，一是在“腎苦燥”的情況下，一是在“諸氣在泉”的情況下才適用。腎者主水、主五液、藏精血。本氣過極必自傷，腎苦於精血之傷、水津之涸，故曰苦燥。燥而用辛，是通過“開”、“通”來達致津氣之潤、腠理之開，才令腎之燥得以潤，可見也是辛開、辛通的結果，正如劉河間解釋：“辛能散抑、散結、潤燥，抑結散則氣液宣行而津液生也”（《三消論》），近賢潘華信先生也說：“蓋辛味者可宣通氣液，開發鬱結，推陳以致新，故內經稱其為補，然其補為通補，於體則補，於病則逐”（《未刻本葉天士醫案發微》）所以《中藥藥性與應用》（《人民衛生出版社》1996 年第二版）

的作者引《黃帝素問直解》說："更多人認為，辛主發散，何以能潤？以辛能開腠理，致在內之津液，而通氣於外，在下之津液而通氣於上，故能潤也。此乃間接作用，並非辛味的普遍特點"；新版《中藥學》（《全國中醫藥出版社，高學敏主編）也認為："大多數辛味藥以行散為功，故辛潤之說缺乏代表性"，可惜有些註家沒有仔細看清前後文意，犯了斷章取義的錯誤。至於諸氣在泉，寒淫於內，當以苦熱為主治，而辛潤之藥，不過是佐藥之一種，大抵亦是防苦熱太過，傷津耗氣而已。葉天士對五臟剛柔用藥有其原則："脾腎為柔臟，不受剛藥；心肝為剛臟，可受柔藥"，所以碰到肝血虧損而肝失條達的情況下，他也喜用辛潤之品，可見也有條件限制。那麼，以辛潤之，具體是指什麼藥？徐之才舉出菟絲子；有人認為是"肉桂、附子，甚至荊芥、防風、白芷、川芎、紅花、當歸等"；但是李東垣治腸燥便秘，引用腎惡燥治以辛潤之旨，所用藥物是桃仁、四物湯為主，認為當歸、桃仁是辛潤治血燥之藥而絕無附子，治陰寒便秘則用辛熱的半硫丸加附子乾薑而不用桃仁四物，可見附子不在辛潤之列；朱丹溪對附子辛潤更持反對意見，他在《格致餘論》中說："內經曰，腎惡燥，烏、附丹劑，非燥而何？夫血少之人，若防風、半夏、蒼朮、香附，但是燥劑，且不敢多，況烏、附丹劑乎？"葉天士也認為附子是"剛藥"（"桂附剛愎，氣質雄烈……臟體屬陰，剛則愈刼脂矣"），與辛潤柔藥正好相反，其次，在他的醫案中，提出了對辛潤的看法，試舉其中四例："肺痺、鼻淵、目痛、便阻，用辛潤自上宣下法紫苑 杏仁 瓜蔞皮 山梔 香豉 白蔻仁"；"楊，老年久嗽，身動即喘，晨起喉舌乾燥，夜則溲溺如淋，此腎液已枯，氣散失納，非病也，衰也，故治喘鮮效，便難乾涸，宗腎惡燥，以辛潤之、熟地、杞子、牛膝、巴戟肉、紫衣胡桃、青鹽、補骨脂”；“朱，辛溫鹹潤，乃柔劑通藥，謂腎惡燥也，鹿茸、蓯蓉、歸身、杞子、柏子仁、杜仲、菟絲子、沙苑”；“此血虛絡鬆，氣失其護，左脇喜按，難以名狀，宜辛潤理虛，切勿亂投藥餌，杞子、柏子仁、酸棗仁、茯神、桂元肉、大胡麻”（《臨証指南》），可見李、葉、徐氏所指的辛潤，是味辛而柔潤之品，葉氏甚至由腎發展到治肝，蓋取“肝欲散，急食辛以散之，以辛補之，酸瀉之”之義，並非說辛味除散、行之外，又能補。以上各說法孰是孰非，學者當能神而明之。至於辛味藥是否“多辛散燥烈”？諸君不妨將有關藥物歸納一下，自有分曉。

附帶談談“滑”，《周禮》把滑附於藥物五味的作用之後，謂“以滑養竅”，徐之才認為“滑可去著”，並舉鬱李仁為代表，張子和進而解釋：“大便燥結，小便淋澀，皆宜滑劑。燥結者，其麻仁、鬱李之類乎？淋瀝者，其葵子、滑石之類乎？”（《儒門事親．卷一》）。葉天士又認為辛滑之品能通陽，舉薤白通陽散結為例（“薤最滑，露不能留，其氣辛則通，其體滑則降”），此外，他又用滑濇互施以填精益髓，治療遺精早洩或真陰虧損、陽熾於上的咽痛，理由是“精關已滑，濇劑不能取效，必用滑藥引導，同氣相求”，並舉出牛骨髓、羊骨髓、豬脊髓、麋角膠等藥，可見諸賢皆以質感、口感言滑，並非辛味才有滑。

“辛走氣，氣病毋多食辛”，“辛走氣，多食之，令人洞心”，“味過於辛，筋脉沮弛，精神乃殃”，以上都是用辛之注意點，說明辛味太過，能泄人元氣，傷及筋脉、耗精傷神，能影響心臟，例如煙味辛辣，長期吸煙，影響心肺健康、精神暗損，葉天士也提到："味進辛辣，助熱之用，致肺傷嗽甚"(《臨証指南·吐血》)；氣虛或津虧之人慎用辛味發汗之品，以免走泄元氣、重傷津液。

2. 甘

能補能和能緩，具體解釋見諸方書本草，玆不概述。現提出三點供討論，一是甘味緩肝，是不是能補、和、緩之外的又一功效？按：甘味能否緩肝，見《藏氣法時論》："肝苦急，急食甘以緩之"，可見甘味緩肝的作用也如辛能潤腎燥一樣，是有前提的。查《內經》司天、在泉之氣（尤其是厥陰在泉），勝氣復氣之論，每遇風淫為病，多以甘味以緩之，又肝風內動之際，醫者亦治以甘味之藥，故葉天士有"緩肝之急以熄風"、"治以甘酸之屬"等語（《臨證指南》），可見甘味不僅治療內風以緩肝之急，而且可治外風以治風邪內襲；二是甘能解毒，是不是能補能和能緩之外的又一作用？按中醫學理，毒性之藥都是大寒或大熱的，緩和其大寒或大熱也就減輕或解了毒，而這正是甘味的基本作用，故似乎無須另立甘能解毒為另一作用；三是有主張另立甘潤來作討論，以突顯在五味中的特殊地位，雖然個別前賢亦有這樣做，但似無必要，因為既說辛能潤，又立甘潤，為何不把苦潤、鹹潤作為苦、鹹的另類特色一併提出？其實潤和滑一樣，存在於不同味的很多藥物中。質潤的藥，基本上有潤下或潤燥的共性，不必特別強調甘潤。

"甘走肉，味過於甘，令人悗心（心中煩悶）"，"甘走肉，肉病無多食甘"，"味過於甘，心氣喘滿，色黑，腎氣不充"。說明甘味太過，能令心臟、肌肉、骨骼受損。另外，"甘者令人中滿"，故中滿之人忌甘。

另外討論一下淡味，前賢有認為淡是甘味之最淡薄者，是餘甘之味，若按此說，則淡味多少仍有甘味的作用，然而即使在《道德經》，也早已認為淡歸於無味。後人說“淡能生五味”，“淡為五味之本”（劉河間），原意也和《道德經》相同，《內經》和後世只言淡味滲泄，淡能利竅，表面上簡直和甘的作用相反，為什麼又把淡附於甘呢？其原因可能與《內經》認為“淡入胃”（《九針論》）有關，既然淡入胃而甘入脾，那麼，淡附於甘也就順理成章了，劉河間解釋：“淡，胃土之味也，胃土者，地也，地為萬物之本，胃為一身之本，《天元紀大論》曰，在地為化，化生五味，故五味之本淡也，以配胃土”，而味甘亦歸於脾胃，所以把淡附於甘。河間還認為甘和淡都對燥結有作用，“夫燥能急結，而甘能緩之，淡為剛土，極能潤燥，緩其急結，令氣通行，而致津液滲泄也”。至於有學者把利竅只理解為“通利下竅，亦即利小便；滲為滲水濕，泄為利小便，故利竅、滲濕作用基本一致”，則似欠周詳。《內經》只言淡味滲泄為陽，或淡泄可用治濕淫之病（見《至真要大論》），並無指定只通利下竅、利小便；河間既說“滲泄謂利小便也”，又說“所謂滲泄，解表，利小便也”，“令氣通行”，也分明指利竅非單指利小便一途；丹溪亦指“淡滲治濕，以其濕在中下二焦”、“內濕宜淡滲，在上中二焦”（《局方發揮》、《丹溪治法心要·卷一·濕第九》），李時珍對淡味有很好闡釋：“蓋甘淡之味，先入於胃，滲走經絡，遊溢精氣，上輸於肺，下通膀胱，肺主皮毛，為水之上源，膀胱司津液，氣化則能出”，可見淡味利竅並非只是通利下竅更非只利小便。淡滲之用，三焦皆有，亦非局限於下焦，葉天士顯然亦同意此說並加以應用，《臨證指南·濕》：“酒客濕勝，變痰化火，性不喜甜，熱聚胃口犯肺，氣逆吐食，上中濕熱，主以淡滲，佐以苦溫、大杏仁、金石斛、飛滑石、紫厚樸、活水蘆根”，很明顯，病情全屬上中濕熱、濕痰化火，胃氣上逆、肺失清肅，故主蘆根滑石淡滲清肅上中之濕。同書《胃脘痛》（節錄）：“胃痛久而屢發，必有凝痰聚瘀，老年氣衰……納物嘔吐甚多，味帶酸苦，脈得左大右小……且呃逆沃以熱湯不減……不嗜湯飲……先用紫金丹，再以辛潤苦滑，通胸中之陽，開滌濁涎結聚……胸中部位最高，治在氣分，鮮薤白、瓜蔞實、熟半夏、茯苓、川桂枝、生薑汁……”案中用“茯苓淡滲”，不是用來通利下竅，而是滲泄胸中之痰水，有利於胸陽之宣通。類似的例子還有，如《溫熱門・施案》，治溫邪犯肺，誤用陰柔膩補，以致減食不寐脘悶渴飲等症，用“輕揚肅上，兼以威喜丸（茯苓、猪苓、黃臘）淡以和氣”，令“上焦得行”，明顯取淡味暢和中上二焦氣機；《瘡瘍・戴案》治痔血虛寒，用補脾胃佐以淡滲通腑之法，藥用生於术、生菟絲粉、生象牙絲、生白蠟。以白蠟為佐，也是威喜丸原意，不是用來“通利下竅即利小便”的，反而用“淡入胃”、“九竅不和、皆屬胃腑不通”來解釋較為合拍；或者在暑濕犯肺、“二便通調，中下無病”的情況下，遵《內經》病自上受者治其上之旨，用微苦微辛、輕清淡滲之品以治上焦。醫案中以淡滲通上中焦，泄氣分的例子多的是，可見對於滲泄利竅，傳統的中醫理論，並非簡單理解為利小便、通利下竅。

淡味雖然看似平和，但用之太過亦能損傷正氣。李東垣就說過，淡味太過，令“陽氣愈削而精神愈短”（《脾胃論・卷下》），葉天士也說過“淡泊不堪生腫脹”是因為陽氣受傷，這裏所說的“淡泊”自然也包括淡味太過在內；此外，有些淡滲利水太過也可傷陰。

3. 苦

能降泄、能燥、能堅。降泄又有微苦能降、甚苦能泄之分，但只是程度上的差異，有時亦不必細分。降，通常用於降肺氣、降胃氣，治肺氣上逆、胃氣上逆之病，如杏仁降氣止咳、吳萸降逆止嘔之類；泄，指通泄氣、血之壅滯，針對實邪而言，有行氣、破氣、活血、祛瘀、消癥、破積、通便等作用，常與辛散、辛行之藥同用；燥，指燥濕，治水濕為患；"堅"字最多爭議，有學者引用《內經·藏氣法時論》以證明"苦堅是專指堅腎而言"，又咬定"苦堅是苦寒瀉火以堅陰之謂"，但《內經》尚有多處提到苦堅而沒有"腎欲堅"的前提，如《至真要大論》"諸氣在泉……寒淫於內，治以苦熱……以苦堅之"、"太陽之復，治以鹹熱……以苦堅之"，如苦堅就是"苦寒瀉火以堅陰"或"專指堅腎"，上文該如何理解？即使張潔古舉出知、柏瀉火以堅腎，也沒有說其它臟不可以。事實上，前賢運用苦味堅陰也有不局限於堅腎的，還是舉《臨證指南》為例（節錄）如《痢》："顧，得湯飲，腸中漉漉，自利稀水，平昔酒客留濕，濕勝內蘊，腸胃不爽……仍能納食，當苦味堅陰、芳香理脾，生茅术、炒黑黃柏、炒黑地榆、豬苓、澤瀉"；《疝》："詹，老年久疝，因嗔怒而腫大熱痛，肝失疏泄，火腑濕熱蘊結不通……龍膽苦堅……"；《淋帶》："陳，色蒼脈數……心中泛泛，即頭暈腹痛，兼有帶下，肝陽內擾，風木乘土，法當酸以和陽、鹹苦堅陰"，《便閉》："李，服鹹苦入陰，大便仍秘濇……平素飲酒厚味，釀濕聚熱，漬筋爍骨……議以大苦寒堅陰燥濕，大黃、川連、黃柏……"，可見葉氏對味苦堅陰的運用，深得經旨。苦走骨，骨病無多食苦；苦就燥，苦寒易化燥傷陰，溫燥或陰虛之証忌用。此外，苦亦傷氣，氣虛衰者慎用。

4. 酸

能收能濇。按酸味能收斂能固濇，是指大多數酸味藥而言，但也有例外，如山楂治兒枕痛，主要是活血化瘀生新的作用；又如烏梅，雖能澀腸止瀉，但“梅佔先春，花發最早，得少陽之氣，非酸斂之收藥”（《臨證指南·木乘土》），故古方柴前連梅煎及葉天士治暑邪深入厥陰而用川連、烏梅，都是酸苦泄熱之用，又如“瘧多用烏梅，乃酸泄木安土之意”；甚至芍藥的作用之一，也是用其酸味“泄土中木乘”（同上，其說源自東垣）；此外，古人尚有微酸健胃之說，如葉天士謂“木瓜之酸以救胃汁”即是此意。

濇乃酸之變味，常用治正氣之散亡。上文所說用治遺精、咽痛就是其作用之一，“濇可固脫”是指某些澀味的藥物可治虛脫、脫失之証，如龍骨、牡蠣、五味子、山萸肉等，葉天士用滑澀互施法治滑精，其中澀藥，是芡實、湘蓮、萸肉之類。此外，炭類藥多濇，有止血之用。酸走筋，筋病無多食酸，《金匱》說：“味酸則傷筋，筋傷則緩”。今跌仆筋傷之人，醫囑多有“忌食酸物”。酸味太過，“肝氣以津，脾氣乃絕”，古有醫案，應引以為戒。

5. 鹹

能下能軟。鹹能潤下、能軟堅。味鹹而質潤者多走下焦，但質不潤者則不一定，如旋覆花、浮海石就不是下焦藥。

心血管有病，或骨枯痿弱者，不宜過食鹹。《內經》云：“多食鹹，則脈凝泣而變色”，“鹹走血，血病無多食鹹”，又說：“心病禁鹹”“味過於鹹，大骨氣勞，短肌，心氣抑”，故《金匱》云：“鹹則傷骨，骨傷則痿，名曰枯”。鹽勝血，過多食鹽，還會“壞府，絕皮傷肉，血氣爭黑”；腎病水腫要注意戒鹽。

此外，《內經》還有“精不足者，補之以味”之說，指的是採用質靜填補、重著歸下的藥味或飲食來補益精氣，並不局限於五味中的某一味。

氣味的共同作用：劉河間說：“其寒熱溫涼四氣者，生乎天，酸苦辛鹹甘淡六味者，成乎地。氣味生成，而陰陽造化之機存焉，是以一物之中，氣味兼有，一藥之中，理性不無，故有形者謂之味，無形者謂之氣”（《素問病機氣宜保命集》）；李東垣也說：“夫辛甘淡酸苦鹹，乃味之陰陽，又為地之陰陽也；溫涼寒熱，乃氣之陰陽，又為天之陰陽也，氣味生成，而陰陽造化之機存焉”（《脾胃論・卷上），以氣味的共同作用來闡述治病的原則和組方的依據，《內經》已開創先河，歷代名醫亦每每宗之，如仲景、河間、東垣、葉氏、鞠通均喜用。葉天士說：“論藥首推氣味”，“聖帝論病，本乎四氣，其論藥方，推氣味”，《內經》和劉河間都多次提到以性味作為某一類病的治則；李東垣也認為：“凡藥之所用，皆以氣味為主”，他們遣方用藥，無不以性味為前提，可見其重視程度。所以張景岳說：“用藥之道無他，惟在精其氣味，識其陰陽”。今有習中醫者，直指性味學說落後、不科學、不符合實際，豈不可惜。當然，上文提及以性味為主體的治則，必須結合有關藥物的其他理論，才能靈活運用，還應結合具體藥物的情況，才可盡量符合病情實際，古人在研究具體藥物的時候，還要從該藥氣味的厚薄、清濁、甚至結合產地、氣候影响、用藥部分、色、質等等來考慮升降浮沉以至歸經，從而結合臨床，歸納其功效。例如，《陰陽應象大論》說："味厚則泄，薄則通；氣薄則發泄，厚則發熱"，如枝子、大黃之類，味厚故能泄邪；杷葉、通草味薄故能宣通；菊花、桑葉氣清，又是花葉，故走上而散；五靈脂氣味重濁，故走下而祛瘀；吳茱萸大辛大溫，氣味俱厚，其臭亦厚，氣厚則發熱，味厚則泄，其臭濃厚，為氣中血藥，故冉雪峰說它"冲寒宣鬱、上下內外，無所不達"如此等等。

徐靈胎說："用藥專重氣味，本自內經，即神農本草亦首列之，但終當深知某藥專治某病，各有功能，然後再於其中擇氣味之合者而用之，方得內經本草之旨，若徒知其氣味，則終無主見也"。又說："顯於形質氣味者，可以推測而知其深藏於性中者，不可以常理求也"。

藥物瑣談

本篇談及的藥物，是筆者五十多年隨師及臨床的一些體會，儘管有些看法不同於時下所載，但皆為事實，故不揣鄙陋，書之以供參考。

麻黃

味辛微苦，能散能泄能通，主要作用為外散風邪、宣降肺氣、通利小便。相對來說，辛通之力較大而苦泄之力較小，故宣通之力稍大於降氣，主要用於外邪閉肺而為寒熱、咳喘、鼻塞流涕、小便不利諸症。麻黃配伍大量甘味補益藥，便失去發散功能，只剩下宣通經絡的作用，但既可減少某些滋補藥之壅滯，又可引諸藥達表，起到引經藥的作用，例如烏頭湯，以麻黃配黃芪、白蜜、炙甘草、芍藥、烏頭，治腳氣疼痛、不可屈伸，麻黃主要作用是宣通經脈以利於祛寒濕；又如張路玉以麻黃配麥冬、生地治肺燥咳嗽，“藉麻黃以鼓舞麥冬、生地之力……麻黃雖云主表，今在麥門冬湯中，不過藉以開發肺氣，原非發汗之謂”；筆者受東垣麻黃人參芍藥湯啓發，以麻黃配黨參、白术或再加白芍治久咳。因為咳嗽日久，子盜母氣，脾肺皆虛，徒事止咳，必不能效，但診其脉，若右脉不足，甚至右關尤虛者，必加上述藥物方能取效。此外如陽和湯，於峻補真元、填髓生精、和陽益血之中，加入麻黃“破癥堅積聚”（《本經》）、引諸藥以達病所、又可減少方中地、膠之滯。

本品單用，發汗力不強，若用量過大，又易引起心悸。體弱者、尤其是心虛者、氣血不足者更應慎用，所以陽和湯方中之麻黃，只用幾分便夠。但是，麻黃有時亦需重用，按前輩岑鶴齡老師經驗，用治久患鼻塞（過敏性鼻炎）而體質壯實者，麻黃用至三錢，但必用草、棗以監制之；至於文獻記載有重用麻黃至一両者，如《吳鞠通醫案》、《治驗回憶錄》等，吳氏並非慣用重藥之人，敢於用如斯重量，非有真知灼見及豐富經驗不可，然而，重用麻黃是否意味著大汗？南方人是否不能重用麻黃？先看張錫純先生的說法：“南方氣暖，其人肌膚薄弱，汗最易出，故南方有麻黃不過錢之語；北方若至塞外，氣候寒冷，其人之肌膚強厚……恒用至七、八錢始得汗出”。顯然，他認為氣候和南北之人稟賦不同是決定麻黃用量和是否發汗的原因，但是吳鞠通和趙守真先生都是南方人，他們重用麻黃又如何解釋？重用麻黃果真就大汗？且看實例：筆者於 1971 年曾治一位 17 歲的蕭姓女住院患者，患慢性腎炎一年，因外感急性發作，全身浮腫，連眼睛也睜不開，小便短黃，咳喘氣粗，不能平臥，舌紅苔白厚滑，脈浮緊數而有力，形體壯實，筆者用越婢湯加生苡米、蘇葉治療（不用西藥），其中用麻黃八錢、蘇葉八錢，煎水分兩次於四小時內服完，本以為患者必汗出無疑，誰料滴汗全無，反而在二十四小時內，小便十七次，尿量大增，水腫消退大半，咳喘亦止。此後用治數例同類患者（麻黃用四錢、蘇葉三錢），除一例有微汗外，都沒有汗出，反而小便明顯增多，故張錫純盛贊本品“善利小便”，確有見地。虛証患者用麻黃，須十分小心，水腫屬虛者，原則上不適用；久患咳喘者，不少心肺已虛，有些連蜜炙麻黃都接受不了，醫者如有疑慮，最好先詢患者，因為他們對此藥多有親身體會。

近賢焦樹德先生認為麻黃“內可深入積痰凝血”，其理據是《本經》有“破癥堅積聚”的記載，並以本品配熟地、白芥子、桂枝、紅花、鹿霜、炙山甲，治肢端動脈痙攣、閉塞性脈管炎等病。（《用藥心得十講》）。如果據此而認為麻黃有破積痰、消凝血的直接作用，從而達到破癥堅積聚之目的，單從理論而言，恐怕很難說得通。先看《本經》全文："主中風，傷寒頭痛，溫瘧，發表出汗，去邪熱氣，止咳逆上氣，除寒熱，破癥堅積聚"。很明顯這裏所指的癥堅積聚是有前提的，與外來之邪息息相關，並非任何原因形成的癥堅積聚都可治，再從差不多同時期出現的《內經》來看，當時認為外邪深入經絡臟腑形成的癥積大都是寒邪所致，這和麻黃辛宣溫通，宣散寒邪從裏達表的作用別無二致，以此來理解原文，恐怕更客觀和符合傳統認識。張錫純先生亦有類似見解。他說："麻黃為發汗之主藥，於全身之臟腑經絡，莫不透達…謂其破癥瘕積聚者，以其能透出皮膚毛孔之外，又能深入積痰凝血之中，而消堅化瘀之藥可借之以奏效也"。

桂枝

性味辛甘溫，能溫經通陽，若配辛味藥，重在祛邪、宣通血脈；配甘味藥，偏於溫補。張錫純認為"桂枝非發汗之品，亦非止汗之品，其宣通表散之力，旋轉於表裏之間，能和營衛、暖肌肉、活血脈，俾風寒得解，麻痺自開"。此說甚是。

《本經》用桂枝"降逆下氣"，治"吐吸"，仲景每用桂枝降沖逆，又用半夏湯治少陰病咽中痛，可見桂枝是治咽喉、氣管之要藥，可惜近人多因其性溫而不敢用。其實，若患者喉癢鼻鳴，痰白如泡沫或如水狀，脈弦或浮弦，舌略偏淡，雖有咽喉不適，甚至咽痛，只要不是乾涸痛，必用桂枝，或加少量炮薑，甚效。

葉天士認為桂枝其性輕揚，與性趨下行的藥物配伍，能減緩這些藥下行，而留在中焦或上焦產生作用，例如桂枝配茯苓，“茯苓淡滲，桂枝辛甘輕揚，載之不急下走，以攻病所”。

有認為桂枝溫經通陽只用於上肢，並且舉出證據，如李東垣謂：“（桂枝）陽中之陽，浮也……上行而發表”，黃宮繡也說桂枝“有升無降”，其實不然，一個藥物用在什麼地方，不能單看它的性味，還要研究它的配伍，試觀仲景桂枝芍藥知母湯、新加湯，後賢的獨活寄生湯、上中下痛風通用方等，都不能說桂枝只治上肢。不但如此，桂枝還用於除四肢外的身體各處。

桂枝又常外用，煎水薰洗，有袪風消腫止癢、溫經通絡散瘀等功效。

據（全國高等中醫藥院校規劃教材新世紀二版《中藥學》）載，桂枝常用量為 3-9 克，但是在仲景方中，桂枝常用三両分溫三服即每服一両，據 1992 年和 1983 年專家分別考証，東漢時期，一両約合今之 13.75 克或 15.625 克，其用量都比現教材常用量要大。仲景用桂枝湯劑，桂枝甘草龍骨牡蠣湯和栝蔞薤白桂枝湯，桂枝僅用一両，分三服即今量每服 4.6-5.5 克，而桂枝甘草湯，用桂枝四両，折今 55-62.5 克，頓服。兩方之桂枝用量相差十倍，可見根據不同病況，桂枝在方中用量差別很大。張錫純的升降湯，方中桂枝只用一錢，以舒肝氣；吳鞠通自用桂枝湯，初用桂枝二両無效，次日用桂枝八両，服半帖而愈（《吳鞠通醫案》）。又如用桂枝治療行痹，著痹，筆者常遵本院治風濕名家江世英老師經驗重用桂枝，必要時用八錢至一両半。治陽虛心悸，桂枝亦常重用。舉例：黃老太，96 歲，2015 年 8 月 3 日坐輪椅初診。主訴：心悸三天，近因暑熱常喝冬瓜湯，近三日來常覺心慌、心悸，“心好像要跳出來一樣”，眩暈不能起立。脈結代，三五不調，舌淡苔白滑，面色白，口淡，手足冷，Bp：90/50mmHg。處方：桂枝一両半、炙甘草八錢、熟附子四錢、乾薑三錢、黨參一両，日一服。囑停用冬瓜湯。兩劑後患者策杖來診，謂服藥後，心悸眩暈已無，脈之結代已改為十餘至始一漏搏，手足已轉溫，Bp：112/60mmHg。處方：桂枝一兩、炙甘草四錢、熟附子二錢、乾薑二錢，黨參、北芪各一両。三劑後去附、桂，減炙甘草為三錢，加焗肉桂末一錢，再服六劑。至 8 月 15 月來診，心悸眩暈一直未發作，診脈十五至二十至才一停，血壓正常。於三診方再去乾薑，服六劑善後。

臨床觀察，服桂枝湯類方，覺口中甜而不辣（或辣味甚少），多屬對症；若口中反有涼感，多說明桂枝用量不夠；反之。服後口乾舌燥，或心中煩熱，或鼻咽乾涸，即需考慮是否錯投。

薑

生薑是日常烹調用品，所以初學者對它都不甚重視，甚至在處方中，不知不覺把它視作可有可無的東西。其實，本品如果用得恰當，可以起到簡、便、驗、廉的功效。

外感風寒初起，或寒雨濕衣，或遠行之後，渾身困倦，肌肉痠痛或重痛，可煎大鍋薑湯（若加入鮮艾葉同煎更佳）趁溫沐浴，或加上溫服薑湯一碗，覆被取微汗，諸症即解，這是生薑發散風寒，解表除濕散水氣的效用。

仲景治水飲咳嗽、嘔逆，往往重用生薑，推而廣之，水濕溢於皮膚而為水腫，甚至出現無尿或小便甚少，舌淡不渴，脈沉或遲，神倦而清醒，宜先作脾虛濕停處理。《本草備要》："生薑辛溫能消水氣"，《湯本求真》："此藥下降水毒，兼有利尿作用"。民間有一驗方：生薑一斤絞取自然汁，加入春砂仁二両（打）、紅棗四十枚蒸熟去核，搗爛，適量水和麵粉，共煮成稀糊狀約大半碗至一大碗，於一日內服食完。可連用兩三日，此方健運溫通脾陽以利水消腫，筆者曾用，對脾陽虛的水腫，有消腫之效，但對減少尿蛋白無效。

葉天士說："薑汁生用，能通胸中痰沫，兼以通神明，去穢惡。"

方書所載，乾薑主要功效是溫中散寒、回陽復脈，溫肺化飲，對比生薑功效，有很大不同，但如細心想一下，乾薑不過是生薑的乾燥品而已（一說乾薑是老薑，生薑是嫩薑，見《衷中參西錄》），乾燥後的生薑，充其量可以解釋為，辛散外邪的作用減少了，溫裏的作用增加了，生薑用量實際上加重了。《本草經疏》指出："生薑所稟，與乾薑性氣無殊，第消痰、止嘔、出汗、散風、祛寒、止泄、疏肝、導滯，則功優於乾薑"。那麼，這兩個藥有沒有可以互換使用的機會？其實，仲景、孫思邈、以至葛洪《肘後方》都有這些例子。《本草經疏》經過詳細考證，認為調中可混用，解表不可混用，治嘔多用生薑，間亦用乾薑；咳則必用乾薑，不得用生薑，其說可供參考。筆者臨床多年，有時倉卒找不到生薑或乾薑而互換使用，覺得在有些情況下，效果是一樣的。舉例來說，如果目的只是制約附子或蕈菌的毒性，用生薑、乾薑都可以（《肘後方 ·《卷七》：中半夏毒，以生薑汁、乾薑汁並解之”），不過生薑用量較大；吳茱萸湯証，如果只是眩暈，或兼見耳鳴，或頭痛，而沒有嘔吐，甚至連欲嘔都沒有，只是覺得胃脘有悶悶或痞脹的感覺，此時可用生薑或乾薑。

煨薑比生薑、乾薑，辛味減少了，溫熱之性增加了，治療久咳夜甚，屬寒者，可用一両，加炙甘草五錢煎水頓服，效果很好。葉天士對生薑和煨薑的運用有比較嚴格的區分，尤其是對肝病的治療上。他說：“生薑性辛溫，大泄肝陰”，“生薑恐伐肝，故取煨以護元氣，而微開飲氣也”；煨薑又長於溫胃止嘔、溫經止血；朱丹溪說：“凡止血則須（乾薑）炒令黑用之”、“下血屬虛，當歸散，四物湯加炮乾薑、升麻”；傅青主說：“黑薑引血歸經，是補中又有收斂之妙，所以同補氣補血之藥並用之耳”。劉老治虛寒之血崩，以當歸補血湯加烏梅、乾薑或炮薑，（見《診斷》及《當歸》條）；又常用於產後發熱，此說亦早見於朱丹溪，但說的是乾薑，後賢有所發展，多用炮薑；此外，《濟陰綱目》引吳氏語：“新產後…凡有發熱，且與四物湯…加軟柴胡，人參、乾薑炮之最效”；《醫宗金鑑》：“產後發熱，多因陰血暴傷，陽無所附，大法宜四物湯加炮薑，從陰引陽為正治”；又，理中湯証，可用乾薑，但在泄瀉較嚴重的情況下，也可使用煨薑或炮薑。《得配本草》：“入止瀉藥煨用”；《本草發揮》：“經炮則苦味，溫脾燥胃，所以理中，其實主氣而泄脾”；又，咽喉腫痛亦有屬寒者，於當用方中加入五分至一錢炮薑，常可取效。炮薑炭辛辣味大減而增加了苦澀收斂之性，藥理試驗證實，生薑經過高溫炒炭，部分物質散失或破壞，故不顯發汗解表作用，而專於溫脾止血。

王孟英認為多食、久食薑“耗液傷營”，所以內熱陰虛之人忌服。

羌活

性燥、氣雄烈，善治風寒濕引致的周身肌肉痠重疼痛，包括骨節疼痛，尤以頭部、頸項多用。例如李東垣用本品專治“肩背痛不可回顧，脊強項強，腰似折，項似拔”。但是，自葉天士提出“夏月身痛屬濕，羌、防辛溫宜忌”之後，不少醫者，尤其專擅溫病者走向另一極端，不管是否溫病，絕不用此藥，殊為可惜。其實葉氏也用羌活，不過是用於傷寒。他說：“小兒肌疏易汗…表邪太陽治用…身痛用羌活，然不過一劑”（《幼科要略 · 冬寒》）。吳又可、薛生白、吳鞠通等溫病泰斗也沒有這樣拘泥。吾師關汝耀教授終生精研溫病，對於濕溫初起而見肩背痠重疼痛者，每於當用方中加入羌活一錢，效果很好。

《日華子本草》認為本品治“五勞七傷，虛損冷氣，骨節酸疼”，而《本草備要》更認為本品能治“督脈為病，脊強而厥”，所以對頸椎因長期勞損引致的頸椎綜合徵，可用本品配肉蓯蓉、骨碎補、黃精、川萆薢，熱加毛冬青，濕熱加生苡米，甚則加龍膽草、粉防己，瘀加蘇木、甚則加土鱉蟲，虛寒加鹿角霜、肉桂，氣血虛加北芪、當歸、川芎，常有良效。

近幾年香港流感，有不少屬於外有風寒挾濕的患者，此時羌活不可或缺。若初患感冒，即鼻塞流清涕不止，俗稱大傷風，多屬實証，川芎、麻黃、桂枝均可選用，但加入羌活，效果更好，大抵因為粵港地處東南卑濕之地，即使感冒，多挾濕濁，而羌活正是此中良藥。

東垣用本品在當歸拈痛湯中治濕阻之周身痠重疼痛，除濕飲以本品配蒼朮、白芷、蟬蛻治“身受潮濕遍體發癢或起瘖”。劉老運用本方治濕疹，很有效果，不論任何部位的濕疹皆可用，只要符合“濕”的病機即可，羌活可用 1-1.5 錢。

胃虛，尤其是胃陰虛的患者慎用本品。有些病人用後胃痛增加，甚至嘔吐。

蘇葉

辛溫，氣芳香，藥性平和，發汗而不過峻，化濕而不燥熱，對氣溫多濕的東南沿海地區最為廣泛使用。除用於風寒外感和脾胃氣滯之外，更常用於：1. 外感風寒挾濕者。粵港地處卑濕，即使外感風寒，亦多挾濕，不少外感風寒，內有水飲的小青龍湯証，往往有頭身痠重疼痛，舌苔白滑或白膩，甚至脘悶納呆者，若加入蘇葉，效果很好；2. 外感而兼胃腸道症狀者；3.《本草綱目》說它“安胎”，常用於脾胃氣滯之胎動不安，父親常用本品或蘇梗加砂仁（後下）等治濕濁阻氣而致妊娠惡阻、胎動不安，有良效（見《砂仁》條）；又藉其芳香辟穢、化濁止嘔作用，常用治各種因濕濁氣阻之嘔吐，例如連蘇飲。薛生白《濕熱病篇》說：“濕熱証，嘔惡不止、晝夜不差、欲死者……宜用川連三四分、蘇葉二三分，兩味煎湯，呷下即止”。王孟英盛贊此方，謂“治胎前惡阻甚妙”。筆者初學之時，頗疑薛公誇大其辭，及後隨劉老診一急性黃疸女住院患者，年約三十餘，患嘔吐不止，已經三日，凡食物、藥物、水液，食入即嘔吐無餘，全憑補液維持，劉老處以蘇葉、川連各一錢，水一碗煎至五分，分多次呷下，嘔止即停服，一劑即愈。至今數十年來，筆者用此方稍加各藥分量至錢半，無不取效，深感老師之恩也。筆者體會，用此方主要根據舌苔黃滑或膩而有根，舌質一般或偏紅即可。

若暑濕、濕溫病初起，惡寒發熱較甚，頭身重痛，胸痞悶，脘脹或欲嘔，可用連蘇飲或加黃芩與香薷配合使用，既加強發汗解暑化濕濁的作用，又因蘇葉和胃止嘔，芩、連泄熱，減少香薷熱伏易吐的副作用。

本品在治療外感的同時，還有除痰止咳定喘的功效。《本草綱目》："消痰利肺，定喘"；《滇南本草》："消痰，定吼喘"，所以五虎湯、紫蘇湯（《聖濟總錄》）等方用本品，同時具有解表、消痰、止咳、平喘的作用。現代藥理亦證實，蘇葉除了有緩和的、微弱的解熱作用外，還能緩解支氣管痙攣，減少支氣管分泌。

仲景、李時珍都認為本品解食蟹中毒，王孟英也認為本品"制一切魚、肉、蝦、蟹毒"。今人煮蟹每喜加蘇葉即是此意。筆者用治上述食物致吐瀉或出風疹者，必用本品，或加蘆根，甚效。

蘇葉還可以用於痔疾出血，可與槐花、大黃、地榆，或加黃柏煎水浸洗患處；若治濕疹，或蚊蟲叮咬後，局部皮膚搔癢抓破滋水淋漓、搔癢不止，可與荊芥或土荊芥、土銀花、黃柏、野菊花煎水外洗。

防風

防風是辛溫解表藥中有甘味的藥物，而質又柔潤，藥性平和，不論寒熱虛實體質之人患有外感，挾濕或不挾濕的外感，有否兼有胃腸症狀的外感，都有應用它的方例，可見它在外感治療上應用之廣，對外感風寒挾濕的項背強痛，本品與羌活同用，效果理想；第二，防風味辛甘而略有芳香，是治療風濕的常用藥，《本經》說它治“風行周身，骨節疼痛”，臨床使用上，本品通行十二經，治頭面以致全身遊走的風邪，被喻為“治風之仙藥”，治遊走性之骨節疼痛尤為要藥；第三，本品舒解鬱滯，解木鬱、條達肝氣，升悅脾之清氣，散脾胃伏火，如瀉青丸、瀉黃散，取木鬱達之、火鬱發之之義；又治內濕，由於有助肝條達、脾升清功能，亦對內濕的袪除有利，故又善治脾濕氣阻而致泄瀉腹痛，如痛瀉要方；第四，袪風止痙，外風所致的顏面口眼喎斜、肢體攣急疼痛，與全蠍、製川足配合，效果良好；第五，解毒，書本說本品可解草木藥中毒，近世已少用，惟用於解毒蛇之毒，尤其是銀環蛇咬傷則確有良效，另外，防風殺附子毒，而川烏善走四肢，故筆者每以防風配製川烏，用治四肢風寒濕痹痛，此外，又常用本品治菇類引致的過敏性蕁麻疹；六，為末外敷或煎水薰洗治跌仆扭挫腫痛，有良好袪風消腫、通絡止痛作用。

細辛

辛溫性燥，有毒，善驅經絡、孔竅之寒凝、風毒，有醒腦、通竅、袪風、透表，通絡、消腫止痛、治寒飲咳喘諸般功效。用量視具體情況差異很大：一般來說，水煎半小時以上，用量為一至二錢是安全的，用治寒飲的頭痛、咳喘以及牙痛，通常都可用此份量，但要注意配伍，如仲景小青龍湯、苓甘五味薑辛湯、射干麻黃湯與麻黃附子細辛湯都有細辛，前三方用量較大，故配伍薑、棗、炙甘草之類，其中一個目的是解細辛之毒；而麻黃附子細辛湯的細辛用量只是前者三分之二，則無須類似配伍，而且，細辛不宜連續使用，更不應長期使用，以免耗散真氣。《世醫得效方》以本品及白芷為主，少加雄黃、麝香溫酒調服治毒蛇咬傷，筆者親見以本方去麝香加減治銀環蛇咬傷有卓效，細辛用四至六錢預先酒浸備用，用時須據具體情況，內服及局部外敷；用於通鼻竅、治喉癢咳嗽、手足疼痛、感冒風寒之類，一般用量（五分至一錢）即可。

本品多用於通鼻竅，治鼻淵，令初學者易於誤會，以為只治鼻竅。其實《本經》是說本品"主咳逆，頭痛腦動，百節拘攣…明目，利九竅"，《別錄》說它"利水道，開胸中，除喉痹…下乳結，通精氣"，其它本草還載有治口臭、齒痛、口舌生瘡、大便燥結等等，可見本品之味辛微香能通諸竅而非局限於鼻竅，所以筆者用本品溫宣肺竅治寒飲喉癢咳逆，含嗽治口臭、齒痛、口瘡，與附、桂、乾薑、當歸同用治寒凝腹痛便秘。

藁本

本品也是古代本草記載的、功效能入腦的少數藥物之一。《本草匯言》說："藁本上通巔頂，下達腸胃之藥也。其氣辛香雄烈…故治風頭痛，寒氣犯腦以連齒痛"。《本經逢原》亦載："治巔頂頸腦之藥"，筆者常用治下列疾病：1. 據古方白龍丸（內有川芎、白芷、藁本、細辛、石膏、薄荷等）治一切風偏正頭痛，鼻塞腦悶的啓示，可用本品加羌活、麻黃、川芎等治風寒或兼濕濁，引致鼻塞流清涕不止，而有前額頭痛脹悶，甚至上連巔頂者，如兼鼻癢，加防風；《醫學啟源》說本品治頭痛，而《本草經疏》則說："溫病頭痛，發熱口渴或骨疼，及傷寒發於春夏，陽証頭痛，產後血虛火炎頭痛，皆不宜服”。証諸臨床，《經疏》的說法是對的。藁本只對沿足太陽經的風寒或風寒濕邪比較有效，其它經脉的頭痛則效果欠佳，如果不是風寒或風寒濕，而是暑濕、濕熱之類，或陰虛、血虛的頭痛，即使病位在太陽經，效果都不好；2. 古人認為本品治督脉為病，脊强而厥，又認為能治癇疾，頭面皮膚風寒、風濕入中、以及手足頑麻等等，可見本品對腦神經有影响。筆者曾用本品治初起的面神經麻痺証有效。近賢焦樹德先生用治風寒濕侵入腰部而致腰脊冷痛，亦與本品治督脉以及能“治惡風流入腰，痛冷”（《藥性論》）等記載有關。

白芷

辛溫氣香，1. 治外感風寒或風寒兼濕，以鼻塞流清涕並有前額頭痛或重墜而痛，或兼見目淚多者為適合，常配川芎、麻黃，有濕配羌活、寒重配細辛；本品亦治鼻淵、過敏性鼻炎，每能取效於一時，但並不持久；2. 治眉稜骨痛、牙痛：其眉稜骨痛多波及眉心附近，熱者配黃芩、蔓荊子，寒者配細辛，此時白芷均宜重用 4-6 錢；又常用治風寒牙齦腫痛，常配丁香、細辛、露蜂房；3. 美容：《本經》謂本品長肌膚、潤澤，古代美容護膚品多用之，今可研幼末，加入珍珠末、鷄蛋清混和成糊狀敷面；4. 治帶下：《本經》“主女人漏下赤白”，筆者多用本品與樗白皮加入完帶湯中治寒濕白帶，腎虛者需再加鹿角霜；5. 治癰瘡腫毒：作用主要是袪風消腫、止痛生肌；6. 治胃痛：長於治胃脘脹痛，以舌苔白滑、白膩者為適宜，須重用至六、七錢，效果方好，若兼外感風寒，或挾濕、或兼嘔吐亦可用；7. 治蛇傷（見上《細辛》條）、（藥理證實本品能對抗蛇毒所致的中樞神經系統抑制）。

香薷

李時珍認為本品是“夏月解表之藥，如冬月之用麻黃”，初學者未加深究，往往有如下誤解：第一，以為香薷像麻黃一樣，只是發散風寒，宣肺平喘利水；第二，以為香薷只有在夏月才用，其他季節不用。其實兩者都是辛微溫，同具發散風寒的作用，但香薷氣芳香，有辟穢化濕濁之功，為麻黃所無。夏月尤其是暑月多挾濕邪，人若感之，不但惡寒發熱頭痛，更有頭重身體痠重困倦的感覺，若內傷水濕之邪，為吐為瀉，為腹中滿痛，為胸翳，這些都不是麻黃的主要治証，故《名醫別錄》首列香薷功效是“主霍亂腹痛，吐下，散水腫”，《本草衍義》甚至說：“治霍亂不可缺，用之無不效”；至於麻黃有微苦之味，為香薷所無，從理論上來說，其宣肺平喘利水，是苦辛合用的結果，香薷常與苦降藥如杏仁、厚樸之類同用以補其性味之不足（見《杏仁》條），若因乘涼飲冷，“陽氣為陰寒所遏”，或內傷水濕而有上述諸証，則任何季節都可用本品。粵港地處卑濕，居民體質多有偏濕，雖然不是夏月，亦有濕邪為病，多年前肆虐港粵的“沙士”，初起之時，便是新加香薷飲的類似症狀。

此外，本品治濕濁鬱阻中焦，以致口氣臭穢者，有良效。

病例：F 某，10 歲，2018 年 1 月 5 日中午診。微惡寒、發熱第二天，昨晚嘔吐一次，食欲不佳，現 T：38.5°C，雙頜下及頸左側淋巴結腫大，咽充血＋＋，兩側扁桃體腫大＋＋，輕度充血，訴咽喉微痛、口渴，脉浮滑，舌紅，苔白黃滑。予麻杏甘石湯合銀翹馬勃散加夏枯草、玄參，壹劑，煎水頓服，滓再煎，隔四小時服。

1 月 6 日下午再診，昨日回家後，尚未服藥，體溫已上升至 39.6℃、伴嘔吐一次，大便一次、稀爛，服藥後再嘔吐兩次，體溫最高至 40℃，自服必理痛，體溫仍在 39.8℃，今日上午 39.3℃，再嘔吐一次，昨日至今進食甚少，小便短少，微惡寒，頭重墜，身痠重，予新加香薷飲、連蘇飲加味：香薷、蘇葉、川樸花各二錢，金銀花五錢，連翹、射干、北杏各三錢，川連錢半，生石膏、滑石各六錢，馬勃一錢。一劑。水三碗煎至半碗，分多次服，每次只服一兩口，若服後嘔吐，則停一會再服。

1 月 7 日三診；昨日服藥後，除第一次吐出，其餘各次均能順利服下，至夜間熱漸退至正常，現診；體溫正常，咽喉及頸、頷下淋巴情況均明顯好轉，今日已恢復正常飲食，除了仍有微咳外，餘無異常，予宣肺止咳除痰健脾藥善後。（註：請注意診病時間是農曆十一月中旬）

荊芥

本品味辛，氣芳香。使用特點有三：1. 藥性平和。臨床使用，往往取其辛散透解風邪，芳香辟穢解毒而不必考慮寒邪、熱邪。故一切外感風邪，包括外感風寒、風熱、風溫、風毒、風濕在表都可使用，李時珍說它“長於袪風邪”，可謂一語中的，臨床上，有喉癢甚而咳者，以荊芥穗為主，選加薄荷等（見《蟬退》條）；凡疫癘、穢濁、濕痺均有使用的機會，本品辛香入血，故能透解血中之熱，麻疹初起透發不暢、風癢隱疹（包括過敏性蕁麻疹、接觸性皮炎、藥物過敏等），都常用之，濕疹亦常使用，內服、外洗均可。2. 既入氣分，又入血分，不但在上、在表之証常用，在裏、在下之血証常作引經藥用於婦科，筆者常用本品少量，配川芎或防風或白芷，加入逍遙散中，治療經行感冒，甚效；就血分而言，如吐衄、崩漏、痔血、產後血暈（須重用其炭）、產後少腹痛、產後氣喘、產後血崩，都可於當用方中，加入本品（炒黑），甚至在完帶湯中，以黑芥穗合柴胡各小量，加入大劑補脾健脾藥中，“寓補於散之中，寄消於升之內，開提肝木之氣，則肝木不燥，何至下克脾土”（傅青主語），本品又善祛血中之風，是治腸風下血的主藥。3. 善治瘡癰、瘰癧、疔毒。《本經》治“鼠瘻、瘰癧生瘡、破結聚氣”，《綱目》：“破結氣，消瘡毒，瘡家為要藥”，《藥性論》：“治丁腫”。可見各家本草均十分重視。

薄荷

就薄荷全株而言，葉最清香，莖次之，根則幾無香氣可言，所以入藥宜用莖葉。而莖和葉又需注意用量及用法，若單純用葉（乾品），成人每次用六至八分焗服即可；若單用莖（乾品），成人每次需用一至二錢，而且要後下另煎一分鐘再焗服，方能出味。周公經驗：薄荷雖有清利咽喉之功，但遇陰虛咽喉乾涸的患者，單用薄荷後下，咽喉會覺得更乾涸，此時宜加入生甘草一錢至錢半，則無此弊端。這也許就是養陰清肺湯中，薄荷與生甘草同用，並且不後下的原因之一。

薄荷疏散宣透的作用，主要因為它含有揮發油，所以即使為散劑，也是煎至香氣大出，即取服，勿過煎，明顯是為了保留其揮發油以產生最大藥效，可是不少坊間的含有薄荷的散劑、顆粒沖劑、片劑、丸劑，其中的薄荷製品都要最後放入其他藥粉中，一起加熱乾燥，薄荷的揮發油大量損耗，個別生產者甚至違反規定，放到超過80°C的烘櫃中，可想而知還剩下多少薄荷油。

薄荷輕清辛香，上走頭面以通竅，有清利頭目的作用，因此，對於有鼻塞流涕，同時多流眼水，或迎風流淚，甚或兼眼胞腫的感冒患者，配伍防風、桑葉、蟬退之類，常有良效。

本品芳香辟穢通竅，故而對暑濕穢濁之症亦有效用，如雞蘇散或甘露消毒丹。

徐靈胎謂葉氏治風溫，汗多禁用薄荷。現代藥理證實，本品主要含薄荷油，通過興奮中樞神經，從而促進汗腺分泌，增加散熱而達到發汗解熱，臨床所見，本品發汗力雖然不大（與用量小亦有關），但汗多的病人，津液已傷，風溫本已忌汗，所以不宜再用薄荷。王孟英更告誡："薄荷多服，耗散真氣，致生百病。余嘗親受其累，不可不知。"今見慢性鼻炎患者，往往正氣已虛，有醫者還追求一時之效，每每加入本品，不知已如王氏所說："陰受其害而不覺耳"。

蟬退

甘微寒，質輕用殼，氣味俱薄，走表透外上行，功效主要是疏解清透，是治麻疹、風癢癮疹的要藥，對麻疹初中末期都可使用；對風熱感冒，暑風泄瀉，既有疏解退熱的良效，又可預防和治療熱盛動風抽搐；對風水惡風、一身悉腫之病，只要屬熱屬實，蟬退又是重要藥物；此外，小兒受驚夜啼、抽搐、泄瀉，或有發熱，都可用本品加珍珠末治療。以上各病，以小兒最常見，加上藥味不苦，易服，所以本品是兒科最常用的藥物之一。

有一類感冒，除了鼻塞流涕，咳嗽、惡風等等，還有鼻癢喉癢、目癢流淚等症，類似腺病毒感染，要在普通感冒方中，加入蟬退、菊花、桑葉、防風、荊芥、白芷之類祛風疏風的藥物，效果才好。

本品善治暴喑，常與千層紙配伍，但只對風熱、燥熱引致的暴喑才有效，對中風失音、聲帶瘜肉、風寒引致失音等都沒有效。

孕婦禁用本品。

蟬花又名金蟬花，功效略似蟬退。近代廣州兒科名醫楊鶴齡最喜用之，用治小兒肝熱動風發熱驚搐等病，亦常用於小兒久熱不退，多與清心、養陰的藥配合使用，筆者亦用本品多年，感覺它除了疏解清透外，還有養陰的功效，治療眼目乾澀，淚水減少或視瞻昏渺屬肝腎陰虛者，配蕤仁肉、女貞子、小環釵、生地之類。

桑葉

本品甘微苦寒，鮮用時有一股清香氣味，質輕，善走肺絡，透解外感風溫之邪。又善清肝明目，治結膜炎用本品（鮮品更佳）加白豆煎水代茶，效果甚佳，又治風熱上攻而見目赤腫痛、畏日羞明、迎風流淚（見《白頭翁》條）；成人用鮮品一味重用一両半至二両煎水，對肺熱咳嗽兼便秘者有良效。

葉天士治風溫上受之咳咯鮮血，常用桑葉為主藥，通常沒有加入清熱涼血之品，因為桑葉除了疏散風熱以治其本之外，尚有涼血止血之功，若加其他涼血藥，反覺蛇足。

本品又常與養肝腎之藥同用，治肝陰不足、肝陽化火上逆頭目之証，常與黑芝麻、首烏、地黃同用。

桑葉屬清解、疏解、透解之藥，但是，這是不是說，桑葉能發汗？冉雪峰先生對此有精辟見解："桑葉功用在一清字，熱壅肌表，氣不能化，當用桑葉清營以散之；熱氣壅遏肌表而汗不出，桑葉可清散以出之；熱氣壅遏肌表而汗太多，桑葉又可清斂以止之，故汗閉而發越出汗，汗多而制止出汗，各書均云發汗，惟丹溪云研末米飲下止汗，其實桑葉發汗止汗，並不在研末不研末"。此語真能啟後學深思。

菊花

甘微苦微寒，氣清香上浮，疏風利竅醒腦，清利頭目，凡外感風熱、肝陽化風、肝經實熱動風而見頭痛眩暈、目赤腫痛、耳鳴耳聤均可用之、又善辟穢濁之邪，故溫邪、濕濁上蒙清竅而見頭重鼻塞、香臭不辨等常用之。另外，王孟英說："菊花芳香晚成，能補金水二臟"。可見本品清中有補。肺腎兩虛、肝血不足而見視物昏花，甚至視瞻昏渺、耳聾，均可用之。

炎夏酷熱、暑濕流行，粵港地區，人多煩渴、多汗、困倦，可用沸水兩碗至兩碗半，加冰糖一粒、生甘草一錢，煎片刻，再加入菊花、金銀花各三錢，稍煎至香氣大出，即加蓋熄火，待冷卻後濾出汁液，或放入雪櫃中候冷，用以代茶，有清熱、消暑、除煩、解渴、生津、辟穢、醒腦之效。"沙士"流行期間，曾以此方予近二百人服用（份量按比例增加），用了三至五天，結果無一人感染，但病例畢竟不多，只作參考。

風熱目赤腫痛，畏日羞明，或患麥粒腫（俗稱眼挑針），可用沸水浸菊花，候冷，以其水洗患目，後以菊花渣於睡前濕敷患目，至翌晨去菊花，此時患目微腫，有不少如眼眵樣分泌物，可去之，其微腫亦漸消除，目疾因而大減。

銀花

教科書認為本品性味甘寒，近賢秦伯未先生亦質疑銀翹散既然以辛涼為主，何以用甘寒之銀花為君，他不知葉天士、吳鞠通都認為銀花、連翹是辛涼的（詳見本書第三冊《銀翹散》）。事實上，鮮銀花撲鼻清香，尤以野生山銀花將開之花蕾最為明顯，可見必有辛香。粵產名土銀花，香氣較濁而味帶微苦。

清代之前，銀花多用作清熱涼血解毒而治瘡瘍、痘疹。自葉氏始，才變成治溫病的常用要藥，因為它甘寒清熱解毒而不傷津、芳香辟穢而不溫燥、辛香透解邪氣外出，又可防外邪入裏，正可針對風溫、溫熱、濕溫、瘟疫而設，故銀翹散、清營湯、銀翹馬勃散、三石湯都是此中名方。

本品又治腸胃濕熱，重用還有輕瀉作用。葉天士說："金銀花一味，本草稱解毒不寒，余見脾胃虛弱者，多服即瀉"。濕溫病常見於太陰陽明，廣州有霍姓老醫一反治濕溫慎用下法的習慣，重用土銀花一両（詳見《白頭翁》條）藥後得大便，一二服即愈，比通常治濕溫的方法既快又好，所以此老醫經常門庭如市。據說此方傳自廣州治溫病四大名家之一潘伯，霍醫得此方，用了數十年，視為秘方，筆者用之亦效。本品又能治濕熱泄瀉，表面上似有矛盾，實際上其本質都因為本品芳香而甘寒，故能辟濕熱穢濁之氣，則濕熱瀉痢或濕熱閉阻之便秘均能治療。

筆者曾單用中藥，以每劑用本品一至一両半，加上羚羊角一錢為君，一日內連服三劑，連服三日，治癒一位七十三歲的體質壯實、患疔瘡走黃（敗血症）的男患者，可見即使重用銀花治療熱病，並無明顯副作用。

本品用治外感，不宜久煎，蓋取其辛香透解辟穢為主要功效，若久煎每致輕清透解之性盡失，剩留味厚反入中焦。

連翹

性味辛微苦涼，善能散熱結、清熱毒。雖然葉天士認為本品"能升能清，最利幼科，能解小兒六經諸熱"，但在臨床上其它各科也常用，主要用在四個方面；1. 外感風熱，重用還有輕微發汗作用。《衷中參西錄》指出："惟其人蘊有內熱，用至一両，必然出汗，且其發汗之力緩而長，為其力之緩也……用連翹發汗，必色青者乃有力"，可見本品善清上焦諸熱。這一說法，吾師周公深然之，筆者覺得，若加入蟬退，竹葉，更易取汗；2. 現行教材多不認為本品有辛味，但除了葉天士認為"連翹辛涼"、徐靈胎認為"氣芳烈而性清涼，又味兼苦辛"之外，《衷中參西錄》也暗示本品是有辛味的，它說："連翹具升浮宣散之力……能透肌表，清熱逐風，又為治風熱要藥，且能托毒外出，又為發表透疹要藥"，同樣，《本草經疏》也說："連翹芬芳輕揚以解鬱結"，雖不明言，而辛味已在其中矣，事實上，還有不少著名醫家，都認為本品味苦辛（詳見第三冊《銀翹散》）；3. 解疔毒、散熱結，李東垣說它是"十二經瘡中之藥，不可無者，能散諸血結氣聚，此瘡家之神藥也"，癰瘡疔癤固然常用之，而心腹結熱亦常用，朱丹溪說"瀉心火，降脾胃濕熱及心經客熱，非此不能除”，氣分、血分之鬱熱皆可用，清解之中帶有宣通透達，如清營湯、保和丸即是；4. 治鼻淵。《衷中參西錄》曾提及此效用，筆者常用本品加入麻杏甘石湯中，再加黃芩、白芷、龍膽草內服，加上鹽水外治，治鼻塞、流濁黃涕，甚至香臭不聞之證，每獲較好效果。

本品還有輕微利尿作用。綜合以上功效，用以治風濕熱在表的皮膚病，如濕瘡、多發性尋常疣等等，或治急性腎炎均有使用。

牛蒡子

葉天士說：“凡瘡疹辛涼為宜。疹宜通泄，泄瀉為順，二便不利者，最多凶症”，牛蒡子辛微苦微寒，能疏散風熱，透泄疹毒，又能滑腸通便，有利疹毒通泄，所以是治療麻疹最理想的藥物之一；本品既治風熱感冒，又通利咽喉，對風溫初起同時有咽喉腫痛者最適合；此外，蕁麻疹、急性扁桃腺發炎，有不少與飲食過敏，鬱而化熱有關，牛蒡子疏風止癢、清熱解毒、消腫利咽，通利大腸，有利熱毒疏解通泄，因而又是治療這些病的常用藥。

不少本草還認為本品有通利腰膝關節的作用，如《藥性論》：“除諸風，利腰腳，又散諸結節筋骨煩熱毒”，所以，外感風熱同時有周身骨節煩疼，尤其腰腿疼痛者，可一同治療。

升麻

辛微甘寒，由於《本經》和《別錄》記載有解毒、治時氣溫疾、腹痛、頭痛、咽痛、口瘡、瘰癧等作用，所以歷來都用於清熱解毒、透解熱邪，直到潔古、東垣以後，又用於升舉陽氣，東垣說："升麻發散陽明風邪，升胃中清氣，又引甘溫之藥上升，以補衛氣之散而實其表，故元氣不足者，用此於陰中升陽，人參、黃芪，非此引之，不能上行"。值得注意的是，有一些醫者用升麻、尤其是用在升舉陽氣方面，分量都很輕，不超過一錢，即使張景岳的濟川煎、舉元煎，張錫純的升陷湯都是如此，有可能受李東垣補中益氣湯中升麻用量很輕（2-3 分）的影響。有些醫者便以為在任何情況下都不能超過一錢，甚至有"升不過七（分）"之說，這一看法對不對呢？

首先，本品無毒，分量多少與毒性無關。其次，本品用在清熱解毒透邪方面，分量素來不輕。仲景升麻鱉甲湯用升麻二両，為方中諸藥之冠；《肘後方》有不少用升麻的方，分別治傷寒時氣溫病、天行毒病挾熱腹痛下痢、治老瘧、癰疽妬乳諸毒腫、發背、惡肉惡脉惡核瘰癧風結腫氣痛、丹毒腫熱瘡等，升麻用量從半両到三両，而且都是方中數一數二用量的。若按東漢、魏晉時，一両折今 0.4455 市両計算，仲景方升麻近九錢，《肘後方》每劑用升麻折今二錢半至近九錢，用量絕對不輕。其實，只要仔細看看李東垣的書，以東垣處方每藥用量較小的習慣來看，除個別方有特別原因（例如普濟消毒飲治上焦風熱，升麻用量宜輕）之外，一般清熱解毒方中，升麻用量雖然只有一錢到錢半，其實都不輕，而且往往是方中最重的。今人則重用治脫肛、子宮下垂，所以，若以為東垣用升麻都是量小，則是誤會。民國時期，有人重用升麻一両治鼠疫，更是清熱解毒治"時氣毒癧"之最。

《本草新編》有一段話可供參考：“升麻之可以多用者，發斑之症也…惟其內熱之甚，故發出於外…升麻原非退斑之藥，欲退斑必須解其內熱，解熱之藥，要不能外出元參、麥冬與芩、連、梔子之類，然元參、麥冬與芩、連、梔子能下行，而不能外走，必借升麻以引諸藥出於皮毛，而斑乃盡消，倘升麻少用，不能引之外出，勢必熱內走而盡趨於大小腸矣…大約元參、麥冬用至一、二両者，升麻可多用至五錢，少則四錢、三錢，斷不可只用數分至一錢已也”。

筆者認為，升麻畢竟是升提清解之藥，所以用作祛邪，用量可以大一些，甚至重用，但在元氣虛衰，甚至虛陷的情況下，升麻只是起輔助補益藥的作用，所以用量不宜重，但是也不必拘泥只用三兩分，其用量為主要的補益藥的三分之一至六分之一即可。

葛根

辛甘寒，多汁液，杜明昭老師認為，治熱利煩渴，須用鮮葛根，不宜用煨葛或乾葛，他說：“廣東地區所用的乾葛，多用石灰製過以便保存，如此一來，性味頓殊，比煨葛好不了多少”，筆者基本同意這一說法，因為熱利煩渴，津液必傷，鮮葛兼具清香甘寒多汁，鼓舞胃氣、清熱生津，祛邪而又扶正等功效，若用煨或用石灰製過，則減其寒性，去其辛透，損其汁液，上述功效大打折扣。考古人治熱傷胃津（血）者，如《廣利方》治心（胃）熱，吐血不止，《梅師集驗方》治熱毒下血，或吃熱物發動者，《聖惠方》治鼻衄日久不止，心神煩悶等等，用葛根皆生用取汁，又如治胃熱消渴、小兒熱痞、妊娠熱病心悶、時行病發黃、卒乾嘔不得息、食物中毒、發狂煩悶、吐下欲死者，古人亦用生汁。陶弘景說：“生者搗其汁飲之，解溫病發熱”，《名醫別錄》更明言“療消渴、傷寒壯熱”要用“生根汁”，筆者治暑風洞瀉，每每用鮮葛根，如無，寧可改用葛花一両，也不用乾葛或煨葛，否則效果欠佳。

葛根解肌，不但用在項背，在四肢、腰部都可以，《本經》治諸痹、仲景治剛痙、陶弘景用柴葛解肌都是明證。《肘後方·卷四》治脊腰痛，用生葛根汁，鄧寶瑜老師常用葛根治小兒麻痺初起，近人有用葛根湯加味治強直性脊柱炎，引致頸項背腰疼痛（《經方亦步亦趨錄》），都是例証。

七味白术散是治脾虛泄瀉的常用方，方中的葛根是主藥之一，李東垣說它是“治脾胃虛弱泄瀉聖藥”，筆者體會，選用生葛根或煨葛根，葛根與白术用量何者為重，是取得療效與否的關鍵，須根據具體情況而定。

葛根也可解酒。《藥性論》就說它“主解酒毒，止煩渴”，筆者曾治療大醉劇吐後，煩渴引飲、胃中灼熱、疼痛如胃痙攣者，以生葛根配太子參、石斛、麥冬、木瓜、烏梅、生穀芽，一服便愈。

夏枯草

辛苦寒，苦味不大，寒性也不大（對其是否寒性，古人甚至還有爭論），對小孩肝火諸疾也很適用。入肝經，善治肝熱目赤腫痛，尤其是流行性結膜炎，可用本品單用，或加入少量片糖煎水，不拘時服。此方與前述桑葉加白豆方有同樣效果；此外，《本經》：“主寒熱、瘰癧”，筆者對外感風熱而有咽喉腫痛、頜下淋巴結腫大、或疼痛、或頸側之淋巴結亦腫大的小孩，常可於當用方中加入本品，易被怕吃苦藥的小孩接受；《本經》：又治“頭瘡”，筆者據此加甘草、野菊花、紫花地丁、蒲公英煎水、調入少量蜜糖內服，配合藥渣煎水外洗，治夏天小兒頭身瘡癤，效果良好；本品又是治高血壓屬於肝熱的常用藥，李仲守老師治高血壓病的驗方就重用本品。

白頭翁

吾粵所用之白頭翁，多為冬淩草，微苦性寒，非重用不為功。白頭翁清熱解毒涼血，是治療濕熱成痢，尤其是血痢的首選良藥，它是既可用於細菌性痢疾，又可用於阿米巴原蟲痢疾的少數中藥之一。治療阿米巴原蟲痢疾，除了口服外，還可用來煎汁灌腸（見《大黃》條）。本品也可用於一般濕熱泄瀉；用於濕溫病初起而有腸胃症狀，例如有腹脹納呆、大便粘膩或不暢、舌苔黃膩，或有潮熱，可用本品加鴨腳皮、土銀花、神曲、桃仁、尖檳，或再加路兜勒，煎水空腹服，瀉下粘膩，其証即愈；自仲景用白頭翁湯治熱利下重開始，有些醫者不問虛實寒熱，照用可也，其實，寒熱挾雜的痢疾，古人是很少用白頭翁的，虛寒下利、冷痢更是禁用。

本品善治濕熱而有熄風作用，所以對泄瀉、眩暈、偏頭痛、中風口眼喎斜之屬於濕熱化風者均可使用。《本草求真》認為本品能明目，《皇漢醫學》用白頭翁湯治目赤腫痛，迎風流淚，本院何斯恂老師屢用有效。臨床上可用本品為主的白頭翁湯加木賊、桑葉、菊花、夏枯草等，治療風熱目赤腫痛，效果良好。此外，用白頭翁配秦艽、公英、大青、木瓜、全蟲治濕熱化風引致口眼喎斜，或再加羚羊、石膏治三叉神經痛，效果也不錯。
本品又善治濕熱阻氣所致的胃脘脹痛，大便穢臭而爛，常與四逆散、金鈴子散加味合用，有良效。

《藥性論》和《本草備要》分別載本品“主項下瘰癧”和“瘰癧”，已故兒科名宿區少章常用本品取效。（見第一冊《咽喉腫痛》）

白花蛇舌草

甘淡微苦微寒，有清熱解毒、清熱利濕等功效，是現代治療腸癰和癌証的常用藥。筆者常用治：1. 急、慢性闌尾炎，但以屬濕熱者為好，成人每日每次八錢至一両半，滓再煎，輕者連服二至三日可取得臨床治癒，但必須配合清淡飲食一個月，否則容易復發，重者要結合大黃牡丹湯或龍膽瀉肝湯；2. 泌尿系感染，屬熱淋者為好，輕者、尤其是小兒，每日每次用五錢，加少量黃糖煎服，滓必須再煎，隔四至六小時再服，若年齡七至十餘歲，可再服一劑劑量，變成日服三至四次，常常單味即效，但如遇重証者，或治成人，單味藥常不能愈，須結合具體情況，選用當用方，再加入本品五至八錢，方能取效。一般而言，治療三至四天，臨床証狀消失，但要視病者情況，連用七至十二天，方能徹底治癒；3. 治療癌腫，但必須屬體質尚好而又屬熱毒者，效果才好。

觀乎港、粵地區，使用本品似有濫用趨勢，尤其治療腫瘤，不管具體情況，即使明顯體虛，亦不過加入一兩味如北芪或白术之類了事，其餘都是所謂治癌的清熱解毒散結藥，以至正氣日消，促其命期，深為可嘆！
治療上述各証，體質差的患者服用本品三幾服後，每有眩暈、神倦或胃納減少等副作用，白血球亦有減少跡像，不可不注意。

病例：鄭某，兩歲零十個月，2016年6月2日中午初診，親屬代訴：發熱三周、泄瀉兩日，現病史：患兒於三周前到海洋公園玩耍，當晚即高熱39.5℃，入院治療三日，體溫維持38.5-40.2℃之間，但仍活潑好動、飲食二便正常，經抽血、二便、胸透等多項檢查均不明原因，服藥（藥名不詳）後一度降至37.8℃，因而出院（出院前曾作小便細菌培養），但當晚旋又高熱，此後發熱一直仍是38.5-40.2℃，高熱時惟有敷冰袋或服必理痛、阿斯匹林之類以減輕體溫，兩天前又增加腹瀉，大便稀爛如水樣，甚臭，但無粘液，亦無腹痛，每日瀉下4-6次，因而轉診中醫。來診時體溫38.6℃，上午共泄瀉4次，口渴，但患兒神情清爽，面紅唇紅，在診室四處玩耍奔走，查心肺咽喉腹部均無異常，脈浮滑數，舌尖稍紅，苔白滑，擬先治其泄瀉。處方：葛根、滑石、生甘草、白薇、雲苓、石斛、青天葵、花旗參、羚羊絲。

6月3日上午診：昨日下午尚未服藥，體溫已升至40.2℃，隨即服藥，但仍在39-39.4℃之間，今早大便只一次，稍成形，現體溫39.6℃，處方：生地五錢、竹葉二錢、生甘草錢半、木通一錢、車前子二錢、白花蛇舌草一両半、黃糖（蔗糖）半塊，水三碗煎至大半碗分多次一日內服完，當天下午服藥後，體溫開始下降，深夜已降至37.8℃，翌日再服一劑，整天體溫正常，面色唇色亦已正常，精神清爽，活潑玩耍，減蛇舌草為一両，木通七分，再服三劑，經追蹤一切如常。痊癒。

鄧女士，約50歲，2022年7月22日初診。7月10日因寒戰高熱急診入院，經多項檢查，如咽喉、胸透、血液、尿常規、小便細菌培養（先後兩次）均正常，每晚

7 時許開始發熱，微惡寒，最高 T：39°C，日間低熱，伴心悸心慌，西醫疑風濕性關節炎，又疑癌証，暫停藥物，建議作 CT 進一步檢查。病人不同意，主動出院來診。現症發熱心悸如前，神倦汗少，唇口乾燥欲飲，小便黃，舌質紅，苔白而乾，稍剝，脈浮弦稍細滑。處方：太子參、生石膏、青蒿、白薇、白芍、甘草、蓮房、金釵斛、青天葵、土茵陳，三劑後病不稍減，最高仍發熱 39°C，上方去蓮房加竹葉、花旗參，再服三劑仍無效，改用下方：蛇舌草七錢，青天葵、生地、丹參、土銀花、金釵斛各五錢，麥冬四錢、連翹三錢、黃柏錢半、川連一錢、羚羊絲五分（另煎）、花旗參三錢。每劑復渣，一日服兩次。兩劑熱全退，再服三劑（羚羊只用一劑），未見再發熱，再去川連、黃柏，四劑善後，追蹤半月，未見復發。

青天葵

甘寒，善清肺、心、肝熱而不傷陰，更有養陰潤肺、涼血止血之功，故對肺熱陰傷，咳嗽咯血而又發熱不退（高熱、低熱均可）者最為適用，陰虛患者、老年、小兒使用的機會都不少，筆者跟隨多年的幾乎所有老師都喜歡和善用本品，例如大葉性肺炎的咳血發熱，支氣管擴張的咯血，暑瘵、麻疹出疹期高熱陰傷，甚至熱入心包，小兒夏季熱，老年人心肺功能不足、心陰、肺陰兩虛而又發熱不退，都常有使用本品的情況，用量視病情及年齡而定，從二錢到一両不等。

馬勃

辛平，輕清上浮，利咽解毒，兼可清肺散血而治鼻衄。

一般用量是七分至一錢，惟用治鼻咽癌，非重用、連用不為功。先父治一劉姓男子，患晚期鼻咽癌，頸部明顯腫大以致不能稍轉動，西醫已放棄治療，先父憐其家貧且需奉養高堂，遂慨然免費義診，每日用馬勃五錢，偶爾加夏枯草一両同煎代茶，另每週上門為之針刺兩次，風雨不改，竟延長患者壽命兩年半之久。筆者認為：東垣用本品治大頭瘟，葉氏用治手太陰濕溫之咽阻，汪機"治喉痺咽痛、鼻衄失音"，《名醫別錄》"主惡瘡"，《本草綱目》"清肺，散血熱，解毒"，綜合諸家之說，本品乃治血熱凝阻於肺所生惡瘡、毒瘡之良藥也。先父用治鼻咽癌，可謂善用馬勃矣。

射干

味苦，李東垣把它歸於寒性，但似乎寒性不大，故《本經》作苦平，《蜀本草》、《滇南本草》僅作微寒，仲景射干麻黃湯以射干為主藥，用量三両（一法十三枚），又用生薑四両，細辛三両，方中其餘各藥多是微溫，由此推測，射干的寒性不大，仲景應該據《本經》性平為用。臨床觀察，本品用治咽喉腫痛，雖然熱象不明顯，也可使用，常配桔梗、馬勃、如有熱，則配大青葉、玄參、夏枯草之類。以上應用，都是源於《本經》"治咳逆上氣，喉痺咽痛不得消息"的記載。

本品降泄而又散結氣，《本草匯言》以之配連翹、夏枯草治瘰癧結核，如有痰熱，筆者又常加入浙貝，如有風痰，加僵蠶。

《本經》以本品治"腹中邪逆"，所以葉天士治腸痺、呃逆等有關上中二焦的病，往往加入本品（見《枇杷葉》條）。

蒲公英

本品是治乳癰的常用藥，早在《肘後方》已引梅師方詳加說明："治產後不自乳，見畜積乳汁結作痛，取蒲公草搗敷腫上，日三四度，易之…，水煮汁服亦得"。筆者所見，若局部紅腫熱痛，必須結合外治，可用鮮品數株洗淨，加黃糖少許（蜜糖亦可）搗爛，再調入元明粉一大匙混和敷於局部，一日換藥三四次，結合內服蒲公英等清熱解毒散結消癰之藥，如連翹、銀花、苦參、山楂子、麥芽（重用）等，或視需要加瀉下熱毒，方能取效；本品又常治肝膽腸胃之濕熱，如濕熱黃疸、結石、脅痛，筆者師兄勞教授常用本品治胃脘痛，此外，熱毒之咽喉腫痛亦可用之，筆者常以之加入銀翹馬勃散中。

王孟英認為本品尚有清肺、利膈化痰、養陰涼血、益精等功效。現代藥理也證實，本品對肺炎雙球菌、綠膿杆菌有抑制作用，有抗腫瘤作用並能激發機體免疫功能，所以筆者常用本品治療肺癌合併肺部感染的患者，覺得效果不錯。

張錫純重用一味蒲公英（乾品二両）治療一切虛火實熱形成的眼疾腫疼，筆者曾試用之，確有效果。

港粵所用的公英都是土公英，療效略同。

魚腥草

辛微寒，生用絞取汁液，有魚腥氣味，性滑利，可與約二分之一量的鮮瓜子菜、鮮蒲公英，稀鹽水洗淨，一同絞取鮮汁濾出，再加入少許蜜糖，冷藏，用時在微波爐加熱，至一二沸即取出，候微溫服，每日約服

1000-1500 cc，分多次，用治療肺膿瘍，有良效。本品常重用，加入葦莖湯中，常用於肺熱，痰黃稠難咯之証，又因微有止咯血的作用，故又常用治支氣管擴張，咳痰黃稠帶血、左脈弦堅之証，常用藥為：降香、桃仁、海浮石、黑梔子、藕節、生地、赭石、白芍、魚腥草，酌加蒲黃、鹿含草、生訶子、蓮房、青天葵。

大青葉

大青葉、板藍根、青黛屬同一植物，療效亦差不多，無須過於細分區別使用。唐宋以前，上述藥物常用於治療瘟疫、熱毒發斑、草木藥中毒，而不常用銀花、連翹之類。如《肘後方》用大青、甘草等治傷寒時氣溫病發汗不解，及吐下大熱或熱病不解、下痢困篤欲死；用藍靛治時氣熱毒，心神煩躁；用藍汁、藍子通解諸毒，包括半夏、狼毒等中毒，後世治溫熱病發斑、大頭天行、痄腮，咽喉腫痛、吐衄，以至葉天士之神犀丹治溫熱入血，高熱神昏發斑，都是由此發展而來。近人則常用治腫瘤，而且藥理研究亦證實大青、板藍根、青黛都有抗癌作用。又有人因其有抑制甲型流感病毒而廣泛用於預防及治療流感，不過，筆者覺得以熱毒、體質壯實者較為適合。

大青葉、板藍根又常用於帶狀疱疹初起屬於熱毒，可加入龍膽瀉肝湯等方中；治面神經麻痺屬實証者，可與僵蠶、白頭翁、白芷、秦艽、羚羊等合用。

柴胡

《本經》謂本品苦平，今版教材認為是苦辛微寒，筆者喜用安徽出產的北柴胡根，嗅其氣甚濃，分明有辛味，嚐其味則苦，得苦辛流通之義。小柴胡湯、柴葛解肌湯用之治寒熱往來之証，往往一汗而解，所以《肘後方》把小柴胡湯列為發汗之劑，《滇南本草》甚至說柴胡是“傷寒發汗解表要藥”，然而張錫純卻認為：“柴胡非發汗之藥”，究竟那一種說法正確？《本經》又指柴胡“主心腹胃中結氣”，《金匱發微》說：“小柴胡湯重用黃芩，令人大便泄”，豈非柴胡既能發汗，又能解心胃結氣，更與重用之黃芩合用而通便？筆者愚見，柴胡稟少陽生發之氣，其辛味有助於肝氣之條達，邪氣之外越，脾氣之上升；柴胡的苦降辛通，有利於樞解少陽氣機之鬱阻，泄肝膽之鬱熱，利於胃氣之和降，所以《傷寒論》認為服小柴胡湯的“濈然汗出”是因為“上焦得通，津液得下，胃氣因和”，和胃氣只是樞機得轉的效果；寒熱邪氣之發越，並不一定就能發汗，明乎此，則《本經》之言亦豁然而解，至於《金匱發微》的經驗，也因為在小柴胡湯樞解氣機的基礎上，加以重用黃芩，甚苦能泄，故大便得通，並不是柴胡有直接通大便的作用。《本經》說柴胡“推陳致新”，筆者理解此“陳”字，是陳久、陳腐鬱阻之氣，包括心腹腸胃之結氣、飲食積聚之氣，鬱結於上中二焦的寒熱之氣、膽腑鬱積熱化之氣（因為少陽為一陽，膽腑內寄相火，故氣鬱失樞，容易邪從熱化而為鬱火）。由此可見，柴胡最主要的作用是樞轉氣機，解除鬱結。

柴胡劫肝陰之說，一直是爭論的熱點。不少人都歸咎於葉天士，直指葉氏終生不用柴胡。其實是誤解。查《臨証指南醫案》，葉氏在十多類疾病都有用柴胡的案例，而且，葉氏對以柴胡為君的逍遙散也有精闢的見解，他說：“局方逍遙散固女科聖藥，大意在肝脾二經，因鬱致損，木土交傷，氣血痺阻，和氣血之中，佐柴胡微升，以引少陽生氣，上中二焦之鬱勃，可使條暢”，《未刻本葉天士醫案》有一則治暑濕內伏於營衛，症見寒熱食減、肌膚瘡痍的案例，用柴芩歸芍之類兩和營衛，“令邪徐徐越出”，既符合《本經》、《別錄》對柴胡的論述，又令營衛調和，氣血無損，與逍遙散組方的思路一致。他還認為治鬱諸方，都源於逍遙散和越鞠丸，可見葉氏並不排斥柴胡，而且善用柴胡。至於柴胡劫肝陰，是在論幼稚於暑月患瘧的前提下引用的，他認為小兒暑瘧“都因脾胃受病，然氣怯神弱，初病驚癇厥逆為多，在夏秋之時，斷不可認為驚癇……暑為熱氣，症必熱多煩渴”，這一類瘧疾，顯然非柴、葛能治，而暑月脾弱氣怯或暑熱傷津煩渴之際，如果沒有調和氣血的藥物配合（葉氏舉出小柴胡湯去參為例），單用柴胡辛開苦泄，難免有肝陰受損之虞。

筆者亦喜用柴胡，但在不同情況下，用量和配伍有很大差別。成人用量，如補中益氣湯之柴胡，幾分一錢已足；小柴胡湯或柴葛解肌湯之柴胡，常用六至八錢，張錫純認為，柴胡“多用之亦能出汗…小柴胡湯今時分量，一劑可得（柴胡）八錢，欲借柴胡之力升提少陽之邪以透膈上出也”；至於四逆散，臨床須視具體情況，柴胡用量無固定。

青蒿

有論者認為，柴胡入足少陽經，青蒿入手少陽經，是兩藥的差別。這一看法是不對的，大概是受到傷寒傳足（經）不傳手，溫病傳手不傳足這一論斷的影響。青蒿和柴胡都是苦辛微寒，轉樞少陽氣機的藥物，葉天士認為：“青蒿減柴胡一等，亦是少陽本藥”，但是也沒有手足經之分。又有人說，柴胡治正瘧，青蒿治類瘧，這種看法也不對，試舉《肘後方·治寒熱諸瘧方第十六》為例，所載治瘧各方，以常山、鱉甲最多，還有鮮青蒿絞汁，反而沒有一方有柴胡，這最少說明，早在晉代，青蒿已是治療正瘧的藥物了。同樣，朱丹溪有截瘧青蒿丸，藥用青蒿、馬鞭草、冬青葉各晒乾研末，加官桂，可見丹溪亦已覺察到青蒿治瘧需生用方效。古人說："風來蒿艾氣如薰"，青蒿辛香而散，其氣遠勝柴胡，尤善解暑而辟穢濁，長於治暑濕困表，發熱、頭重如裹、肌肉痠重疼痛，或邪留三焦，口苦胸痞、寒熱、苔膩之証，不管患者有沒有汗出，青蒿都不宜久煎，最好在其它藥煎至中途才加入，待煎至香氣大出即可；本品又能透解陰分之熱，適用於骨蒸潮熱，或熱病後餘熱未盡，或月經先期、色鮮紅而量多，或產後感暑發熱。

《本經》說本品治"留熱在骨節間"，筆者常用它加入當用方中，治療類風濕關節炎，效果不錯。

石膏

辛甘寒，至於大寒還是微寒，歷來有所爭論，主要是臨床體會不同所致，然而有一點可以肯定，即本品是清解邪熱的藥，其生津作用，非比真正的養陰生津藥，而是清解邪熱則津液自生，所以無熱用之，反傷陽氣，表現為胃陽或心陽受傷，肌肉乏力，精神疲倦，甚至眩暈，陽虛者、尤其是心陽虛最宜慎用，熱病患者，中病即止，亦不可太過。

近賢張錫純引《本經》，力證石膏性微寒，又認為產後不可用大寒，而仲景獨用之以治產後實熱，以此反證"石膏之性非大寒"，筆者愚見：產後是否不可用大寒是有爭議的，按理治大熱當用大寒，張氏安知仲景用石膏治的不是產後的大熱証？葉天士治產後化燥亦用石膏，徐靈胎在盛贊葉氏此舉是“學有淵源”之餘，力辟“產後屬寒”之非，指出“產後血脫、孤陽獨旺，雖石膏、竹茹，仲景亦不禁用”，須知葉氏認為石膏是辛寒而非微寒（見《臨証指南・暑・瘧》及《三時伏氣溫病篇》），可見張氏以此來反證石膏只是微寒的理據是不足的。至於有論者認為石膏不與知母合用則其性不寒，亦非確論。清熱名方中，用石膏而不用知母者不乏其例，如麻杏甘石湯、三石湯、通聖散、紫雪丹等均是，這些方中的石膏，不能都說只針對微熱吧？

還有一個是石膏的用量問題。吳鞠通有一劑重用石膏八兩的記載，筆者早年行醫，亦喜歡重用石膏，竟有治同一病人，一日內用七両半生石膏的治驗，又根據名醫張菊人先生的經驗：“麻黃用量不得過石膏量的十分之一，可保有效無弊，此為個人歷年應驗”（《菊人醫話》），筆者把生石膏與麻黃的用量比例定在8：1至10：1。後來，一件事改變了筆者的看法：一位懷孕七個多月的婦女因高熱無汗咳嗽住院，筆者處以麻杏甘石湯，其中麻黃一錢、生石膏八錢，藥後汗不出，熱亦不退，翌日鍾耀奎老師亦處以同一方，但用麻黃三錢、生石膏六錢，一劑汗出熱退，這事促使筆者重新思考，仲景原方用石膏與麻黃的比重確是2：1，而且治症是汗出而喘，再看葉天士有用本方的例子（《臨証指南・咳嗽》），石膏：麻黃也不過是6：1，而且作為溫病名家的葉氏用石膏通常只用三錢，甚至在上焦疾病中有臨服下生石膏末一沸之例，估計這時石膏必非重用，可見本品用量的運用必須恰到好處，並非越重越好。筆者至今行醫已有五十多年了，現時的看法是：石膏的用量、用法、配伍需看具體情況而定，例如玉女煎治牙痛，成人一般用生石膏、生地各五錢至一両，體虛而舌不紅者，宜去生地改用熟地，減石膏份量，更需酌加草、棗、白芍之類；又如清燥救肺湯治溫燥，一般來說，生石膏用三錢即可，過重反有傷肺氣之虞；至於一些寒熱藥同用的方子，例如羌活、白芷與石膏同用，小青龍湯加石膏之類，則需看煩渴程度以定石膏份量甚至煎服法。

近閱“國家執業醫師資格考試。中醫師應試指導”及《中藥方劑學》（廣東科技出版社），該兩書的作者都主張生石膏作為煎劑入藥，應該先煎，筆者對此有不同意見，理由如下：1. 絶大部分中醫本草文獻都沒有標明本品應該先煎。歷代中醫著名臨床學者，例如張仲景、陶弘景、孫思邈、金元四大家、溫病葉、薛、吳、王，用生石膏的時候，都是同煎，即使近代善用生石膏，並對它有研究和專論的張錫純也不例外。能查到主張生石膏先煎的名著，實在寥寥可數，其中最著名的要算《疫診一得》（清瘟敗毒飲），近賢焦樹德先生也主張先煎，但都沒有說明原因，而同樣治療溫熱疫毒蔓延臟腑急重危症，同樣重用生石膏達八両之多（甚至可倍用）的十全苦寒救補湯，其生石膏卻沒有先煎。

此外，《傷寒論類方滙參》認為石膏“味淡難出”，主張先煎，恐怕也是臆斷，因為，味淡的中藥是否藥味難出？既是味淡，又何以知其味已出未出？例如通草、燈芯，煎了半天，藥味出了沒有？即使和石膏同屬礦物類的滑石、寒水石之類，是否也因“味淡難出”而要先煎？生石膏還有其他煎服法，例如《傷寒直格》用生石膏末同煎；葉天士曾用生石膏研末，臨沸加入（《臨証指南醫案·吐血 · 暑》），顯然屬於“後下”了。葉天士用治痰飲、哮喘而有裏熱者，用“冰糖炒石膏”，卻是“炒煎”，其說源出李時珍：“糖拌炒過（石膏）則不傷胃”（《本草綱目·石部·第九卷》）近代研究，亦有主張研末沖服者，認為生石膏的溶解度，隨著溫度的升高而下降，（在 20℃、60℃、100℃、107℃的時候，於 1000cc 水溶液中的溶解度分析，證實研末沖服溶解度較高，療效亦優於煎服）（《浙江中醫·1982年·10期》）。

由上可見，生石膏在煎服法上，歷來有不同方法，而且大部分不是先煎。

花粉

甘苦寒而潤，《本經》說它治“身熱，煩滿大熱，補虛”，可見是清熱又能補津的良藥，對實熱傷津煩渴引飲、陰虛內熱，津虧口渴都適用。《本草匯言》贊譽為“治渴之要藥”，因為它“性甘寒，從補藥而治虛渴，從涼藥而治大渴，從氣藥而治鬱渴，從血藥而治煩渴”；本品又能消腫排膿、解毒生肌，不論癰瘡疔毒，初起或已潰，都可應用；《本經》載本品“續絕傷”，故復元活血湯用它治胸脅跌仆瘀傷。雖然李時珍說它“甘不傷胃，《本經》也說它“安中”，但臨床所見，胃陽不足者，服後容易嘔吐，若陽虛便溏者，更應禁用，又，本品畢竟有苦味，小兒胃氣稍弱，服後易嘔，所以朱敬修老師用此藥治小兒發熱口渴，十分謹慎，但如治成人肺胃津傷煩熱消渴，雖然用量至八錢甚至一両，也不見有副作用。此外，孕婦忌用，不宜與烏頭同用。

淡竹葉

甘淡微寒，主要功效是清心熱、除煩、利小便，主治熱病心煩失眠、熱淋、小便黃短、口舌糜爛等，也用於熱入心包的神昏譫語。淡竹葉既可清透營熱轉出氣分，又可滲解熱邪從小便而出；年輕人體質強壯，若患失眠，也多數偏熱，雖用龍眼肉亦嫌其性溫，如加入淡竹葉同煎，則無此弊；又，暑易入心，又多兼濕，本品既入心清熱，又淡滲濕邪，故葉天士常用之治療傷暑而見頭脹頭熱、胸痞、心中煩熱、甚至昏譫等症，可配益元散、蓮葉、綠豆之類。

生地黃

生地能宣通血脉。《本經》："主折跌絕筋，傷中，逐血痹，填骨髓，長肌肉，作湯除寒熱積聚，除痹，生者尤良"，《別錄》："主男子五勞七傷，女子傷中胞漏下血，破惡血……通血脈"；李東垣總結本品"其用有四"："活血氣，封填骨髓，滋腎水，補益真陰，傷寒後腰股最痛，新產後，臍腹難禁"。又說："生地黃宣血更醫眼瘡"。歷代著名醫家，對本品除加入涼血清熱的功效外，大多遵循《本經》的論述來運用本品，例如名方炙甘草湯、腎氣丸、大黃䗪蟲丸、犀角地黃湯、生地大黃汁湯、龍膽瀉肝湯等，都可以看出作者用本品兼有通血脈的目的，但是自唐宋之後，《本經》、《別錄》、東垣所載的一些功效，尤其是"逐血痹"、"除寒熱積聚，除痹"、"活血氣"、"通血脈"等等，似乎漸被遺忘，不過仍有醫家沿用，如朱丹溪謂本品"破惡血溺血，治墜折傷、瘀血"，吳鞠通："生地亦主寒熱積聚，逐血痺"，張錫純："化瘀血、生新血"，葉天士在《臨証指南·產後》，有兩例治產後陰虛血瘀腹痛用交加散（生地、生薑汁）的病案，其一是："產後十二朝，先寒戰，後發熱，少腹疞痛，腹膨滿，下部腰肢不能轉側伸縮，小溲澀少而痛…"不但因為生地養陰，而且有逐血痺、化瘀血、生新血，除寒熱積聚、除痹的用意，筆者用交加散治療多囊卵巢之屬於瘀熱內結，以致月經逾期不止者，很有效果，絕大部分患者服後排出瘀塊而經血得止。而清瘟敗毒散、清營湯、神犀丹之用本品，也有逐血痹或防止熱與血互結為痺阻的作用。正如冉雪峰先生說："生地原是血藥，即能潤枯，又能開痺，故《本經》明言逐瘀痹，《別錄》明言下惡血"。

唐宋以前，生地入煎劑多用絞汁，且用量很大，蓋取其氣銳效專力宏，今人多用飲片，用量為五錢至一両，筆者經臨床，覺得需要分別對待，例如百合地黃湯、炙甘草湯、生地大黃汁湯、防己地黃湯、交加散等，生地成人用量都在一両半以上，效果才好，但如龍膽瀉肝湯，一般來說，生地用三錢已夠，太多反而對濕邪不利。

玄參

甘苦鹹微寒，質潤，雖然清熱涼血解毒、養陰生津，但寒性和質潤都不及生地，所以清熱和養陰的作用都稍遜，《本草正義》說它"寒而不峻、潤而不膩"，徐靈胎稱之為"寧火而帶微補"，是本品的一大特點。所謂寧火，前人也稱作"治無根之火"，"退無根浮游之火"，李時珍說得最明白透徹："腎水受傷，真陰失守，孤陽無根，發為火病，法宜壯水以制火"。《回春錄 · 諸虛》載："有患陰虛火炎者，面赤常如飲酒之態，孟英主一味元參湯，其效若神，而屢試屢驗"。本品另一特點是清利咽喉，《本草正義》："療風熱之咽痛"，《藥品化義》又說它治"真陰虧損、致虛火上炎"的咽痛、喉風，可見外感風熱或陰虛內熱引起的咽喉紅腫疼痛，都可以用它，由於鹹能軟堅，又常用於瘰癧，《別錄》："散頸下核”，故痰火積聚咽腫、結核又能用之，咽喉疾患常有頜下、頸側的淋巴結腫大，中醫也屬瘰癧範圍，本品併能治之。《本經》還說它治“女人產乳餘疾”，所以乳癰、乳腺增生等等，都常用本品。

痛風証發作，有屬熱者，重用玄參、生地各一両半（體質壯實者可加至二両），粉防己四錢，或再加枳殼，煎水空腹頓服，得瀉後局部熱痛即減。

丹皮

本品性寒涼，入血分善於清熱涼血，治血熱妄行之証，因為味苦辛，既泄且透，故涼血而無寒凝之弊，既可防熱與血結而成瘀熱，用於熱入營血之証，又可治跌打瘀腫之証。《本經》：“除堅癥瘀血留舍腸胃，療癰瘡”；《珍珠囊》：“治腸胃積血”，《東垣試效方》更強調：“牡丹皮治腸胃積血…必用之藥味也”，可見本品對治療腹部瘀血有特殊功效，仲景方用丹皮者，有大黃牡丹湯、溫經湯、桂枝茯苓丸、鱉甲煎丸、腎氣丸等，都是治療腹部疾患的名方，除腎氣丸外、其餘各方的丹皮，都是治腹部瘀血的具體運用，筆者常用本品配丹參、琥珀、桃仁、鬱金，甚至大黃等治肝硬化、肝癌、腸癌之類屬於瘀熱結聚者；本品又善清透血中伏火，按李時珍解釋，此火乃陰火、相火。後賢用丹皮治無汗之骨蒸、潮熱，甚至咽喉腫痛、白喉，其病因都和血中伏火有關。

黃芩

自《丹溪心法》提出“黃芩、白朮為安胎之聖藥”的見解後，引起後人不少非議，反對者集中攻擊黃芩一味，認為丹溪曲解了仲景當歸散用芩朮的原意而妄托古人用芩术安胎，又認為安胎重點在腎，“必使腎中和暖，然後胎有生氣”，又或者“總以養血健脾、清熱疏氣為主”。其中尤以陳修園、張景岳反對最為激烈。陳修園甚至引用實例，說：“余內子每得胎三月必墜，遵丹溪法用藥，連墜五次…以後凡遇胎漏欲墜之症，不敢專主涼血…惟用大補大溫之劑，令子宮常得暖氣，則胎日長而有成”。筆者認為還是先看看丹溪原意為是。首先，用黃芩、白术安胎，並非始自朱丹溪，早在《活人書 · 卷十九》已載：“白术散，妊娠傷寒安胎，白术、黃芩各等分，搗為粗末，每板抄三錢匕，水一盞，生薑三片，棗子一枚，擘破，同煎至七分…但覺頭痛發熱，便可服三両，服即瘥。若四肢厥冷，陰証見者，未可服也”；《宣明論方 · 卷十一 · 婦人門》亦載：“黃芩湯治婦人孕胎不安，白术黃芩各等分，上為末，每服三錢，水二盞，入當歸一根，同煎至一盞，稍溫服”，再看李東垣亦有治“受胎五月以後，以黃芩、白术二味作散…後生子”的醫案（《東垣試效方》卷九）；若探本追源，更可追溯到孫思邈，因為在《千金方 · 卷三》引徐之才逐月安胎論後所列安胎方中，很多方都有白术或黃芩，最明顯一處則是《妊娠諸病第四》：“治妊娠腹中諸痛入心，不得飲食，白术六両、芍藥四両、黃芩三両，水六升煮取三升，分三服”。可見丹溪並非妄托古人，也不是源於仲景，似乎源於孫思邈、朱肱和劉河間、東垣更多些，再看《金匱鈎玄 · 卷三》：“產前胎動：孕婦人因火動胎，逆上作喘者，急用條黃芩、香附之類。將條芩更於水中沉，取重者用之；固胎：地黃半錢，人參、白芍各一錢，白术一錢半，川芎、歸身尾一錢，陳皮一錢、甘草二錢、糯米一十四粒、黃連些少、黃柏些少、羊兒藤七葉完者”，但原文緊接著說：“血虛不安者用阿膠；痛者縮砂，行氣故也”（《丹溪心法·卷五·產前》所載略同）“安胎：白术、黃芩，炒麵，粥為丸。黃芩安胎，乃上中二焦藥，能降火下行，縮砂安胎治痛，行氣故也；益母草即茺蔚子，治產前產後諸病，能行血養血，難產作膏；地黃膏、牛膝膏；胎漏、氣虛、血虛、血熱”（黃芩降火以安胎，亦見於《本草衍義拾遺》），又《丹溪心法·卷五·產前·附方》：“治胎動不安，已有所見，用艾葉、阿膠、當歸、川芎、甘草；又膠艾湯，治動胎去血腹痛，用艾葉、阿膠”。凡此種種記述，都說明朱丹溪於安胎之治，十分重視辨証施治，何嘗有如陳氏所說“專主涼血”？至於用黃芩安胎，是由於“因火動胎、逆上作喘”，黃芩“能降火下行”，反對者何必攻其一點，不及其餘？其實，張景岳一方面抨擊丹溪用黃芩、白术安胎，另一方面卻在自製的胎元飲、保陰煎以及泰山磐石散（方中熟地八分、黃芩一錢、白术二錢）中，以地黃加入黃芩，間接承認胎動不安亦有血熱的事實（胎元飲：虛而有熱加黃芩），既然黃芩可以和景岳偏愛的地黃配伍以安胎，為什麼不可以和孫思邈、朱肱、劉、李、朱所主張的白术配伍以安胎呢？

不少人認為，黃芩、連、柏、膽草、梔子的主要區別是：黃芩清上焦、黃連清中焦、黃柏清下焦、龍膽草清肝膽、梔子清三焦，這一說法其實很籠統。就黃芩來看，清瀉肝膽的機會絕不比瀉上焦肺熱為少。著名的小柴胡湯、龍膽瀉肝湯都用黃芩瀉肝膽，瀉青丸、天麻鈎藤飲、養肝體清肝用方也用黃芩清肝，今人常用（如劉老常用黃芩湯加合歡皮、淮牛膝）來治有關肝熱引致的高血壓，現代藥理亦證實黃芩有降壓、保肝作用；黃芩治胃腸也並非不常用，仲景的名方黃土湯用的就是黃芩而不是常用以治中焦的黃連，據說現代有專家研究，認為黃芩湯可預防和治療腸癌。至於仲景的當歸散、河間黃芩湯、芍藥湯以及安胎的泰山磐石散、治療月經過多的景岳保陰煎、傅山清經散，甚至用苦味堅陰清熱治療春溫的黃芩湯等名方，都不是用黃芩清上焦。所以，黃芩偏於清上焦之說，無論從黃芩本身或黃芩相對其他清熱祛濕藥本說，都是有問題的，更易使初學者引起誤會。

病案：余小姐，29 歲，2018 年 5 月 2 日初診，患者首次懷孕，在第 27 周的時候，發覺宮縮加快，一日內每 5-7 分鐘一次，每次約 5-6 秒，隨即住院觀察，兩周後出院，當時每日仍宮縮 7-8 次，每次 5-6 秒。今已 30 周。自覺近日煩躁不安，心胸煩熱，口乾渴欲飲，胃納差，面色顴鼻皆赤，舌質紅，苔黃燥，脉滑數。處方：黃芩三錢、白朮四錢、桑寄生一両、白芍一両，石斛、菟絲子各五錢，白蓮鬚錢半、生石膏三錢、大棗三枚，日一服，四劑後，查空腹血糖：6，Bp：146/84mmHg，P：69，上方加竹茹五錢，再服八劑，至 5 月 28 日診，Bp：94/56mmHg，P：91，進食 2 小時後血糖 8.1，下肢微腫，腹部出現紅疹數點，搔癢，煩渴引飲，脉弦滑數，苔黃燥乾，質紅，照初診方減白芍至五錢，加生石膏至四錢，再加入知母三錢、生甘草二錢、生地五錢、太子參三錢，服藥八劑，腹部紅疹全消，去生地、白芍。

（後記：患者懷孕 38 周後，順產一嬰，母子平安）

黃連

苦寒，產四川者佳，故又名川連。清瀉心胃之火以解熱毒，並能清熱燥濕，亦瀉肝膽實火，瀉肝膽濕熱。常用治下列疾病：1. 目赤痛，畏日羞明，其源可遠溯至《本經》可與菊花煎水外洗，解放前，廣州最著名的眼科中醫容先生就已懂得用黃連製成眼藥水滴眼治炎症，其源可追溯至孫思邈、劉河間用川連水洗眼或點眼治“小兒緣目及眦爛作瘡腫痛”和“小兒眼赤痛不能開”（《保嬰秘要》）。此外，可配白頭翁、桑白皮、夏枯草、桑葉、菊花之類煎水內服；2. 心胃熱毒之口舌生瘡，如火府丹，涼膈散；若因濕熱而致，可配甘露消毒丹、槐花；3. 咳痰黃稠或兼青綠色，例如可治勞風之柴前連梅煎，治小結胸之小陷胸湯；4. 肝胃熱之嘔吐吞酸或濕熱上泛之嘔吐，如左金丸、連蘇飲，故《本草備要》云：“黃連止吐利吞酸”；又治痰熱或心腎不交引致失眠，如黃連溫膽湯、黃連阿膠湯；5. 心胃熱毒之瘡癤，如黃連解毒湯；6. 心下痞，如半夏瀉心湯、大黃黃連瀉心湯、附子瀉心湯等；7. 溫熱之邪入心包，如清營湯；8.《本經》謂本品“治腸澼”，常用治濕熱泄瀉、痢疾、霍亂，如葛根芩連湯、香連丸、蠶矢湯；又，黃連香薷飲或五物香薷飲治暑濕發熱吐瀉，效果很好；9.《別錄》謂本品“止消渴，益膽”。晉代也早把黃連列作治消渴的代表藥物（《抱樸子》），古方有三黃丸治消渴，河間、子和、東垣、丹溪等均有用黃連為主治消渴的方子。例如《張子和醫學全書・世傳神效諸方》載：“治消渴，揀黃連二両，水一碗煎至半碗，去滓頓服，立止”。上世紀八十年代曾有一病者，患有糖尿病，又有肝功能異常（黃疸指數、谷丙轉氨酶、谷草轉氨酶均升高），當地西醫不敢用糖尿藥，因而轉診於筆者，患者舌紅苔黃膩，脈弦滑數，渴飲，大便爛，日三四行，小便深黃，用黃連解毒湯加綿茵陳、龍膽草、柴胡，重用黃連，後期去膽草，治療兩個月，肝功能恢復正常，而糖尿指數亦由 8.5 降至 6.2，以後凡遇上述脈証之糖尿病者，均以上方，視濕重的程度，或加蒼术，或去膽草，覺得治此類糖尿病有良效，其中黃連、黃柏似為主藥，因此類病案只有七、八例，只供參考。

此外，曾用川連加藕節於當用方中治療紫癜性腎炎，川連加白芨於當用方中治糜爛性胃炎，川連加白頭翁、蒲公英於當用方中，治胃炎而兼便溏臭穢者，均有良效，僅供參考。

有謂溫病忌黃連，其實朱丹溪、戴元禮早有"黃連退暑熱"之說，此說最少可追溯到北宋，《活人書 · 卷十八》載："酒蒸黃連丸，治暑毒伏深，累取不瘥，無藥可治，伏暑發渴者"，其方只有黃連。溫病大家對黃連都情有獨鍾。葉天士常引用戴元禮的話："諸寒涼藥皆凝澀，惟有黃連不凝澀"。葉氏還常常用加減半夏瀉心湯治療溫熱壞病，薛生白的連蘇飲、吳鞠通的清營湯、安宮牛黃丸、王孟英的蠶矢湯、連樸飲等名方都用川連，可見川連的良好功效，溫病學家都不會忽視。

對初生嬰兒，習俗喜歡餵以川連燉蜜糖水，或川連甘草煎水，據說可解胎毒，亦有說是有助"開口"。有人以為出自中醫。其實是誤解，例如現存最早分章專論嬰幼兒的《千金方 · 卷五》對初生嬰兒只是說："兒洗浴，斷臍竟…宜與甘草湯，以甘草如手中指一節許，打碎，以水二合，煮取一合，以綿纏沾取，與兒吮之…吐去心胸中惡汁也，如得吐，餘藥便不須與，若不得吐，可消息計，如饑渴，須臾更與之"，對於服甘草水尚如此謹慎和節制，更不用說苦寒的川連了，（該書並無服川連"開口"的記載）。金元四大家、溫病四大家也沒有類似論述。反而中醫比較權威的著作，如《醫宗金鑑》，《幼幼集成》對此都有不同意見。例如《幼幼集成》即明確指出初誕之兒，勿輕服黃連，認為："小兒初生，飲食未開，胃氣未動……黃連、大黃、朱砂、輕粉開口之法，此時切不可用。今時稟受，十有九虛，苦寒克削，最不相宜。況嬰兒初誕，如蟄蟲出戶，草木萌芽，卒遇暴雪嚴霜，未有不為其僵折者，以苦寒而入初誕之口，亦若是也"。但是，也不是如現代不少人那樣，一面倒反對服用川連，該書作者認為："胎毒已現，外証可憑，何（三黃）大黃之足畏？……以苦寒而開口，是誅平人也；毒發而畏苦寒，是有寇不誅"這一見解，才是中醫的真諦，劉河間在他的《保嬰秘要》裏，也有以川連末塗口瘡的記載。證諸臨床，筆者認為作者的意見十分正確。

就象黃芩不單治上焦一樣，黃連也非只治中焦。清·徐靈胎說得好："熱氣目痛、眥傷、淚出、目不明，乃濕熱在上者；腸澼、腹痛、下利，乃濕熱在中者；婦人陰中腫痛，乃濕熱在下者，悉能除之矣"。

黃柏

苦寒。主要入下焦以清熱燥濕，瀉腎火以堅腎陰，入帶脈而除濕熱。常用治下列各症：1. 痺証、痿証屬濕熱者，筆者的表叔（一位數代祖傳的老中醫）的經驗是：黃柏用量不宜輕，視濕熱程度，須用四至六錢，其效方佳；2. 黃帶。配淮山、白果、芡實、蛇舌草等。傅青主認為"黃帶乃任脈之濕熱"，"黃柏清腎中之火也，腎與任脈相通以相濟，解腎中之火，即解任脈之熱矣"。3. 濕熱痢疾；4. 熱淋。濕熱盛者，配蛇舌草、銀花、生苡米、車前子（草），甚則龍膽草、黃芩，大黃；陰虛者，配生地、淮山、女貞子、白芍，代表方如知柏地黃丸（湯）；

若兼血尿，實者，配小薊為要藥，虛者，阿膠為要藥；5. 陰虛火炎之咽痛（常為慢性咽炎），配龜板、玄參、生地、知母；癭瘤（甲狀腺囊腫）之屬於陰虛痰熱蘊結者，配龜板、玄參、淅貝，貓爪草；6. 濕疹、瘡癬。濕熱俱盛，前者配龍膽草、生苡米；後者配野菊花、公英；7. 消渴。《東垣試效方·卷三》治中消七方，有黃柏者佔其六，黃連佔其三，筆者曾試用治糖尿病，覺得惟辨証屬濕熱者方有效。

此外，治目赤痛之白頭翁湯、治黃疸之梔子柏皮湯亦用本品。

梔子

本品是應用很廣的清降實熱的良藥，幾乎所有臟腑，如肺、心、脾、肝、三焦、膽、胃、小腸、大腸、膀胱，氣分、血分，表、裏、上、下，所有實火，包括火熱、濕熱、鬱火，甚至燥熱都有使用它。

除了教材所述應用外，補充點滴體會：1.《本經》謂本品治胃中熱氣，面赤酒疱皻鼻……瘡瘍。所以，因腸胃濕熱、積熱引起的面部暗瘡、酒渣鼻、玫瑰痤瘡、口腔潰瘍，本品都是主藥；2.《本草正》謂本品加豆豉除心火煩躁，葉天士又說梔豉能宣陳腐鬱結之濕熱阻遏肺氣，兩藥合用，苦泄辛通，原治汗吐下後之虛煩不眠，臨床所見通常都沒有催吐作用，劉河間說：“凡用梔子湯，皆非吐人之藥，以其燥熱鬱結之甚，而藥頻攻之，不能開通，則發熱而又吐，發開鬱結，則氣通津液宣行而已”（《宣明論方》）。多家本草均用本品治心胸中熱，筆者常參照葉氏方意，以本品配淡豆豉、射干、鬱金、杷葉、川貝、桔梗、枳殼，選加瓜蔞皮、紫苑、蘇子，治濕熱痰濁痺阻，肺失宣降之咳嗽、胸悶、咽喉如有痰阻，或大便秘結、不暢等症，效果很好；3. 梔子柏皮湯除了治濕熱黃疸外，還可配綿茵陳，龍膽瀉肝湯或黃連解毒湯治濕疹之屬於濕熱壅盛者。舉例：何小姐，18 歲，2016 年 4 月 5 日診。自 8 歲即患濕疹，近一年來加劇，先於兩手掌尺側緣劇發，產生水泡，潰破後滋水淋漓，漸漸漫延全身，現在兩面頰、手足、腹部均有濕疹，絕大多數有水珠狀突起，挾有潰破，滋水淋漓，多數伴皮膚潮紅、抓痕、約半數化膿，日夜搔癢甚，十分痛苦，常便秘、腹熱、口苦、舌紅、苔黃膩，脈弦滑數，予小承氣湯合茵陳蒿湯加龍膽草兩劑，大便瀉下多次，腹熱除，再以梔子柏皮湯加土茵陳、龍膽草、黃芩、黃連、苦參、生苡米，酌加蒼术、地膚子，白术，連服了一個半月（藥渣煎水外洗），終獲臨床痊癒。

本品的入藥部份和炮製方法也有講究。通常是山梔全種子入藥，但是用於秋燥的桑杏湯，葉氏和吳鞠通都用梔子皮，不僅因為溫燥初起，病位在表、在上、在肺，藥用種皮，正合經旨，更因梔子皮苦味不大，無化燥傷津之弊，相反，涼膈散清瀉胸膈積熱、瀉黃散清瀉脾胃伏火、八正散治熱淋、五淋散治血淋，都用較苦寒的梔子仁，因為是治療火熱或濕熱實証；另外，葉氏治咯血，丹溪治咳血，都採用黑梔子，既加強止血作用，又減少寒涼冰伏之弊。

大黃

味極苦、性大寒。其瀉下作用，體現了“甚苦能泄”。綜觀方書所載功效，一曰瀉熱通便，治熱與糞便互結；二曰活血祛瘀，治熱與血結，大黃推蕩互結之瘀熱，令新血生長；三曰瀉熱退黃，瀉瘀熱互結之發黃；四曰清熱解毒，清瀉血熱、濕熱結聚之毒；五曰瀉血熱以止血，治血熱妄行。所以瀉下熱結是上述藥效的共同點。

本品是治瘟疫的要藥。史書屢載，方書治急黃亦多屬此類。筆者曾以本品為主藥治中毒性痢疾，通過鼻飼及灌腸，務必令患兒瀉下大便，方可救活。

曾用本品治療多種癌証，只要確有瘀象而尚堪攻伐者，即可放膽連續使用，常配伍桃仁、丹參、鬱金、土鱉之類，瀉下黑便，病情常可緩解而令壽命延長。

用法、常用量：若欲急下，用錦大黃末四錢煎兩分鐘，即熄火，候60°C左右取藥汁空腹服；欲去瘀熱鬱結，用大黃三錢同煎；治腸瘜肉或痔瘡引至便血，用大黃炭一至二錢；治阿米巴痢疾，每次用生大黃五錢、白頭翁一両、苦參五錢、鴉膽子（碎）十五粒共煎水保留灌腸，每日兩次，7-14日為一療程；治急性中毒性痢疾，速用白頭翁一両至両半、桃仁三錢，水三碗急火煎至一碗、加入生大黃末二錢煎兩分鐘，待降溫至60°C濾出藥汁，候冷即灌腸，務令瀉下糞便；治燙火傷，生大黃、熟石膏、川連等份為末外敷；治風濕熱或帶狀疱疹或手足扭挫傷而局部腫熱疼痛，用生大黃、澤蘭葉、黃柏各二份、川連一份共研末，水蜜適量調成糊狀，再調入元明粉適量敷於局部，若癌腫局部紅腫熱痛，還要加入正冰片末方能有效；若皮膚過敏即停用。

孕婦禁用。

玄明粉

玄明粉是芒硝加工而成，又名元明粉。本品鹹苦大寒，內服主要用於燥熱結聚的燥屎、痰積、結石等症，如治燥屎的大承氣湯，治痰積的滾痰丸、指迷茯苓丸，至於治結石，本草說它能化七十二種石，包括泌尿系或膽道結石，只要是熱實証，原則上都可應用，筆者也嘗試用本品治療腸癌、淋巴癌和肺癌，只要是燥熱結聚而大便秘結者，均可用之。

大黃、芒硝常同用治熱結便秘，理論上，大黃治實，"指胃腸有燥屎與宿食等有形實邪"，芒硝治燥，"指腸中糞便，既燥且堅，此時以手按病者腹部堅硬"，這些說法是據《傷寒論》而來，但容易引起誤解，以為燥是實的進一步發展，如用芒硝，必須與大黃同用，可是有一次治療一位患習慣性便秘的老人，據他說已用過很多西藥通便，也吃過富含多纖維素的食物，更服過中成藥麻子仁丸，也用過番瀉葉，都沒有大便，至今已一周，腹中脹痛，筆者見他口乾渴、舌心剝，脉沉弦細，於是用增液承氣湯加枳殼（大黃後下），不料他忘記加元明粉（二錢），服後沒有排便，十分痛苦，第二劑用了元明粉（冲服），却又忘了加大黃，服後當天大便兩次，症狀減輕，於是筆者照第二劑方法，不用大黃而單用元明粉，加入白芍一両，服後再得大便兩次，腹中痛脹全消，筆者猜想，可能是大黃、枳殼苦寒化燥，更傷已虧的陰津，而元明粉鹹寒軟堅潤燥，後來更加白芍斂陰，故而取效，可見元明粉通便，在明顯傷陰的情況下，不一定非要和大黃同用不可，後來用同一思路治過三位類似患者都成功，但畢竟病例不多，只供參考。

外用除了見於《大黃》條外，可與西瓜製成西瓜霜，或再加冰片同用，治咽喉腫痛、喉痺、口瘡。孕婦禁用。

甘遂

古今大多數本草文獻，都說甘遂的功效是瀉水逐飲利小便。只有少數方書如《聖惠方》說是通利二便。翻查《本經》主"腹滿、留飲宿食、破癥堅積聚、利水谷道"，則通利二便之意甚為明顯，也有一些醫家認同本品通瀉大便，如朱丹溪、張錫純都有實踐體會（見《續名醫類案‧卷二十一》及第三冊《大陷胸湯》條），按現代藥理，甘遂能刺激腸管，增加腸蠕動，造成峻瀉，其中毒反應也是腹痛劇瀉水樣大便，甚至米湯狀大便。筆者曾用大陷胸湯和十棗湯，分別治高位腸梗阻和肝硬化腹水，患者服藥後都是瀉下大便或糞水為主，可見本品的功效應改為通利二便或通逐水飲、攻瀉二便為妥。

《藥性本草》引申《本經》治留飲破癥積之意，指本品"能瀉十二種水疾，去痰水"，劉老以本品為主，配葶藶、桑白、椒目、牽牛、肉桂治療一例患右胸積液數月的病者，藥後反覆吐瀉，積液迅速減少而愈，可見本品逐水去飲的功效（見《劉赤選醫案醫話》）。

鬱李仁

辛甘平、苦味很小、質潤多脂，藥性平和，是少數能同時通利大小便的藥物之一，而且有輕微治失眠的作用，薛生白說："濕熱証，按法治之，諸証皆退，惟目瞑則驚悸夢惕，餘邪內留，膽氣未舒，宜酒浸鬱李仁…膽熱內擾，肝魂不安，用鬱李仁以泄邪"。除孕婦外，幾乎任何年齡、任何便秘都可考慮使用，不過仍以虛人、老人便秘使用機會較多。筆者又常用：1. 治嬰幼兒濕疹而有大便少者；2.《本經》:“主大腹水腫，面目四肢浮腫”，可用於肝硬化腹水、下肢浮腫、腹滿氣促、大便不暢或便秘者，常與尖檳、秦艽、桃仁、生鱉甲、桑白皮同用，酌加樟柳頭（廣東商陸）、枳殼、白芍、銀花等；3. 在用黃連溫膽湯治療痰熱閉阻的失眠患者的時候，若有便秘，須加入本品，其效方佳。

用量因人因病而有很大差異，從一錢到一両不等，煎劑須打碎。

白薇

《全生指迷方》載有白薇湯治鬱冒血厥，其証：居常無苦，忽然如死，身不動，默默不知人，目閉不能開，口噤不能語，又或似有知，而惡聞人聲，或但如眩冒，移時乃寤，方以白薇為君，配當歸、人參。近賢趙守真著有《治驗回憶錄》一書，載有治血厥醫案，案載一婦人，平居無事，突然暈倒，但心中清醒，能知悉旁人說話，移時自醒。趙老用白薇湯治癒，筆者學習用此方治數人，除上述症狀外，還有脈沉細或沉微，舌淡，多伴有貧血體徵，皆愈。

《本草正義》說：“凡苦寒之藥多偏於燥，惟白薇則雖亦屬寒而不傷陰液精血，故其主治各病，多屬血分之熱邪，而不及濕熱諸証”，這一見解，前半截非常正確，但說“不及濕熱諸証”，則不無可商之處。《綱目》說白薇治“熱淋”，《別錄》說它“下水氣”，《本草經疏》解釋：“水氣亦必因於濕熱”，現代也有報道用治尿路感染、小便赤澀（《南方主要有毒植物》、《現代實用中藥》）可見濕熱之証亦可用白薇。筆者隨周公逾六年，常見他用達原飲加白薇治濕熱流連於膜原，久熱不退的患者，他說此經驗源於他的叔叔、治濕溫的名醫周先生，白薇和方中的白芍都要重用八錢至一両。由此可見白薇亦可用於濕熱之証。筆者治療久熱不退，陰分已傷的患者，不管有沒有挾濕，都加入白薇，一樣有效。例如 2017 年夏，香港流感期間，每天都有發熱患者來診，不少還是午後發熱 38℃以上，持續多天，西藥治療未效者，大部份表証仍在而陰分已傷，都以麻杏甘石湯或新加香薷飲之類，加白薇、石斛，甚至太子參或西洋參等，一二劑即熱退身涼。本品還有一個好處，即使風溫初起，但體質陰虛者亦可使用，加減葳蕤湯便是例子。

附：范小姐，40 歲，2015 年 9 月 2 日初診。主訴：發熱二十餘日。

患者於今年 7 月 11 日因高熱在某醫院留醫，當日體溫 39.2-40.2℃，經抗生素治療多日，體溫仍在 37.8-39.5℃之間，發熱以午後至夜間為甚，每日持續約 6 小時，先寒戰或惡寒，繼而發熱漸增，再而汗出，熱稍減，尋又復熱，熱盛時伴有手足關節疼痛發熱，尤以右腕關節最為明顯，並有局部腫脹，另外，左臂外側、頭頂同時出現多點紅疹，多次檢查血液、尿液等均正常，皮膚科會診亦不明原因，只好動員患者於 8 月 31 日出院，因為並無西藥服用而轉診於中醫。

9 月 2 日血液測驗結果（9 月 9 日復查結果基本相同）Hb：9.9g，PCV：31.6%，RBC：4.11，MCV：76.9，MCH：24.1，MCHC：31.3，RDW：16.9，WBC：6.4，N：75.7%，L：12.7%，M：6.4%，E：4.4，B：0.8，PL：432 K/ul，檢查分別於右腋下有一粒、右頸側一粒、右耳後一粒、左頸側兩粒、左耳後一粒以及雙頜下淋巴結均腫大可觸及，大小約 1-1.5 ㎝，無壓痛，

頭部覺搔癢，口渴欲飲但口不苦，唇乾，咽微痛，無痰無咳，舌苔淡黃厚，左脈浮弦細數，右脈、尤其右關明顯乏力，處方：青蒿三錢、白薇八錢、白芍一両、青天葵五錢、金銀花五錢、石膏一両，知母、生甘草二錢，玄參八錢、羚羊絲五分（另煎），兩劑，日一服。

9月4日診：發熱雖稍減（最高38.6℃，兩次均需自服西藥必理痛，才出汗稍退熱，最低37.6℃），但整個發熱過程不變，其他情況亦如前。處方：白薇、白芍各八錢，柴胡六錢、青蒿三錢，黃芩、前胡各四錢，川連、知母、甘草各二錢，草果錢半、尖檳三錢，北芪、白朮各五錢，升麻一錢，一劑，藥後得微汗，寒熱全退，體溫正常，紅疹亦無再現，去尖檳加秦艽五錢，一劑，渣再煎，藥後上午體溫最高37.9℃，最低37.1℃，體溫最高時左臂仍出現紅疹數點，惟數量及持續時間已明顯減少，苔淡黃厚而乾，脈右虛左弦細數，再服一劑，上午37.7℃。P：90。去知母，減草果為一錢，加生鱉甲五錢。兩劑，日一服。

9日上午：兩天以來，上午體溫正常，申時開始發熱，但無寒戰，體溫37.1-37.9℃，昨晚最高38.2℃，但半小時後漸漸回落，現體溫正常，右側頸部淋巴結仍可觸及一粒約1㎝大，左側頸部淋巴結亦明顯縮小。P：84，脈右虛左弦細，舌苔淡黃乾，擬昨日處方去草果，加青黛二錢，兩劑，煎服法同前。

11日上午，T：37.6℃，P：81，兩日來，體溫最高37.7℃，以晚上最高，持續半小時漸回落，手腕關節附近已完全消腫，痛大減，但前胸發現有數點紅疹，現頸部淋巴結只剩右側一粒、左側三粒（包括左耳後一粒）

及頜下淋巴結兩粒仍可觸及，但均較前檢查縮小，此檢查結果與昨日西醫醫生檢查一致，西醫並認為活檢已無意義，但在病者要求下，取左耳後淋巴活檢（結果正常）。脈同前，舌苔黃白而不厚，昨日處方去青黛，升麻改為錢半，加入大青葉五錢，丹皮三錢，三劑，藥後連日來體溫最高 37.1℃，大部分保持在 36.8℃，再服三劑，去白薇、白芍。藥後連日來體溫正常，21 日上午檢查：頸部各淋巴結進一步縮小，眠食二便正常，胸前紅疹雖不凸出皮膚之上，但仍隱約可見，苔白而不乾，左手弦脈較減，上方去前胡加丹參三錢，四劑。復診各症消失，體溫正常，痊癒。

蒼朮

有關本品的應用，《本草正義》有一段話值得參考："蒼朮氣味雄厚…能徹上徹下，燥濕而宣化痰飲，芳香辟穢，勝四時不正之氣，故時疫之病多用之，最能驅除穢濁惡氣…凡濕困脾陽，倦怠嗜臥，肢體酸軟，胸膈滿悶，甚至䐜脹，而舌濁厚膩者，非茅朮芳香猛烈，不能開泄，而痰飲彌漫，亦非此不化；夏秋之交，暑濕交蒸，濕溫病寒熱頭脹如裹，或胸痞嘔惡，皆需蒼朮…香燥醒脾，其應如響，而脾家濕鬱發為䐜脹，或為腫瀉，或為腫滿，或為瀉泄瘧痢，或下注而足重跗腫，或積滯而二便不利，及濕熱鬱蒸，為瘡瘍流注，或寒濕互結，發為陰疽酸痛，但看舌濁不渴見症，茅朮一味，最為必需之品"。

本品尚可治下列各病証：1. 黃疸：以茵陳五苓散、茵陳朮附湯所治的黃疸，白朮、蒼朮同用為宜；2. 濕疹：以患處滋水淋漓為本品主要應用指標，濕重，以平胃散為主，濕熱俱重，宜當歸拈痛湯或四妙散加減；3. 糖尿病：

屬於脾虛濕重者，重用本品與白朮配伍（見《白朮》條）；4. 腰部酸重疼痛，如仲景所述腰中如帶五千錢之腎著，其痛於起床前墜痛加劇，活動後反舒緩，苔白膩，處以腎著湯，筆者常重用蒼朮八錢至一両，或加桂枝，甚至加熟附子，一二服即愈。此外，前賢還常常用治濕濁帶下、痿証、諸鬱，均有卓效。

附子

熟附子的用量是近來中醫界爭論不休的問題，以國家級規劃教材《中藥學》（新世紀第二版）為例是 3-15g，宜先煎 0.5-1 小時，至口嘗無麻辣感為度，但聽說有些管理機構一再規定不可超過 5g，並要先煎 1 小時。筆者行醫數十年，跟師以十數，用熟附子至今不下千例，不自知地超越機構規定量已非一次，幸尚未遇服藥者投訴，亦未見老師們遭人投訴。今已年逾古稀，僅陳管見，供學術討論。

熟附子的用量，主要決定於炮製、用法、配伍、病者的具體情況四個環節。

1. 炮製：廣東傷寒四大名醫之一，人稱陳大劑的陳伯壇先生每劑熟附子用量每每超過一両，其再傳弟子鍾耀奎教授對筆者言，陳先生所用的熟附子都是自己炮製的，一定要內外都製透，擲地有聲。相信經正常途徑進入港粵市場之熟附子，一定預先經有關部門嚴格把關鑒定合格，也就是說，已經“製透”，方可投放市面。

2. 用法：眾所周知，含有毒性的附子中的烏頭碱類化合物，經水解後形成的烏頭碱，毒性會大大降低，但附子的很多功效，恰恰是附子水溶性成份產生的，不知有關專家和決策者是否經過嚴格的科學論証，究竟 5g 熟附子煎了 1 小時以上（通常先煎熟附子，再加其他藥同煎，至少要花費 1 小時 30 分吧），還剩下多少毒性，還有多少藥效？

3. 配伍：《規定》完全不提配伍，可是我們知道，一般中醫都不會單以一味熟附子作煎劑，仲景用附子煎劑，除個別方外（這些方的炮附子，煎煮時間較長，而且每服的量不大，其他含有炮附子的散劑，附子的用量很小），往往有薑、草、蜜、人參之類"陪伴"，又如，防風與附子配伍，有"相殺"的效果，這些東西都有不同程度的解毒作用，實驗報道，甘草或乾薑與熟附片同煮一小時，其毒性大為降低。四逆湯較熟附子煎劑的毒性為小，認為甘草、乾薑對附子有解毒作用；又，甘草和蜂蜜對草烏和烏頭鹼都有解毒作用，甘草的解毒作用較蜂蜜大（引自《中藥炮製學》，徐楚江主編，上海科技出版社）。筆者多年前曾治一名服生烏頭中毒患者，經服大量蜜糖，中毒症狀迅速緩解。記得出道第一天，父親就叮囑，用附子務必在上寫熟字或炮字，除了個別藥方，若是煎劑，下一味必是薑或草或蜜，此習慣至今未改。回想筆者所見的眾多老師前輩，無不如此配伍，可見他們都是遵從仲景教誨的。沈炎南老師在課堂上曾說，四川人喜用半斤熟附子，加上大量生薑、辣椒煲羊肉，也不見得中毒。可見和配伍和煎煮時間有關。

4. 病者的具體情況：上述沈老師的話，其實還涉及個人體質和耐受性問題，西北地區高寒，西方水土剛強，北地風寒冰冽，其人普遍嗜辛熱，耐受性強，筆者另一業師阮君實老師也說，不同的病人對熟附子的耐受性不同，據他觀察，腎陽虛的患者對熟附子的耐受性較高，但一般病者每次用熟附子不宜超過四錢，而且要注意配伍及避免蓄積中毒，然而，筆者見過的這些名老前輩以數十計，除非大用量（例如超過一両），竟沒有一位是吩咐病人先煎熟附子一小時之久的。

有人主張用熟附子宜從小劑量 1–2 錢開始，逐漸加大重量。看似謹慎而有理，但在臨床上則不妥。若患者危重需用大劑量者，投以小劑量，必不效，而且貽誤治療之機；更重要的是，逐漸加量易造成蓄積中毒。數十年所見，眾多中醫先輩碰到如四逆湯之類亡陽証者，用熟附子都在八錢以上，毫不手軟（個別中醫亦有如原方用生附子四錢），但幾乎都有同一用藥規律：1. 熟附子與乾薑同量或大致同量，例如熟附子一両，乾薑八錢至一両；通常炙甘草用五錢；2. 若熟附子重量超過一両，則患者病情多屬重或危，中醫先輩們多囑咐把煎好的藥汁（一碗左右）分兩次服，每次隔一小時左右，或者邊煎邊頻頻灌服，大概在一小時半至兩小時內服完一碗藥汁；3. 中病即止。此類病人如果有效，服一至兩劑，即厥止汗收陽回，通常熟附子用量即減，或加入人參或五味子之類益氣生津、固本培元，或加山萸肉之類澀精固脫，或加肉桂溫壯元陽、納氣歸腎，或改用其他補益方善後。

最後引用最新一版全國方劑學教材主編鄧中甲先生的意見作參考：“（熟）附子用量在 10 克或 10 克以上，要制約它的毒性、副作用，除了（用）量上控制以外，炮製、煎熬方法、服法都應注意。過去講究先煎，這些年來，附子的炮製加工，對控制毒副作用起了很大作用，一般來講，在臨床上，炮製以後的（附子），先煎時間不必象過去那樣。量小，用十來克的話，一、二十分鐘就夠了，所以遇到有些醫生說，現在炮製的附子，他不先煎，當然，先煎應該說更保險一些。特別像甘草這類同煎，從現代實驗證明，可以緩和它的峻烈之性，所以這類方服用，或者溫服，甚至冷服，也可控制它的毒副作用”。（鄧先生講稿節錄，未徵得他本人同意）

附案：陳先生，72 歲，2020 年 5 月 23 日診。患者脘腹冷痛已兩年餘，其痛每於夜間或清晨發作，痛時腹部如有物鼓起，得熱敷漸解，西醫診為腸痙攣，屢治屢發，深以為苦，中醫曾予六君子湯、小建中湯、八珍湯等不效，亦有予附子理中湯加味，方中用黨參 15 克、熟附子 5 克，已服九劑未效而來診，患者面白舌淡邊有齒印，苔白厚滑，脈沉緊，四末不溫，自訴常眩暈，下半身常冷，近日天氣高溫，夜間下肢蓋氈仍覺冷，病屬於虛寒無疑，本應重用附子，但礙於所限，只好減其製：熟附子、吉林參、炙甘草、高良薑各五錢，乾薑四錢、川椒八錢、丁香二錢、白朮八錢、蒼朮三錢、焗肉桂末五分，水三碗半煎取大半碗，候微溫，調入蜜糖一大匙服，日一劑，連服十二劑，腹冷痛方愈，追蹤一個月未復發。

吳茱萸

苦辛大熱，其味辛辣氣雄，善能通降寒濁陰凝之氣，李東垣說：“濁陰不降，厥氣上逆，咽膈不通，食則令人口開目瞪，陰寒隔塞，氣不得上下，此病不已，令人寒中腹滿膨脹下利，宜以吳萸之苦熱泄其逆氣，用之如神，他藥不可代也”，寇宗奭也說吳萸“此物下氣最速”，舉凡肝胃寒邪上逆之嘔吐、頭痛、眩暈、耳鳴，或寒邪凝冱之脘腹冷痛（其冷痛多有脹撐向上的感覺，多伴有泛清涎，與一般如理中湯証之類不同）、泄瀉、下痢、寒疝、腳氣，都可用本品治療。也有利用其苦辛通降，與苦寒的川連配合，但須注意藥量，如左金丸，川連是吳萸六倍或十二倍，吳萸的大熱為川連之寒性所制，故能治肝火尅胃吐吞酸苦之証，本院故教務長、佛山名醫馮德瑜老先生用本方，吳萸只用六粒，川連用錢半，筆者常據此加入半夏瀉心湯中，治胃炎脘痞泛酸者，效果良好。但戊己丸中，川連、吳萸、白芍卻是等量，用治脾濕泄瀉，臍腹刺痛，或小兒疳氣下痢，此時連、萸相配，主要是苦能燥濕的用意。此外，又因辛香苦泄，能舒肝入絡泄滯，有疏肝理氣的作用，用於肝氣鬱結、痛經、疝氣等病。

仲景方中，重用吳茱萸者，都是針對久寒積冷的病人，溫經湯用吳茱萸，亦取其溫經散寒，筆者據此意，治閉經或月經後期，腹冷痛喜按者，於當用方中加本品1-2 錢，乾薑，或再加小茴香，甚至肉桂，效果滿意。

川椒

《綱目》說："椒，純陽之物，其味辛而麻，其氣溫以熱"，仲景在大建中湯和烏梅丸中分別用本品，治心胸中大寒痛，嘔不能飲食，以及蛔厥，分別取其溫中散寒止痛和驅蛔之功。此外，還可外用熏洗治濕疹、陰癢、陰囊濕癢。本品的應用還有：1. 治寒飲咳嗽。《本經》："主邪氣咳逆"；《東垣十書》："主咳逆上氣，散風邪"；《綱目》："入肺散寒，治咳嗽"，咳嗽夜甚，痰涎清稀如水，苔白滑，甚至舌面水滑如泛光，脉浮弦兼緊或細，喉癢，或胸痞，或胸腔有積液，此乃肺有寒飲挾風邪，單用小青龍之類，必不能效，或效微而遲，須用川椒，或配附子，或乾薑，溫肺散風寒徹飲方效，川椒的用量，當視乎寒飲程度，從錢半至一両不等；2. 治脾厥、腎厥。許叔微用本品配附子通陽泄濁，葉氏遵之，常加入高良薑、丁香、草果、葫蘆巴、蒼朮之類，筆者曾用之，1-2 服即顯效。

此外，可籍本品辛辣、大熱香燥以溫中開胃、辟穢消食，"制魚腥陰冷諸物毒"。

肉桂

辛甘大熱。以味甘甜、油質多，香氣濃烈者為上。產地以越南最佳，故又稱安南桂。本品溫壯命門之火，納氣歸腎，溫通血脈以祛寒，可用於：1. 溫壯元陽治命門火衰，用於下元虛冷、腰膝軟弱、陽痿遺精、畏寒肢冷神疲等証，如右歸丸；或陰寒內盛而真陽衰微之証，如回陽救急湯；本品能溫補腎火以生少火，故保元湯以之配北芪以治虛勞氣短之証，十全大補湯以肉桂、北芪加入八珍湯以鼓舞、生長氣血；筆者用本品加入理中湯中治臍腹冷痛，或者在四逆湯回陽救逆，於陽回厥止後加入本品，亦取此意；由於腎主二便，為膀胱氣化之源，故通關丸以本品配知、柏治小便癃閉；本品又常用治虛陽上浮的疾患，有引火歸原、納氣歸腎的作用，如蘇子降氣湯之用肉桂治"虛陽上攻，氣不升降"；2. 治寒疝。治疝大法，虛者當以辛甘潤之劑，本品正是首選，因藥性大熱，所以對寒疝屬虛者尤為適合，如暖肝煎；治痛經、胞衣不下、陰疽、胸痺，亦取其通經脈、散寒凝、壯陽氣的作用，如少腹逐瘀湯、陽和湯等，所以李東垣說本品"大辛熱，能散結積，陰証瘡瘍須當少用之"。

值得注意的是，本品既通血脉（藥理研究能增強血液循環），又治失血，似乎矛盾，臨床上，兩者都有應用，大多數本草如《別錄》等認為本品能通血脉，其實都是溫通、溫壯以治陽虛寒凝瘀阻經脉，筆者曾用四逆加人參湯加桂枝甘草湯，再加川芎、肉桂治愈數例陽虛寒凝的脉結代、心動悸、眩暈的患者，结果結代脉消失，諸証痊愈，僅供參考。李時珍用肉桂治失血，是指“陰盛失血”、“陽虛失血”，其病因是相同的，故《本草經疏》强調陰虛或血熱引致的失血“法并忌之”。

丁香

辛溫，氣味俱厚，故入裏入下為主，味厚則泄，氣厚則發熱，辛香氣甚濃，加以性溫，故善祛寒凝、醒脾胃、辟穢濁，富含揮發油，故溫而不燥。上述特點用於臨床，可治下列疾病：1. 嘔吐、呃逆、泄瀉，腹脹、腹痛，以上病証不論新久，只要屬寒或寒濕穢濁即可，兼虛加溫補脾腎之藥，尤其對小兒嗜食生冷，以致腹中冷痛吐瀉者最為有效，古方治療“過食蟹蚌瓜果致病”，用丁香末五分、薑湯下。葉天士說：“稚年夏月食瓜果，水寒之濕，着於脾胃，令人泄瀉…必用辛溫香竄之氣，古方中消瓜果之積，以丁香肉桂”；2. 藉其辛香透竅辟穢作用，用於神昏竅閉之証，如紫雪丹治暑入心包、神昏痙厥；蘇合香丸治中風。中惡等卒倒痰迷，以及時疫瘴瘧吐利等，冉雪峰謂：“暑穢瞋脹，非此不足以開之，暑穢拂亂，非此不足以寧之，暑穢逼蒸大汗大下，陽氣放散微弱，非此不足以振之復之”；3. 治陽痿，有溫腎興陽之功。

仙茅

辛熱小毒。本品的功效有兩點與一般補陽藥不同。一是溫補命門之火，二是補暖腰脚。命火不足，不能溫煦腎精化氣，老年人最為多見，故下元清冷、陽痿、宮寒、小便異常，包括小便清長、夜尿頻仍、排尿不暢、尿後反滴等等都可出現。阮君實老師據《皇漢醫學》，喜用仲景方天雄散治老人遺尿，屢有良效，筆者遵其意，加入仙茅（或以肉桂易桂枝），補骨脂，山萸肉，甚至鹿茸，效果亦好，因為《開寶本草》早已記載仙茅治“老人失溺”，但是正如《本草綱目》所指：“惟陽弱精寒，禀賦素怯者宜之”；至於第二點，亦由第一點引致，病人在主訴腰脚冷（注意與一般腎虛的腰膝無力不同）的同時，常伴有第一點的症狀。

本品亦常用治陽虛的高血壓，筆者常用二仙湯（仙茅、仙靈脾）合順風匀氣散（後者為阮君實老師經驗）加減取效，若陽虛甚，則熟附子、乾薑亦可服，不必拘泥這兩藥能升高血壓之論。（見第一冊有關病例）

當歸

甘辛苦溫，以甘味大，質油潤為佳。近年來對本品的使用頗有爭議，有認為忌用於除了血瘀之外的崩漏，甚至把這一說法奉為圭臬。筆者對此不敢苟同。藥理研究證實，當歸所含的揮發油及阿魏酸能抑制子宮平滑肌收縮，而其水溶性或醇溶性非揮發性物質，則能使子宮平滑肌興奮，研究又指出，當歸對子宮呈雙相調節作用，取決於子宮的機能狀態；從傳統中醫理論出發，本品既以甘味大、質油潤為佳，明顯以補益溫養為主要功效，由於味帶微苦辛，則溫養之中具有調血作用，歷代著名本草、名方、名醫幾乎都肯定本品有治崩漏的功效，如《本經》主“婦人漏下”、《藥性論》“主女子崩中”、仲景之膠艾湯、溫經湯，張子和之當歸散，傅青主之固本止崩湯，以及歸脾湯、當歸補血湯等皆有當歸，都治崩漏，《東垣試效方》治崩漏共八方，全用當歸，葉天士在《臨證指南．崩漏》的十八個醫案中，用當歸者佔 40%以上，難道他們都錯了？

劉老有一治療崩漏屬於虛寒的經驗方，由當歸補血湯加烏梅、乾薑或炮薑組成（見前《診斷》），筆者隨劉老凡十年，親見恩師用此方數十例，小則一劑，多則七、八劑，均愈。數十年來，筆者運用此方，治癒不下百例，既有暴崩者，甚至也有漏下八個月之久者，可見當歸治崩漏非不可用，只是用得其所罷了。

近年亦有論者認為子宮肌瘤患者切不可用本品，認為可使肌瘤變大，但證諸臨床未必盡然，以筆者所見，此証多因氣鬱血瘀而成，其中虛實兼雜者並不少見，當歸補血活血調經，適用者甚多，即使從藥理分析來看，本品對子宮調節呈雙向性，可鬆弛子官肌內緊張，有顯著促進紅血球及血紅蛋白的恢復，其揮發油亦有明顯鎮痛作用，這些功效對治療子宮肌瘤有幫助，筆者用本品選加炮山甲、土鱉、益母草、三棱、莪术、玄參、浙貝，有不錯的療效，據《中醫雜誌》報導（1981.（1）：34）用當歸配炮山甲、桃仁、莪术、香附等，治子宮肌瘤136例，臨床治癒 72 例，顯效 37 例，總有效率 83.8%，可為佐證。

本品還有很多作用，今舉其容易忽略者：1. 治面部褐色斑（見《土鱉》條）；2. 酒渣鼻（需排除蠕形螨引致）。血府逐瘀湯加減常用有效：柴胡、赤芍、枳殼、當歸、川芎、土鱉、乾水蛭、生地、紅花、桃仁；若屬瘀熱，宜瀉青丸；3. 久咳。《本經》謂當歸治“咳逆上氣”，故蘇子降氣湯、金水六君煎均用之。藥理研究亦證實當歸所含的正丁烯內酯和苯內酯均有鬆弛氣管平滑肌的作用；本品擅治虛寒兼有之咳嗽，現代所說的“過敏性氣管炎”、“慢性支氣管炎”，當中有不少病例都可用當歸；甚至哮喘日久，反覆發作，痰多咳逆者，亦經常有用當歸的機會。4. 經行感冒。經期前後感冒，多因氣血虛弱或肝鬱血虛，前者主以四物湯合參蘇飲，後者主以逍遙散加香附，兩方都有當歸為主藥。

白芍

苦微酸，偏於微寒。多與甘藥同用，養肝之體、益肝之血、斂脾之陰，故肝藏陰血不足之脇痛，肝陽化風之頭痛、眩暈，血虛之月經不調、血不榮筋之腳攣急、手足麻痺、疼痛，脾陰虛之腹痛，溫熱病之傷陰，均為常用之藥。

本品有利小便作用，冉雪峰認為又有通大便之功，他說：“芍藥中多液質，功能通便，故仲景謂病人舊微溏，設當行大黃芍藥者當減之”（《歷代名醫良方註釋》），筆者覺得不論赤芍或白芍，重用都有通大便的作用。本品用量須具體情況而定。如血不榮筋之腳攣急，筆者跟從馬雲衢老師經驗，重用三至四両，效果很好。

心陽不足，脈促胸滿，忌用之。有學者認為，胸滿含有心悸之意，所以加減復脉湯，以至由此衍生的一、二、三甲諸方，不能治脉促心悸之病，其咎在白芍。筆者覺得值得商榷。胸滿是否就含有心悸？麻黃湯、小柴胡湯、柴胡桂枝乾薑湯、柴胡加龍牡湯、猪膚湯等方都治胸滿，但臨床所見，並非就有心悸，小柴胡湯証既有胸脇苦滿之文，加減法復有心下悸之語，顯然胸滿不含心悸。再看吳鞠通加減復脉湯原文所治之脉像，是“脉虛大”，葉氏用加減復脉湯是治“營絡熱，心震動”（《臨証指南·溫熱》）。即使《溫病條辨·下焦篇》加減復脉湯加參治脉虛數，一甲、二甲復脉湯治脉數、脉沉數，都沒有脉促心悸之文，直至三甲復脉湯，才有“脉細促，心中憺憺大動”之語，顯然，脉促與心悸動並治，是三甲之功，與白芍能否治此無關。

丹溪先生認為“白芍能治血虛腹痛，餘腹痛皆不可用”，此語甚是，又說“產後不可用白芍，以其酸寒伐生發之氣故也”，但亦提示必要時可炒用。筆者試用酒炒，治產後血虛腹痛，似無此弊。

麥冬

本品雖然主要用治心、肺、胃的疾病，但是不論心或肺的疾患，似乎都和胃有關，可見麥冬治療的重點首先在胃。為什麼這樣說呢？先看《本經》：“主心腹結氣，傷中傷飽，胃絡脉絕，羸瘦短氣”，前兩句說的是病因，其結果都令心腹、中氣損傷，後兩句進一步指出由於中虛引致胃絡脉絕，可以推知，與胃絡有直接關係的心氣必然不足、心陰、心血必然虧虛，由於胃虛，水谷精微來源匱乏，亦即飲食不為肌膚，故日漸羸瘦；胃虛則游溢之精氣減少，母病及子，肺失所養故而短氣。故其源皆在胃。再從仲景方麥門冬湯、竹葉石膏湯、炙甘草湯以及後世用麥冬的名方，如生脉散、清暑益氣湯、清營湯、增液湯、清燥救肺湯、百合固金湯、養陰清肺湯、沙參麥冬湯的治証來看，莫不與心胃、肺胃及胃陰有關，病源都離不開胃。《本經疏正》說得好：“麥門冬之功，在提曳胃家陰精，潤澤心肺，以通脉道，以下逆氣，以除煩熱”，《本草正義》說得更清楚：“麥冬，其味大甘，膏脂濃郁，故專補胃陰，滋津液，《本經》、《別錄》主治，多就養胃一層立論，必當識得此旨，方能洞達此中利弊”。

近代名醫黃省三先生常用人參、麥冬、炙甘草、大棗，每日煎水代茶，認為它們有養心、強心作用，再看仲景炙甘草湯治傷寒，脉結代，心動悸，其中麥冬對治療傷中引致胃絡脉絕，心失所養，表現為傳導阻滯、心動悸，有良好效果。現代藥理研究證實，麥冬能顯著提高實驗動物的耐缺氧能力，增加冠脉流量，對心肌缺血有明顯保護作用，能抗心律失常，改善心肌收縮力，改善左心室功能，所有這些作用，都與上述臨床療效吻合，不能不佩服前人的智慧。

甲狀腺功能亢進的患者，通常脉率較快，其中不少屬於氣陰兩虛，可用本品配北芪、五味子（見《黃芪》條）。葉天士用麥門冬湯治風溫化熱傷及胃津，而見喉間燥癢咳，吳鞠通以沙參麥冬湯治燥傷肺胃陰分，或熱或咳，正如潘信華先生指出：“天士治溫邪作咳，常用玉竹、沙參、麥冬等，蓋取存津清熱潤肺意也，淵源有自”（《未刻本葉天士醫案發微》），但徐靈胎批評：“咳嗆而用麥冬，是毒藥也”（《臨証指南，咳嗽》），其意是指外邪未盡解而見咳嗆，禁用麥冬，張石頑、張山雷等亦有類似看法，但近賢冉雪峰認為是矯枉過正，他說：“試以古人用麥門冬方劑證之，《千金》麻黃湯治寒中伏火，中用麥門冬，此非有外邪乎…《三因》麥門冬湯，治上焦傷風，邪氣內著，此非外有新邪，內有伏邪乎？”張路玉治肺燥咳嗽，也是以麻黃合麥門冬湯，但其目的不是用麻黃解散外邪（見《麻黃》條）。潘信華先生進一步解釋：“大凡久咳燥痰之証，腎元已損，攝納無權，而肺有膠痰盤踞，無力咳出，此時縱峻補真元，痰阻氣道，呼吸仍然不暢，必排出痰液而後乃快，故地黃、麥冬等滋潤之品固必需用，化痰之川貝、竹瀝等亦不可缺，加入麻黃一味，既鼓舞地、冬之力，又宣達肺氣，促使排痰，洵為的當之治”（《未刻本葉天士醫案發微》）；證諸臨床，在肺胃陰津耗傷而有外邪、尤其是溫邪、燥邪的情況下，單單解散外邪，很難奏效，往往令陰液更傷，麥門冬雖非解除外邪之藥，但能清養肺胃，從而使得解表藥更好發揮作用。

玉竹

甘涼質潤，善養肺、胃、心陰。古方多治陰虛患風溫者，筆者常用治癌証屬陰虛而患外感風溫的病人；又多用治熱病後津傷舌燥咽乾、胃納不佳。鄧灼琪老師常重用本品與桑枝配伍，長期服用，治高血壓動脈硬化屬肝陰虛的患者。鄧老師承溫病專家郭梅峰老前輩，一向用藥，藥量甚輕，惟本品每次都用一両。直到鄧老逝後很久，筆者閱有關資料，獲知本品有降血糖、降血脂、緩解動脈粥樣硬化，擴張冠脈及外周血管、延長耐缺氧時間，抗氧化，強心等作用，汪訒菴認為本品“久服方能見效”，亦與鄧老臨床經驗暗合，方知鄧老經驗老到。此外，本品常用於癌証電療或化療後津傷口乾渴者。

《大明本草》:“補五勞七傷、虛損、腰腳疼痛”。羅天益:“腰痛亦有腎虛，凡挾風濕者宜葳蕤”。潘華信先生也認為：“玉竹補益之餘，亦治風濕”（《未刻本葉案發微》）。筆者據此意重用本品，治慢性腰肌勞損疼痛屬陰虛者，有良效。

石斛

甘微寒。補而不滯，滋而不膩。善能養陰益精，退虛熱。故熱病傷陰、陰虛濕熱、久熱不退、虛勞骨蒸潮熱常可用之，陰液不足、陰精虧損之筋骨痿弱、腰膝疼痛、視物不清、消渴、盜汗、羸瘦、精液稀少亦可用之。今摘其最常用者論之：1. 養胃陰、清胃熱：本品最善清養胃陰，退熱生津，故陽明氣分實熱如有傷陰者，概可加入本品，如白虎湯、白虎加人參湯等均可加之，即使餘熱未盡者，如竹葉石膏湯証亦常加之。伍華生老師、關公等常介紹用上述方劑，人參改用西洋參、石斛用小環釵，選加二至丸、白薇、鮮萄蔔葉，治小兒夏季熱屬陰虛者，屢獲良效；筆者常用小環釵、白薇、生石膏、玄參、青蒿、青天葵、羚羊絲，酌加金銀花、香薷、知母、西洋參、土茵陳、白芍、土地骨，治小兒久熱不退，陰分已傷者，效果滿意；無胃熱而只是胃陰虛者亦可用，本院林建德老師常用本品加入麥門冬湯中治胃陰虛之胃脘痛，深符葉氏甘涼濡潤養胃陰之旨。此外，有一類屬於胃陰虛的病人，由於運化力弱，每兼濕阻或氣脹，若投以地黃益陰，輕則脘脹納呆，重則泄瀉，惟有用石斛、糯稻根、淮小麥、白芍、麥冬（配陳皮或半夏）、太子參之類，酌加素馨花或合歡花、或玫瑰花、或佛手、鬱金，或香附、生麥芽之類，全方清養胃陰而不膩，其加減法亦考慮到疏肝理氣止痛，婦女尤其在更年期，易患此病，不少粵港老中醫都喜用此類方；2. 滋腎益精：腎陰不足之足跟疼痛、足底痛（痛在湧泉穴附近）、慢性腰肌勞損、筋骨痿軟無力、視瞻昏渺、老年白內障、青少年久視傷目致視物昏花或視力減退均可用之。名方石斛夜光丸治“神水寬大漸散，昏如霧露中行，漸睹空中有黑花，漸睹物成二體”，其中石斛是君藥。筆者曾重用小環釵、蕤仁肉、加入菟絲子、女貞子、關沙苑、夜明砂、琥珀、杞子、菊花、生地製成藥丸內服，另每日針（導、補）絕骨、復溜、光明、三陰交、足三里，每日一穴，治療一位因糖尿病致雙目失明已半載的男患者，治療三個多月，患者竟能恢復一些視力，能清晰辨別親屬，還能很模糊地看到五米之遙的大巴士的影子，另外，上方在治療早期的飛蚊証也有不錯的效果，說明本品在益精明目方面確有作用。此外本品治精液稀少、尿後餘瀝、久病乾咳無痰，均可使用。本品補五臟，尤其補先後天之陰精，故有抗衰老的作用。藥性平和，任何年齡均可長期服用。一般來說，川石斛偏於清多而補少，常用在陰虛而有濕熱者，如甘露飲；東垣認為金釵斛治腎虛腰疼膝痛較好；小環釵補多而清少，多用於久熱陰傷或餘熱未靖而陰液大傷者；霍山石斛養陰益精之力最強，因價格昂貴，今多磨粉服用，作養生延緩衰老之用。

此外，有認為本品有安神定志之用，如《本草正》：“卻驚悸，定心志”，故陰虛而又心神不安、驚悸，本品又為最佳選擇。

外感陰未傷，慎用本品。

黃精

甘平質潤。補中益氣，又補脾腎之陰，潤心肺。前人贊為“補養脾陰之正品”，有抗衰老作用。筆者常用於：一. 空洞型肺結核屬氣陰兩虛者，與北芪、白芨、生苡米（葉天士方）配合，連續服用，有生肌、加速病灶癒合、縮短西藥治療期的效果，此方又可治濕疹位於足三里附近，或主婦手正氣已虛，久久不愈者，若有濕邪，又當加入除濕之品；此外又可治療皮膚皸裂而無搔癢者；本品與百部同用可治頸淋巴結核、百日咳（見《百部》）；二. 配枯礬、蛇床子、地膚子、百部、蘇葉、桂枝、黃柏，煎水外洗治香港腳，洗浸後以患足曬太陽至藥水全乾，上下午各一次，連用一周，並注意鞋襪消毒，有良效；三. 本草謂本品"填精髓"、"助筋骨"，故可配骨碎補、萆薢等治腰、骶椎退化，腰腿疼痛；配骨碎補等治頸椎疾患（見《羌活》條）；配首烏、黑芝麻、女貞子治鬚髮早白；四. 治消渴，古人多用之與養陰藥配伍，藥理證實，本品對腎上腺素引起的血糖過高呈顯著抑制作用，筆者用之與健脾藥如蒼朮白朮等配伍，治療糖尿病而見皮膚搔癢、甚至潰瘍者，籍以減輕二朮之燥性，並增加降糖之效。

本品滋膩之性不及熟地，惟脾濕壅盛者仍當慎用。

淮山

味純甘而多汁液，能補肺脾腎，益氣陰，治脾腎陰虛之泄瀉、遺精、遺溺、帶下、不思飲食、消渴，有潤澤肌膚、長肌肉的作用，病後或濫用抗生素所致脾肺兩虛之自汗、盜汗、乾咳、神倦等均常用之。有人認為糖尿病不可用本品，據說是本品含澱粉，對糖尿病不利，但古今中外，包括藥理實驗，都公認本品是治糖尿病的良藥，而且只要是正淮山，水煮後肉眼所見，其澱粉溶解於水者甚少，實不足構成增加血糖的理由。另外，筆者重用本品加人參、白芨、山萸肉治崩漏屬氣陰兩虛者，有良效，其中用淮山，是因為張錫純盛讚此藥，認為它能滋陰、滋潤血脉，性本收澀，能治一切陰分虧損之証，所以重用之。有耆年患者因消化道失血、兩次手術後，入夜口乾渴甚，飲不解渴，舌本乾痛，夜尿頻多（6-7 次，西醫已排除糖尿、尿崩等病因），用一般六味、左歸飲藥量無效，後來每服藥重用淮山三至四両，連服九劑而愈。足証張氏並非浪語。

張錫純說本藥"在滋補藥中誠為無上之品"，並有重用本品治陰虛咳喘或喘促欲脫之病例，筆者初時不無疑慮，及後臨証既多，方知先生之論，確有至理。此等喘咳，其舌必乾，無苔或少苔或剝苔，脉必無力，動則喘促加甚，乃肺腎兩虛，腎不納氣所致，可重用本品二至四両，加蛤蚧、五味子，酌加生地或熟地，一兩服即大效。

白虎湯中的粳米，在粵港地區常缺此藥，有些老中醫認為可用陳倉米代之，但筆者數十年所見，絕大部分老中醫都選用下列藥物作為代用品：氣陰兩虛用淮山；胃陰虛用石斛；熱盛而體質不甚虛者，用生苡米。
慢性腎炎、化療或電療後引起的副作用，不少都屬脾腎陰虛，本品為要藥。

菟絲子

在補腎藥中，古人特別指出一些有補益精髓作用的藥物，這對我們治療與此有關的疾病很有啟發，例如首烏、地黃、魚膘、肉蓯蓉、山萸肉、胡麻、菟絲子之類均有此功效。甄權謂菟絲子"添精益髓"，李東垣："莖中寒精自出，溺有餘瀝皆主之"，常治精血不足之遺精、早泄、精氣清冷、溺有餘瀝、腰痠、宮寒不孕、不育、前列腺肥大、老人夜尿頻、消渴等病症。

本品藥性平和，補而不峻，溫而不燥，又治腎虛胎動不安，常用方如壽胎丸，原方重用菟絲子為主藥，謂“大能補腎，腎旺自能蔭胎也”。若作湯劑，本品用量宜用五錢至一両，效果較理想，此時宜放於布袋內煎服，否則易粘著鍋底。

本品又能明目益精，善治腎虛，補腎兼能補肝，治精血不足，視物昏花，古人用治瞳目無神，《別錄》：“久服明目”，藥理證實對白內障有治療作用，筆者用它配合其它補肝腎藥治療糖尿病白內障，覺得效果不錯，又常用於眼底疾患，如視網膜、黃斑病變，對初期視瞻昏渺尤其有效，常配蕤仁肉、石斛、地黃等，需加夜明砂或琥珀，效果方佳，但須耐心服藥。

此外還可止瀉，治脾腎兩虛的泄瀉。

山萸肉

張錫純認為本品“味酸性溫，大能收斂元氣，振作精神，固澀滑脫，因得木氣最厚，收澀之中兼具條暢之性”，此語實為經驗之總結。患者何母，75 歲，1963 年 3 月診，近兩個月來精神不振，茶飯不思，今晨處於半昏迷狀態，呼之不應，時而小聲囈語，面色赤而暗，舌光紅無苔，如剝落雞心樣，脈浮細，重按豁然，此屬亡陰危証，即以山萸肉二両，大棗十枚各去核，急火煎灌服，約一小時多，患者甦醒，言迷糊之際，自覺行至房門口，適見筆者進入，因而退回（註：此為真實記錄，讀者幸勿以虛誕視之），此後以生脈散加萸肉菟絲杞子等調治月餘而愈。本品亦可配溫壯元陽藥以止汗：馮女士，70 歲，2021 年 11 月診，平素多汗，近三周大汗不止，服桂枝加附子湯、桂枝龍牡湯、玉屏風散，參苓白朮散、生脈散等無效，眩暈，背惡寒，口微渴，舌苔白而乾，脈浮大，Bp：116/72mmHg，P：68。處方：鹿茸、肉桂末（沖服）各五分，鹿角霜、白术各五錢，淮山、山萸肉各八錢，五味子三錢、生龍骨一兩，九劑汗止，諸証亦愈。又：本品與五味子加入白朮、蒼术中，治脾陽虛的糖尿病（見白术、蒼术條），若兼腎陽虛，再加熟附子、乾薑，有良效；本品澀精又能填精，又帶有條達之性，可說是治療遺精、滑精日久，以至虛損，或老人虛衰遺溺的最理想的藥物，根據具體情況，配金鎖固精丸，天雄散或桑螵蛸散等。

服四逆湯或四逆加人參湯回陽救脫，厥止陽回之後，往往加入本品鞏固療效。

泌尿系感染反覆不愈，或用過多種抗生素無效者，多屬虛証，尤以陰虛為多，知柏地黃湯加減試予有效，但方中山萸肉有沒有留邪之虞？同樣，山萸肉有治寒濕痺的作用，如果此時又有外感風寒，山萸肉還可不可以用？因為本品酸斂固澀，初學者不免心存疑慮，寧可不用，及至臨証既久，方知這些顧慮是多餘的。《別錄》說它治“頭風，風氣去來，鼻塞，目黃，耳聾，面疱，通九竅”，顯然與單純收澀有別，本品得木氣最厚，張錫純說它“酸斂之中大具條達之性，尤善於開痺，斂正氣而不斂邪氣，與其他酸斂之藥不同”，他創製的來復湯，內有山萸肉，治寒溫外感諸証，大病瘥後不能自復，寒熱往來等症。可見只要應用得當，本品並無留邪之患。

五味子

過敏性鼻炎有類中醫的鼻鼽，其証有慢性發作者，往往長期反覆，鼻常流清涕，噴嚏，晨起為甚，或鼻塞，或鼻癢，有認為是免疫力降低所致，從中醫角度分析，是肺的氣津虧虛，中藥往往以重用北芪為主，但筆者覺得，加入五味子效果更好，因為五味子味酸溫，善能收斂肺氣肺津，肺喜溫惡寒，開竅於鼻，《內經》說："肺欲收，急食酸以收之"，鼻流清涕日久，氣津耗失，若無實邪，加入酸斂之五味子，正合病機。筆者有一方：北芪、甘草、五味子、黃精、靈芝，效果不錯（需要摒除致敏源）。

龜板

本品甘平質重無毒。其用有四：1. 補腎陰、通任脈、填精益髓。本品不僅用於先天性精血不足、骨骼發育遲緩之病，而且常用治後天精血虧損、骨髓虛乏之疾，如小兒麻痺後遺症、四肢痿軟無力、足跟或足底疼痛、精虧遺滑以致精血大虧者，均可用之，又因本品入任脈、補而能通，朱丹溪認為它大有補陰之功，若任督兩虛，則與鹿茸或鹿膠同用。龜板補陰同時還去瘀血，筆者常用之治甲狀腺囊腫，如果其位置正當任脈所過，只要屬於陰虛挾血瘀即可用，同理，也可試用於食道癌、胃癌的患者，可與降香、炮山甲等同用；若足跟痛而熱者，多屬腎陰虛而有熱，可用本品配骨碎補、川萆薢、生地、知母、黃柏、土地骨、石斛；2. 潛陽鎮攝、降陰火。有滋水涵木、滋水制火之功。常用於肝腎陰虧、肝陽上亢之高血壓頭痛；腎陰虛、陰火上炎的咽痛、舌底熱痛或陰虛內熱的骨熱潮熱、盜汗遺精，陰虛風動的瘛瘲；3. 養心寧神。本品常用於心腎不交的失眠，多有明顯腎虛、水不濟火的表現，至於心火旺或心血不足，則視臨床表現而不同而配伍瀉心火或養心血的藥物；4. 療痔血、治崩帶。痔疾、漏下、帶下日久，有陽虛、陰虛、氣血兩虛之別。本品最宜用於精血虧虛者，常配人參以補氣攝血、固本培元。

煩勞即容易發作的牙齦腫痛、甚至牙齦出血的牙周炎，多屬肝腎陰虛，可用本品加熟地、金釵斛、女貞子、旱蓮草、白芍、山萸肉、五味子、淮牛膝、青鹽（兩粒，如無，可用生的粗鹽代），如虛火旺，以生地易熟地，稍加知母、黃柏，很有效。

《本草經疏》說本品"妊婦不宜用"；《本草綱目》："主難產"；《傅青主女科》治難產，交骨不開，用加味芎歸湯，方中有酒炙敗龜板。現代藥理亦證實，龜甲對離體和在體子宮均有興奮作用。故孕婦忌用。

女貞子

甘苦微寒，補肝腎，明目，烏鬚髮。用於肝腎陰虛，腰膝痠軟、遺精、失眠、眩暈耳鳴、視物模糊。鬚髮早白。此外，還用治下列病証：1. 養陰止血：a. 用於痔血日久，陰血損傷、下血不止，常與生地、槐花、鱉甲、旱蓮草同用；b. 用於尿血，慢性腎炎，小便紅細胞長期不消失，陰血已傷，劉老、周公都用猪苓湯加女貞子、旱蓮草治療，效果良好。也可以試用於治療紫癜性腎炎（見本書有關醫案）；至於泌尿系感染，纏綿不愈，包括尿檢常有紅細胞、白細胞者，有不少屬於肝腎陰虛，其原因多屬過服苦寒或利水滲濕藥或濫用抗生素所致，此時宜用六味地黃湯去山萸肉加女貞子、旱蓮草，酌加知、柏；c. 用於月經過多或崩漏屬於陰虛血熱者，可選用清經湯或兩地湯，加入本品五錢至一両；2. 曾用於治療糖尿病眼病，引致眼底出血、視力模糊甚至失明有效，因為本品有補肝腎、強陰、明目益精、止血、治消渴的功效，而現代藥理亦証用本品有降低血糖的作用。此外，治療早期的飛蚊証，常須加入本品（見《石斛》條）；治療久視或“熬夜”以致白睛充血，甚至眩暈耳鳴，本品常是治療主藥，但需重用，眼睛感到乾澀，以本品加蕤仁肉、金釵斛為主藥，服一段時間，有良效；3. 治療不孕証屬肝腎陰虛、精血虧損者，本品常配熟地、菟絲子、枸杞子、金櫻子、桑椹子、魚膠、紫河車等。

桑寄生

味甘，性偏涼，善能補肝腎、強筋骨，祛風濕，是治腰部風濕痺痛的常用藥，又常用治肝腎陰虛、肝陽化風所致的眩暈，現代藥理亦證實本品有降壓作用，可供參考。

本品又是安胎的常用藥。《別錄》說它治“產後餘疾”，父親常重用本品加大棗煎水代茶，治胎動不安，煩渴欲飲；又治產後大渴引飲，飲不解渴（俗稱“風渴”）；此外，中風後遺症有屬陰虛者，本品有養血息風之效，可配玉竹、白芍、石斛等，但常需久服方效。

本品寄生於桑樹，養肝之餘，應具有桑科植物的條達之性。若陰虛、亡血家患感冒，父親常用本品（見《感冒》），取其養陰血而清解，有助於邪熱疏透而解。

阿膠

味鹹色黑，血肉有情之品，大補精血。長於滋養腎陰、肺陰而止血。所治的失血幾乎涵蓋身體各部，其中包括血淋、尿血（《綱目》）；《聖濟總錄》阿膠芍藥湯治小便血如小豆汁。急性腎炎愈後，遺留小便中紅細胞久久不除，或慢性腎炎，尿液中以紅細胞為主，久不消除者，臨床表現往往為陰血虧虛，劉老和周公都喜用猪苓湯，加入淮山、烏豆衣、二至丸之類，效果很好，其中阿膠是主藥。《別錄》載本品“養肝氣”，葉天士亦認為本品“熄肝風”（《臨証指南．崩漏》，常用治肝血不足，筋脈失養，又該書《頭風》載：“肝陰久耗，內風日旋，厥陽無一息之寧，痛掣之勢已極，此時豈區區湯散可解，計惟與復脉之純甘壯水，膠黃之柔婉以熄風和陽，俾剛亢之威，一時頓熄。予用之屢效如神，決不以虛謏為助”，此証之患者長期苦於頭痛，其痛多在巔頂，西醫檢查不明原因，惟以神經性頭痛名之，亦可兼見眩暈，中醫可予加減復脉湯加龜板，或以阿膠、雞子黃、地黃等為方，一二服即大效（見第一冊《眩暈》）。

附病例以證阿膠的特殊作用：黎女士，74 歲，2019 年 7 月 12 日初診。患者患盜汗多年，每於子、丑時發作，自覺煩躁、大汗淋漓，須更換 4-5 件內衣，其汗方止，此後便失眠至天亮，口乾涸全無津液（有糖尿病史），口苦，小便黃，腰膝痠軟疼痛，脉弦細略數，苔薄黃白，Bp：159/80mmHg，P：77，予黃連阿膠湯：川連二錢、黃芩三錢、阿膠（烊化）三錢、白芍一両、鷄子黃一枚（如法服下），四劑後，盜汗明顯減少，只須更換兩件內衣即可，此後即可假寐至天亮。但因阿膠暫缺，試以龜板、生地、熟地、百合加牡蠣等代替均無效，後又覓得阿膠，照前方再服六劑，盜汗減至換一件內衣即可，此後即可入睡至天亮。

林先生，49 歲，2009 年 1 月 16 日初診。患者一向體健，但是近一年多以來，每晚均盜汗不止，舉凡中醫治虛汗的常用方均已服過，了無寸效，其出汗時間為晚上一時至三時半，所穿內衣褲全部濕透，四季皆然，伴有畏風、神倦，六脈弦細無力，舌質淡，苔黃白厚膩，處方：吉林參七錢、阿膠（烊化）四錢、浮小麥両半、甘草二錢、大棗三枚，三劑，日一服，舌苔轉為薄白，盜汗時間縮短，去甘麥大棗湯，加入北芪二両、五味子二錢，三劑，日一服。藥後盜汗明顯減少，出汗時間向後推遲，只是三時半至四時半有少許汗出，上方再服五劑痊癒。

人參

人參能大補元氣以攝血止血。新版教材《中藥學》說："若脾氣虛弱，不能統血，導致長期失血者，本品又能補氣以攝血"，此說固是，但易使初學者誤以為人參只能治長期或慢性失血，而不能治急性失血。《本草正》指出："人參，氣虛血虛俱能補，陽氣虛竭者，此能回之於無何有之鄉；陰血崩潰者，此能障之於已決裂之後…虛而咳血吐血…虛而下血失氣等症，是皆必不可缺者"，《中藏經》以人參、側柏葉、荊芥炭各五錢為末，先服二錢，入飛羅麵二錢，水調如稀糊，少頃再服，治吐血下血，心肺脉散，血如湧泉。所載都是大量出血，並不限於慢性或長期。筆者曾據此用獨參湯治療兩例急性大量失血患者，一例是服阿斯匹林引起胃穿孔暴下血約 2000 cc，因而虛脫，用野生參合吉林參、高麗參一邊急煎參水，一邊將參水急降溫頻服，挽回一命。全程並沒有用其它藥物。另一例報導如下：黃先生，88 歲，七年前曾因腸癌手術切除，現尚需"帶袋"，2017 年 8 月又發現癌細胞已擴散至胃，已屬晚期，此外尚有心血管病、糖尿、膽結石、泌尿系結石等病，因年老多病，西醫已放棄所有治癌手段，於 2018 年 12 月 29 日，患者突然吐血，旋即暈倒，召救護車至，見患者面色蒼白，汗出，血壓 80/40mmHg，脉律不整，約 120/ 分，經搶救甦醒入院，發現大便下血，糞袋中均充滿“黑血”，診為“胃癌引起大出血”，禁食並用藥三天，血仍不止，患者覺眩暈，西醫已告知不治（以上均據患者親屬轉述），其親屬來電求治，筆者建議用吉林參片二両半，濃煎至一碗，候微溫，不拘時服，一日內“偷偷”服完，藥後下血減大半，眩暈止，患者大喜，再用吉林參片二両，如上法一日內服完，血全止，輸血兩包，2019 年 2 月 2 日出院（血色素升至 9 克），即來診，神清，能清晰對答，血壓 126/68mmHg，脉率 72，律不整，口乾欲飲，唇乾，舌苔厚白而乾，津液全無，脉沉細結代，予生脈散（吉林參一両）加淮山両半、大棗三枚，水煎微溫服，七劑，日一服。於 2 月 20 日由家人陪同，自行步履來覆診，舌苔轉為薄白而潤，血壓 112/70mmHg，脉率 78 脉細右沉，脉律不整，上方加黃精四劑善後。

《本經》、《別錄》在指出本品補五臟之餘，特別強調有“開心”、“通血脉”的功效 ，可見本品雖然精氣神俱治，五臟皆補，但必以入心治心為主，陳修園考證仲景用人參方十七，都是汗吐下後，用人參以救陰或養陰配陽。所以病至後期，正氣大虛，尤其是有明顯傷及心或血脈者，都要抓緊時機，及早用人參。

《本經》、《別錄》又說本品“益智”，“令人不忘”，《醫學啟源》：“善治短氣…肺氣促，少氣”，李東垣：“能補肺中之氣”，藥理證實能增強神經活動過程的靈活性，提高腦力勞動功能，有抗疲勞作用，能提高免疫功能，所以人參對心、肺、腦的功能都有良好作用，治療因患新冠肺炎後，神疲氣短、無力、記憶力減退，甚至血氧飽和度不足者，最宜用之。

沙參

本品與人參都是甘微苦，都有補肺益脾胃，補氣生津的功效。兩者有何區別？首先，人參大補元氣固脫、益智寧神為沙參所無，即使普通補肺氣，人參也遠勝沙參（尤其是北沙參）；其次，人參微溫而沙參微寒，氣為陽，溫有溫養、溫煦之義，寒有清氣熱之能，張景岳說："陰虛而火不盛者，自當用參為君；若陰虛而火稍盛者，但可用參為佐；若陰虛而火大盛者，則誠有暫忌"，指出陰虛火旺忌用人參。沙參甘而能清，不礙熱邪，不論陰虛有熱，即使外感溫燥、風溫都可應用。本品益五臟之陰氣，養胃陰，故胃陰虛之口乾、胃痛頗多用之，先父亦多用本品於陰虛外感之人（見《感冒》）。

程門雪先生總結葉天士醫案，謂葉氏治燥咳，用沙參、花粉、川貝、桑葉四味尤多。潘信華先生在葉氏治陰虛氣浮引致咳逆、脈弦澀，用北沙參、霍斛、扁豆、麥冬、茯神一案中指出："此培土生金，潤燥治嗽…開後人無限治嗽法門"，於此可見沙參的一大應用。

北芪

北芪的應用十分廣泛，而且有些應用似乎矛盾，例如治療自汗與汗不出；泄瀉與便秘；遺尿與癃閉；喘咳、耳鳴與子宮下垂、脫肛；瘡瘍久不穿潰與潰後久不收斂。其實，只要明白北芪的實質，上述應用自不難理解。

本品甘溫質潤，溫養陽氣之中帶有升提，有助少陽生發之氣，升補脾氣以遂脾之性，補脾肺之中帶有固攝，用以資生衛氣之源，固密衛虛腠理之空疏，故此，衛虛腠理疏而致自汗、衛虛不能鼓邪外出而致汗不出均可用北芪，所以張錫純說："因氣分虛陷而出汗者，服之即可止汗，因陽強陰虛而出汗者，服之轉大汗汪洋，若氣虛不能逐邪外出者，與發表藥同服，亦能出汗"，又"中氣不足，溲便為之變"，故中氣不足甚至下陷，無以收攝二便以致泄瀉、遺尿，或無力推送二便以致便秘、癃閉，都可用北芪。同理，上述其餘問題都可解釋。

下面介紹一些本品為主的簡易方藥：1. 鼻敏感。常見晨起即鼻癢或噴嚏連連，或鼻流清涕，或常患感冒，以北芪甘草為主方（近代名醫黃省三常用此方，其中北芪重用至四両）（見《五味子》條），陽虛須加熟附子、細辛、鹿茸、肉桂之類；2. 耳鳴不已，伴有氣短、舌淡齒印，關脈虛，以北芪、白术為主藥；3. 空洞型肺結核或肺膿瘍後期，膿液已去，正氣猶虛，可配白芨、黃精等（見《白芨》、《黃精》條）；4. 甲亢引致心動過速和疲勞、汗多，常有氣陰兩虛的表現，用北芪、麥冬各五錢、五味子二錢煎水代茶，可減緩心律，減低代謝，對治甲亢西藥可能引起的白細胞減少也有治療作用；5. 產後無乳或乳汁稀少，亦有屬氣血不足者，多見於貧家或長期茹素淡薄者，若套用通乳方藥，則愈通愈虛，可用北芪、黃精、當歸、白术各五錢，炒白芍、川芎各二錢，連服三、四劑，每日一劑，煎水兩次代茶，或加以煲猪蹄佐膳，可獲良效；6. 老人夜尿頻多，或兼午後下肢水腫，口淡畏風，多屬氣虛，常用北芪一両、益智仁三錢、白朮五錢、糯米一小撮煲粥作早膳；7. 慢性腎炎，長期只是尿蛋白陽性，多有屬脾胃虛弱者，若有水腫，可重用黃芪，張錫純說："黃芪之性，又善利小便"，可參照真武、防己茯苓、實脾飲諸方；若無水腫，劉老有方：北芪一両、蓮肉、青皮黑豆（黑豆之一種）各五錢煎水代茶，每日一劑，其中蓮肉、黑豆可佐膳；張錫純對此有詳細論述："水腫之証，虛者居多……陽虛者氣分虧損，可單用、重用黃芪……至陰陽俱虛者，黃芪與滋陰之藥，可參半用之"；8. 癌証手術後化療期間，常出現白血球、紅血球、血小板指數過低（尤以白血球過低為常見），以致不能繼續進行化療，用西藥恢復正常血像，但時效時不效（常見初時有效，再用則無效），其中相當一部分患者表現為氣陰兩虛，可用參苓白朮散加減，常加入北芪（見第一冊《腫瘤》）；9. 肌肉痿軟無力，方書謂本品長肌肉，令氣力湧出，所以可重用本品治肉痿、下元豎舉無力、不能持久、射精不遠、因正虛而令創口久不收斂等証，近代更有治重症肌無力、中風後遺肌肉痿軟無力、萎縮。10. 糖尿病，《別錄》說它："補丈夫虛損，五勞羸瘦，止渴，益氣，利陰氣。"《日華子本草》用治"消渴"《千金方》黃芪湯，《沈氏尊生書》玉泉丸，都以黃芪配麥冬等，治氣陰兩虛的消渴，筆者以本品配白朮、蒼朮治脾氣虛的糖尿病（見《白朮》條）。

白朮

甘苦溫，健脾益氣，燥濕利水，止汗、安胎，除了書本所列的各治症外，本品還可用於：1. 治脾陽虛之糖尿病。筆者多年所見，屬脾陽虛之糖尿病其實不少，患者所出現的，都是一派脾陽虛的証狀，此時宜用大量白朮為君（白朮每劑用一両至両半）；若有濕又可重加蒼朮；如土虛木乘，加五味子或山萸肉或川木瓜，脾氣虛陷再加北芪；腎陽虛、肢冷脈沉微，加熟附子、乾薑；食滯加山楂肉；精血虛加杞子，待血糖指數下降，逐步減少西藥糖尿藥，至今已治療II型糖尿病四十例以上，都有良效，大部分患者血糖明顯下降，有約七、八例每日由服

2-3 粒糖尿丸降至每日只需半粒，有三例甚至完全不用服糖尿藥，但仍需每月服用以上中藥約 8-10 劑以維持，約 2-3 個月始停服，這三例均追查年半以上沒有復發；2. 習慣性便秘屬脾陽虛者，以白朮治大便困難，《傷寒論》已早見端倪，《辨太陽病脉証并治下》載："若其人大便硬，小便自利者，（桂枝附子湯）去桂加白朮湯主之"，劉老解釋："去桂加朮，所以健脾胃化水濕，使津液一通，大便潤下則濕化"（《教學臨症實用傷寒論》）。河間有枳實丸，用麩炒枳實，白朮，燒飯為丸，治氣不下降，食難消化（《保命集》），可倣其意，用白朮二両至四両、枳殼四錢（小兒畏苦，以川樸花易枳殼，藥量酌減），脾健濕去，胃氣和降，自然津氣來復，大便得通；3. 去死肌，長肌肉：繆仲醇說："朮燥濕而閉氣，故潰瘍用之，反能生膿作痛"，今人不辨，以為凡潰瘍皆不可用，其實仲醇所言，是氣滯濕壅之實証，相反，氣虛、陽虛之潰瘍正可用之，正如《本草滙言》所說："潰瘍之証用白朮，所以托膿"，即使陽虛氣弱，不能化陰寒濕濁之潰瘍亦可酌用，故《本經》云："主風寒濕痺、死肌"。筆者用本品配北芪治氣虛潰瘍久不收斂者，有去死肌、生新肌之效；此外，中風患者日久，陽氣大虛，固然應以北芪為主，但其中不少患者更有患肢麻木不仁，神經反射明顯減弱的情況，從中醫角度來看，朱丹溪說："麻為氣虛，木是濕痰死血"，其表現有類"死肌"，此時筆者必加入重用白朮，因為白朮既有協同北芪補氣、補脾生肌的作用，又能健運脾陽以祛濕除痰水而治死肌；4. 利腰臍間血。《別錄》及東垣都說本品能"利腰臍間血"。如朱丹溪"治婦人血塊如盤，有孕難服峻劑，用醋煮香附、海粉，桃仁，白朮、神曲"（《丹溪心法》）；傅青主女科各方，凡用白朮者，皆用"利腰臍間血"來解釋。近賢焦樹德先生以本品配枳實、莪术、神曲、麥芽、山楂核、生牡蠣、桃仁、丹參等，用於腹中癥結癖塊等（《用藥心得十講》），筆者治產後惡露不盡而用生化湯，若兼陽虛，常加入白术，乃一物兩用之意；5. 治痺証。《本經》用治“風寒濕痺”，仲景有白术附子湯治風濕相搏，身體疼煩，不能自轉側，自此之後，歷代均有以白术治痺的方子，但多數同時治虛証，所以李東垣說本品“去諸經中濕而理脾胃”，單純的風寒濕痺則較少使用，《臨証指南 · 痺》中不乏用白术治痺証的例子，基本上都同時具備兩個條件，一是久病風寒濕痺、二是脾陽已傷，或見汗出形寒泄瀉，或肢末攣痺，便瀉減食畏冷，或胃痛肢腫，遇冷飲即病，或勞倦內傷，風濕阻遏，腫痛汗出，痛仍不止，大便反滑…凡此種種，都是二者兼治。

附：劉女士，42 歲，2017 年 7 月 24 日下午診。患者前天下午因發熱、頭身痠重疼痛、腹痛泄瀉來診，服新加香薷飲加川連、雲苓兩劑，已經諸証痊愈，今早突然全身大汗淋漓，手足冰冷，微覺眩暈，心中疑惧，因而自行來診。患者神清氣爽，言語清晰響亮，口中和，血壓、胃納、二便正常，但手足撫之濕冷，右脉弱於左，舌苔白而不乾，乃仿薛生白先生意，以于潛术七錢，黨參、蓮肉、生谷芽各五錢，煎水服，一劑汗止，再服一劑痊愈。（註：此類病已治多例，大多數只用一味于潛术一両至両半，米泔水浸約二小時，去米泔水加清水煎，頓服。2–4 服即愈）

甄女士，66 歲。患者一向身體尚好，偶於 2016 年 3 月 16 日體檢，發現總膽固醇 6.96，高密度膽固醇 2.49，低密度膽固醇 3.15，總脂質 10.13，甘油三脂 2.92。3 月

21 日查空腹血糖 7.5 ，即來診治。Bp：142/95mmHg，自覺眩暈、口淡、腹脹，面色白、舌淡、邊有齒印，苔白滑，脈弦浮緩乏力，右關尤甚，處方：白术一両，蒼术八錢，山楂肉、杜仲各五錢，白芷、天麻、五味子、車前子各三錢，蘇葉、木瓜各二錢。九劑，日一服。3 月 30 日診：Bp：130/80mmHg，空腹血糖 5.8，脈弦緩乏力，右關尤甚，舌象如前，眩暈已止，上方去蘇葉再服七劑；4 月 8 日診：血壓正常。昨日空腹血糖 4.8，二診方去杜仲加北芪五錢。十八劑。4 月 29 日診：昨查空腹血糖 5.2；膽固醇、甘油三脂均正常範圍，仍覺少許腹脹，舌淡齒印，4 月 8 日方加熟附子二錢 、羌黃三錢、雲苓五錢，去白芷、天麻、木瓜，另，蒼术改為一両、山楂肉改為八錢。六劑。此後一直以此方去羌黃、車前子，加乾薑錢半，每週服五劑，除偶爾因暴食令血糖增至 6.8，其餘均在 5.8 ± 0.2，追蹤八個月，血糖一直維持在此水準。11 月 7 日，25 日，28 日，12 月 18 日，28 日血糖分別為 5.7；4.7；5.1；4.4；5.1，痊癒，停藥。追蹤至 2017 年 2 月中旬，空腹血糖一直在 4.4-5.7，同年 11 月患者因感冒來診，述近查空腹血糖 4.4，此例由始至終未用西藥。

巴戟天

《內經》說：“腎苦燥，急食辛以潤之”，本品辛甘微溫、質潤而不燥烈，不論風寒濕初起，筋骨疼痛，還是風濕日久，腎虛精虧、腰膝疼痛，甚至腰痛如折，都可使用，即使外感風寒引致筋骨痠痛用了本品亦無妨，不像其它補腎藥那樣有所顧忌。本品還有一個好處，它配伍杜仲，骨碎補，對治療跌仆損傷舊患引致腰脊或膝關節疼痛亦有效。由於多家本草說它可治大風、頭面游風、頭面中風、除一切風，有强筋骨、安五臟、定心、增志、益精等作用，故筆者常用本品加入北芪、桂枝、當歸、白花蛇等藥中，治療中風後遺症日久，正氣已虛，仍有口眼喎斜、舌歪、對答遲鈍、患肢功能減弱或喪失、肌肉痿軟麻木等症，療效勝於單純用補陽還五湯。

肉蓯蓉

甘鹹溫，質潤。功效：溫補腎陽，補精益髓，溫暖腰膝，生長肌肉，潤腸通便。本品與仙茅都能溫腎暖精，治下元不溫，陽痿，老人失溺、餘瀝不盡等症。但仙茅辛熱，長於溫散腎寒而拙於補，容易過燥動火，故不能長期使用；肉蓯蓉溫散之力雖遜於仙茅，但長於溫補益精，可長久使用。用治下列病患：1. 骨質增生。此病証多因長期氣血虧損、退化而致，尤其以頸椎、腰椎、膝、足跟最為多見。以上部位都與腎或督脉有關，腎主骨，藏精生髓，督脉貫脊，統治諸陽，所以這些地方的虛損，用肉蓯蓉正合，例如治足跟疼痛，筆者常用本品配地黃、龜板、骨碎補等；2. 骨痿、肌痿無力。小兒先天不足，五軟五遲，老人精血虧虛，步履無力，肌肉日削，中風日久，患側肌肉痿軟，重症肌無力，病後氣血虧損，肌瘦骨弱…都可用本品配有關藥物治療；3. 虛人便秘：主要用於腎虛，精血不足的便秘。腎主二便，主五液，老人或產後、大病後腎氣虧虛，津虧液少，常有小便清長、大便秘結的情況，大便的特點是乾燥成粒，如羊糞，斷續秘澀難排。這種情況在陰虛內熱也可碰到，要鑒別。本品甘溫鹹潤，藥性平和，但市面所售的質量多不佳，非重用不為功。

杜仲

本品可說是用得最多的補腰腎藥物之一，原因是：1. 藥性平和，藥源廣，價廉效佳（需較長期服用）。性味甘微溫而不燥、無毒；2. 適用於多種原因的腰痛，包括風寒濕日久、跌仆損傷日久（常配川斷、巴戟）、病後、老人、胎前、產後等，凡有肝腎不足之腰膝疼痛、無力者皆可用之；3. 效用范圍較廣：本品不但應用於一般的虛証的腰痛、腰膝痠痛，尤其可用於腰脊痛。自《本經》提出“主腰脊痛，補中、益精氣、堅筋骨”之後，很多本草都提到本品對腰脊的作用，筆者常用它與治腰椎退化疾患。此外，本品還常用治老人遺溺、小便頻數、夜尿等，又常用治肝腎不足的不孕、習慣性流產，尤其在懷孕一至三個月內作安胎之用。

粵港地區用的多是土杜仲，療效遠不及川杜仲。

補骨脂

《開寶本草》載本品“主五勞七傷，風虛冷，骨髓傷敗，腎冷精流及婦人血氣墮胎”，可見補骨脂治的是久病以致骨髓傷敗，精冷血失。筆者常用它來治腰椎退化屬於虛寒之証，常與鹿茸、鹿角霜、肉桂、製川烏、熟地、杜仲等同用，由於本品苦辛大溫而性澀，能溫壯命門之火而有收攝精血和二便作用，用治命門火衰的精冷、遺精、遺尿、久瀉、五更瀉、老年咳喘、腰膝冷痛、畏寒等証，曾用它配鹿茸、肉桂、北芪、肉蓯蓉、菟絲子等治療慢性腎炎而見蛋白尿、尿素氮和肌酐異常而屬真陽虛衰、精血虧損者，有較好效果。

“沙士”因用大量激素致骨質疏鬆，可用本品加骨碎補、熟地為基礎，辨証加其它補肝腎、強筋骨藥物，常可取效。

鹿茸、鹿角膠、鹿角霜

甘辛溫（熱），溫壯元陽、填精益髓，既有一般溫補腎陽的作用，更有補督脈之功，《別錄》在鹿茸、鹿角條下，都強調治“腰脊痛”可見非同附桂等一類補腎藥。其補督脈的作用有二，一是精血虧損所致的“無能”或“不用”，如陽痿、不育、不孕、閉經、早衰、毛髮稀疏脫落、遺尿、遺精等等，但治陽痿的功效似不及鹿鞭；二是內寒，除一般腎陽虛的畏寒、手足冷、膝冷、腳膝無力、耳鳴耳聾外，還有背寒冷，甚至頭腦內都覺寒冷。曾治一女患者，四季常流汗不止，畏風，處以桂枝加附子湯，汗雖減少而不愈，細詢之，患者謂背部常覺寒冷，雖炎夏亦然，於上方加入鹿茸一錢，連服十二劑而愈。

治背寒、腦內寒，膝以下冷、軟無力或冷痛，用鹿茸較好；治陰疽以鹿膠稍勝，臨証觀察，鹿膠對淋巴癌經化療後引致的血小板減少，骨結核屬虛寒者，似有良效；治精血虛引起的心悸、心慌、脈律不整，用黃酒烊化調服，有良效；治久崩久漏，陽虛精損者，鹿角霜、鹿膠均可，可酌配阿膠；此外，鹿角霜尚有通督脈的功效，常用於頸椎、腰椎退化之屬於督脈虛者。

關沙苑

本品甘溫而不燥，補腎澀精，長於治腎虛精泄腰痛，但須重用，每次四錢至一両（如用一両，一日分兩次煎服），本品又能益精明目，治久視傷目、視瞻昏渺等証。葉天士每用本品治肝絡虛，謂“沙苑鬆靈入絡”，又常配紫石英、歸鬚、小茴香、肉蓯蓉、鹿角霜、柏子仁等，組成辛潤通絡之劑，治療奇經之虛証，若溫養下焦，則配血肉益精之品，如鹿角、羊內腎、蓯蓉。杞子、菟絲子之類。

合桃肉

甘溫質潤多脂。由於是果仁，價廉易得，既可作煎劑，又可作食療，有烏鬚髮、潤澤肌膚、補命門治虛寒喘嗽、還有利小便、潤腸通便等功效，又與補骨脂同用，治腎陽虛的夜尿頻多、腰腳疼痛。研究表明，合桃肉能延緩大腦衰老，減緩老年人認知能力下降，還有降低密度膽固醇、降血脂等作用，實在是腎陽虛的患者，尤其是老人的恩物。

本品有化石的療效。對腎陽虛而患尿道結石，尤其是位於腎臟內的小結石如米粒大，多屬氣虛陽虛，可用補脾腎藥，另每日食用合桃肉作輔助食物。

甘草

藥理實驗證實，重用久用甘草，易引致水鈉瀦留，然而有些時候，甘草非重用（五錢以上）不為功。古方治肺癰，有單用本品四両的記載，筆者在下列情況下均重用甘草：1. 強壯心陽，以桂枝甘草湯治心陽虛的心悸、心慌，用炙甘草（病例見“桂枝”條）；2. 緩急止痛治陰血虛的腳攣急，方用芍藥甘草湯，甘草用生（見“白芍”條），此方加石斛、海桐皮等，可治陰虛挾濕之疼痛，其痛沿下肢少陽經（見《海桐皮》條）；此方加玉竹、白花蛇等治慢性腰肌勞損屬陰虛者；3. 清熱解毒生肌，治熱毒而正氣不足引致的肌肉潰瘍腐爛，久不收斂；或癰疽日久，熱毒未除而體質已虛者。4. 解草木藥中毒，曾以本品約半斤煎水（邊煎邊服）治菌類植物中毒，又以同一藥量煎水加蜜糖治生川烏中毒各一例（還有一例用生薑汁無效，改用蜜糖取效），均愈（均未用西藥）。

桔梗

桔梗一藥，前人有載藥上行、上浮等語，張錫純也說："桔梗原是提氣上行之藥，病肺者，多苦咳逆上氣，恆與桔梗不相宜"。故初學者易引起誤解，1. 以為嘔吐、咳喘、咳血等氣血上逆的病症，禁用本品，對此古人早有不同見解，如李東垣治吐証就曾用桔梗。(《活法機要》載："…脉浮而洪，其証食已暴吐，渴欲飲水，大便結燥，氣上沖而胸發痛，其治當降氣和中"。方用桔梗湯，其中重用桔梗為君藥）；葉天士治嘔吐也不忌桔梗。葉案："肺脾氣失肅降之司，食下嘔逆，吐出瘀濁，氣宣血自和，枇杷葉、蘇子、紫苑鬚、降香汁、枳殼、白桔梗"（《未刻本葉天士醫案》），嘔逆吐瘀而用桔梗，非深明其理者，安能有此膽識？此外，《臨証指南·吐血》有幾例咳血案都用了桔梗，如"邪鬱熱壅，咳吐膿血，音啞、麻杏甘膏湯加桔梗苡仁桃仁紫苑"。徐靈胎大加反對，他說："桔梗升提，凡嗽症血症非降納不可，此品却與相反，用之無不受害"，不過他又補充："桔梗同清火疎痰之藥，猶無大害"；2. 以為只用於上焦，即使與主要作用於中焦藥同用，本品也只起到載藥上浮的作用，如參苓白术散，方中桔梗只是"上浮兼保肺"；3. 與枳殼、川樸、北杏之類同用，只理解為一升一降，以宣通肺氣。在這裏，桔梗只起到"升"的作用。

要正確理解上述問題，最好還是從中醫基本理論探求。本品入藥用根，味苦辛，而且苦大於辛，應是宣降氣機為主，不單只是宣降上焦氣機，對所有氣機上逆實証都有作用，照此推斷，則肺氣膹鬱、上逆為咳為喘，脾胃氣滯，甚至胃氣上逆為嘔為噦，肝氣鬱滯為脇痛為脹，甚至上逆為胸痛、胸痞等症都可能有效。再參考各家論述。《本經》:“主胸脇痛如刀割，腹滿，腸鳴幽幽”;《別錄》：“利五臟腸胃”；《藥性論》：“治下痢，主肺熱氣促嗽逆，除腹中冷痛”;《日華子本草》:“下一切氣，止霍亂轉筋心腹脹痛”，而《綱目》又引《醫壘元戎》謂本品：“上氣加陳皮；咳渴加五味；嘔加半夏；胸膈不利加枳殼；心胸痞滿加枳實”。故《本草崇原》總結本品：“治少陽之脇痛，上焦之胸痹，中焦之腸鳴，下焦之腹滿…上中下皆可治也”，可見所治不拘限於上焦，明乎此，則對葉天士用本品治腸痺二便不通、治濕壅三焦溺不利、治噯氣狀如呃忒，甚至治自利腹痛（見《臨証指南·腸痺·便閉·肺痺·痢》），當有進一步體會。再回頭看看上述那些咳血病案，都是邪熱鬱肺所致，桔梗與清宣肺氣之品同用，有何不可？

柏子仁

甘平質潤多脂，除了養心安神、潤腸通便外，還有滋肝腎、補陰血的功效。《藥品化義》說本品“香氣透心，體潤滋血……氣味俱濃，濁中歸腎…主治腎陰虧損，腰背重痛，足膝軟弱，陰虛盜汗，皆滋腎燥之力也。味甘亦能緩肝，補肝膽之不足，極其穩當”，葉天士用本品與辛潤之藥配合治肝絡虛、腎精虧損之証，更治血熱陰傷以致筋骨痺痛（《臨証指南·痺》），其用藥根據源自《本經》和《別錄》。《婦人良方》之柏子仁丸，用治“血虛有火，月經耗損，漸至不通，羸瘦而生潮熱，及室女思慮過度，經閉成癆”， 劉老常用此方，筆者亦從之治陰血不足，挾瘀致經閉，常獲良效。
又本品治血燥生風之皮膚乾燥搔癢，為常用之藥。

便溏及濕痰患者忌用。

酸棗仁

酸棗仁應該生用還是炒用，一向眾說紛紜。就筆者數十年接觸眾多老中醫，有生用、有微炒用、有炒黑用、有半生用半炒用，各師各法。考本經、仲景之書，棗仁並無炒用之說，唐初始言炒用。至李時珍更言：“其仁甘而潤，故熟用療膽虛不得眠，煩渴虛汗之証；生用療膽熱好眠”，其說出自《圖經》：“睡多生使，不得睡炒熟，生熟便爾頓異”，但《圖經》隨即又舉胡洽及深師的酸棗仁湯，指出“二湯酸棗并生用，療不得眠，豈便以煮湯為熱乎”，可見《圖經》並不認同生熟頓異之說，不料王好古（《湯液本草》）棄《圖經》的疑問不顧，又復提出：“治膽虛不眠，寒也，炒服；治膽實多睡，熱也，生用”，時珍之說很可能來自王好古，這樣一來，後世幾成定論，即使名醫如葉天士，棗仁皆用炒黑，但筆者對王、李之說不無疑惑。首先，同是甘潤之藥，生用熟用有何區別，所以，時珍這個“故”字真是不知何故；其次，生用與熟用，真的療效如此相反嗎？且看《別錄》：“主心煩不得眠…煩渴”，該書成書之時，棗仁仍是生用，而心煩不眠、煩渴應指熱証，也就是說，生棗仁也可治膽熱不得眠。現代藥理有研究指，生和炒棗仁的鎮靜作用並無區別，但生棗仁作用較弱，久炒油枯後則失效。這說明炒後治失眠的藥物成份減少了，效果反減，至於有說“炒後質脆易碎，便於煎出有效成份，可增强療效”（《中藥學》‧全國高等院校教材新世紀二版），既然如此，生棗仁磨碎煎，不是更兩全其美？筆者初行醫之時也用熟棗仁，及後試用生棗仁，多番觀察，覺得效果也不錯，所以現在都用磨碎的生棗仁了。

龍膽草

大苦大寒，氣味俱厚，善瀉肝膽實火和肝膽濕熱，除了一般所載的應用外，尚有下列補充：1. 治風濕關節痛。《本經》：“主骨間寒熱”，常用於關節腫痛或紅腫熱痛之屬於濕熱者，尤以下肢關節更佳，（《醫學啟源》：“治下部風濕及濕熱，臍下至足腫痛”）；2. 治坐骨神經痛。坐骨神經的走向，剛好是少陽經、太陽經所過，本品瀉少陽實火或濕熱，兼入太陽經，故常用之（見《粉防己》條）；3. 治胃脘熱痛、口苦、泄瀉，《肘後方》用本品治“卒心痛”，《名醫別錄》：“除胃中伏熱，時氣濕熱，熱泄下利”，張錫純稱之為“胃家正藥”，常配川連、白芍、柴胡、枳殼、川楝子、酌加蘇葉、白頭翁；若胃酸過多，胃脘熱灼、胸如火燒，口苦咽乾、舌苔黃膩、脈弦數有力，乃肝胃濕熱鬱結，化火上逆，左金丸往往力有不逮，宜再加龍膽草、蠶沙，療效方佳；4. 治肝炎引致 SGPT 升高，中醫辨証屬肝經濕熱實証者，與生麥芽、鬱金、茵陳同用有良效；5. 治濕疹，患處常有“水珠”，抓破則滋水淋漓、搔癢浸淫，煩躁溺黃，口乾苦，舌紅苔黃膩，脉弦有力，可用龍膽草為君，配梔子、黃柏、蒼朮、生苡米、茵陳、苦參，藥渣加蘇葉煎水外洗。

粉防己

大苦大寒，有小毒，易傷胃氣，胃弱之人用量稍多，每致脘悶、嘔吐，甚或眩暈，又因廣防己對腎有毒性影響，有些醫者常對粉防己亦畏而不用，但用之得當，常有奇效。本品走十二經，善能袪濕除熱，利二便，李東垣說："防己為瞑眩之劑，然而十二經有濕熱壅塞不通及下注腳氣，除膀胱積熱，非此不可"。葉天士又說："夏熱身痛屬濕，羌防辛溫宜忌，宜用木防己、蠶沙"。筆者常用本品配黃柏、龍膽草、銀花、滑石、苡米治濕熱鬱結於筋脈、關節之紅腫熱痛；配石膏、知母、寒水石治陽明氣分實熱之關節紅腫熱痛，配黨參、桂枝（木防己湯）治體虛之關節腫痛，都收到良好效果。又用本品在防己黃芪湯、防己茯苓湯合方中，治心源性水腫、腎源性水腫之屬於心、脾、腎陽虛者，屢屢奏效。本品一般成人用量為四錢，但體質壯實而邪盛者（不少風濕熱患者發病初期屬於此類），本品可用至六至七錢，一日內復渣再煎服。

冬葵子

甘淡微寒，性滑利。能滑利諸竅，用於：1. 利小便又能通大便，治二便不通，脹滿難出；2. 陶弘景用治石淋，孫思邈用治血淋，故本品常用治泌尿系結石，尤以膀胱結石屬濕熱者較為理想，當輸尿管或膀胱的結石有移動甚至有排出跡象時加入本品，效果最佳；3. 泌尿系感染，小便頻急、淋瀝不通；4. 前列腺炎屬濕熱者，如宣清導濁湯加入本品；5.《藥性論》："主奶腫，下乳汁"，可與生麥芽（重用）同用，治乳房腫脹、乳汁不通，對乳房紅腫熱痛者，配清熱解毒散結消腫藥，甚至瀉下瘀熱方效。

茯苓

甘淡平，健脾滲濕，利小便，寧心安神。1. 常與補脾益氣藥同用，既可增加補脾益氣作用，又因其淡而能滲，有助於陽氣的流通，因而令補藥不致呆滯，避免脾虛氣弱，容易生濕的弊端：2. 治療痰飲。治痰飲大法，以溫藥和之，從小便去之。本品健脾有助水濕運化，加以淡味滲泄，令飲邪從小便排去；3. 為分消三焦之要藥。本品色白入肺，甘味補脾，淡滲通陽泄濕，通行三焦，有助於三焦氣機流行，水濕分消，水道通暢。若痰濁伏留於經絡亦可藉此袪除；4. 治泄瀉、黃疸、水腫，兼有滲濕和健脾雙重作用，是很穩妥的治泄瀉的藥物，寒熱虛實的泄瀉，只要有濕都可重用，治黃疸主要在濕重的時候多用些。本品亦治泌尿系感染，但筆者較喜歡用於體虛的慢性患者，此類患者，往往用抗生素無效，體質較虛，脉象多有不足，可據具體情況，分別用六味地黃湯；知柏地黃湯；四苓芩芍湯；北芪、白朮加茯苓、生苡米、粟米鬚等方而取效，治療水腫，主要用於脾虛濕勝者，但兼有其它臟腑虛弱亦可用，如真武湯，另外，筆者治療暑風行於腸胃的洞泄不止，儘管患兒已至明顯失水，仍重用茯苓至一両，因為暴瀉至此地步，脾胃必傷而濕濁未除，本品雖滲濕而帶補，故於正氣無傷，又有開支河的作用；5. 心悸。本品可用於多種原因的心悸，但似乎有心脾虛或有痰的情況為好，兼有寧神定志的作用；6. 作引經藥用。葉天士說："茯苓入陽明，能引陰藥入於至陰之鄉"，所以他用茯苓配引質靜填補肝腎精血的藥物以治吐血（《臨証指南・吐血》）。

本品雖有補益作用，但淡味滲泄，故氣血太虛者，畢竟慎用為宜，丹溪云："仲景利小便多用之，此暴新病之要藥也，若陰虛者，恐未為相宜”，此外，淡滲久服，於陽虛氣弱無濕者也不妥，故補中益氣湯、保元湯、升陷湯之類就沒有本品。

茯神長於寧心安神。近賢潘信華先生說：“天士於陰傷諸病，頗多用茯神，蓋有深意寓焉。陰虛津虧則必內熱神躁，而煩躁不寧則愈傷陰增內熱，病有進無退…故天士須臾之不離茯神也”（《未刻本葉天士醫案發微》），茯神雖不如茯苓之淡滲，但查葉氏用茯神諸案，必與養陰藥同用以治其本，則不論新暴久病俱可用矣。

薏苡仁

甘淡微寒，氣味俱薄。甘能補脾胃之虛，淡能滲泄氣分之濕，寒能清熱。上世紀五十年代末，一位胡姓老翁抱著他的兩歲多的小孫子找筆者的父親求治，說他的孫子出生後就經常生病，近日由港送來廣州由他一人撫養，小孩面黃肌瘦，經常不吃東西，小便黃，大便稀爛。父親囑咐他用淮山、芡實、生苡仁各研末，每日輪流用其中一味約兩湯匙，加小量米煲粥作早餐，上述藥粉隨年齡漸加，可改為原藥煲米粥，結果小孩在廣州期間身體健康，從不生病，直到小學畢業才回香港，筆者認為，上三味藥純甘平和，以健脾益胃為主，實質脾、腎、肺俱補，又可滲濕，正適合嶺南卑濕之地。其中薏苡仁一味，《綱目》說：“健脾益胃，補肺清熱…能勝水除濕”，所以對該小孩十分適合。筆者曾用此法治過數名小孩，效果很好。

本品治面部的扁平疣、濕疹，包括主婦手，都是重要藥物，但必須注意配伍，不可偏執於某一方。

《本草衍義》認為“因熱而拘攣也，故可用薏苡仁，若《素問》因寒即筋急者，不可更用此也”，其說固是，《本草正》又說：“以其利濕，故能利關節”；《本草經疏》：“主筋急拘攣不可屈伸及風濕痺，除筋骨邪氣不仁”；父親常據上述各本草之意，用本品配膽草、防己等治療濕熱引致腿腳筋骨關節拘急疼痛，屢收顯效（見《防己》條）。若陰虛血虛所引起的攣急則忌用，陽氣虛不能柔筋所引起的攣急更應禁用。

苡米配北芪，既可加強利尿，又可益氣，故筆者常以此配合治慢性前列腺炎、前列腺肥大屬於氣虛排尿困難、尿後反滴等症。

本品治肺癰、腸癰，有消癰排膿之功，但對肺癰、腸癰的痊癒期，即癰膿消除後還可不可以用？筆者的意見是還可繼續用，不過，不是配合消癰排膿藥，而是配扶正的藥物而已，因為如前所說，苡仁畢竟有補脾肺的功效，即使祛邪，但“不至損耗真陰之氣”（《本草新編》），所以繼續用一段時間，有利無害。

由於本品有利水、治熱淋的作用，《本草經疏》又說：“凡病大便燥，小便短小…忌之”，所以很容易令人以為大便燥結者不可用之，其實通過臨床可知，本品生用，只對濕熱泄瀉或脾虛濕盛泄瀉有效，而對排便困難的一般患者，並無收斂或加重便秘的副作用。

孕婦禁用本品。《飲食須知·元·賈銘》：“妊婦食之墮胎”。

滑石

本品甘淡滲濕，又能利尿，清熱解暑，而古人又有“治濕不利小便，非其治也”，以及“治暑之法，清心利小便最好”等說法，所以一些初學者把滲濕和利小便等同起來。其實兩者的含義是不同的。《別錄》說滑石“通九竅六腑津液，去留結”，《湯液本草》指出本品：“淡味滲泄為陽，解表利小便也”，李時珍也說：“滑石利竅，不獨利小便也，上能利毛腠之竅，下能利精溺之竅。蓋甘淡之味，先入於胃…上輸於肺，下通膀胱，肺主皮毛…膀胱司津液…故滑石上能發表，下利水道…發表是燥上焦之濕，利水道是燥中下之濕”。《本經》也說本品“主身熱泄澼，女子乳難，癃閉，利小便，蕩胃中積聚寒熱”，都指出滑石能通竅絡，滲利諸竅之濕疏通積結，並非只是滲利小便一途而已。

由於滑石能解暑、分利三焦水濕，所以對暑濕泄瀉，即王孟英所說的暑風行於腸胃的洞瀉高熱有非常好的療效。本品又善治濕熱困阻引致的頭脹重如裹，身體肌肉痠重疼痛、甚至發熱。此外，對輸尿管、膀胱結石屬濕熱實証者，本品也是常用藥物。

劉河間把滑石作為解肌，治療肌表熱邪怫鬱的最重要藥物之一。筆者治療風濕熱痺屬濕熱者，常倣宣痺湯法，以滑石、粉防己、生苡米為主。

金錢草

今人多用治膽結石、泌尿系結石，每次用量多超過一兩，新版《中藥學》也說乾品常用可用至二兩，而且不少患者是連續服用多劑。究其原因，這些病多為慢性，非一兩劑可愈，而本品味甘淡無毒，現代藥理亦證實本品毒性甚小，能明顯增加膽汁分泌，有利於泥沙樣結石排出，又有顯著利尿作用，所以醫者樂用。然而臨床所見，有些患者長期服用，會有眩暈、無力的感覺，可能因為性寒淡滲，過用損傷正氣。一些初學者往往只注重現代藥理所載，不自覺地忽略了某些患者體虛，尤其是陽虛體質，盲目長期使用本品，不知正氣愈傷，愈無力袪邪以排出結石；本品對膀胱結石和泥沙樣膽石屬濕熱實証者，療效最佳，對輸尿管結石不超過 1 ㎝者，根據體質加減，效果還可以，而對位於腎盂腎盞的結石，或在膽管過大的膽石，幾乎無效。

就治結石而言，四川金錢草比廣東金錢草的效果較好。

苦參

本品清熱燥濕，殺蟲，利尿，常用治下列各病証：1. 治痢疾。雖然藥理已證實，本品與白頭翁、黃連、黃柏、秦皮等對痢疾桿菌有抑制作用，但歷代方書多認為本品長於治血痢。臨床所見，本品只對濕熱血痢有良效，而對瘀熱血痢，則以大黃為優，對虛寒之血痢，則以肉桂、當歸為要藥，此際忌用苦參；2. 治帶下陰癢、黃帶、陰戶口癢甚，可用稀釋的高錳酸鉀溶液外浸，或用中藥苦參、地膚子、黃柏、枯礬、蛇舌草煎水外浸，每日 2-3 次，每次 15-20 分鐘。此時若單純內服中藥而不浸洗，效果不好；3. 治濕疹。以治濕熱實証效果為佳，若是其他類型則寡效，不如不用；4. 治療痔瘡下血（見《痔瘡心得》一文）。

《本經》謂本品治黃疸，《肘後方》及豬肚丸都用來治療穀疸，葉天士更重用之，並解釋其病機：“夫熱則消谷，水穀留濕，濕甚生熱，精微不主四佈，故作煩倦，久則痿黃穀疸”。

《本經》又謂本品治“溺有餘瀝”，筆者用它和土茯苓，加入宣清導濁湯中，治前列腺炎屬於下焦濕熱者，若已鬱結為瘀，再加琥珀、兩頭尖、廣東王不留行，有良效。又可根據同一醫理，用治膀胱癌和睾丸癌。

由於本品大苦大寒，影響脾胃，所以對內服用量，有不同意見。有的甚至不敢內服，但也有人認為每服 5-7 錢方有良效。曾見成人患者，每劑二錢，已見脘悶嘔吐，甚至眩暈，但也有每服 4-5 錢也沒有副作用，理論上和脾胃虛弱與否有關，但臨床觀察又不盡然，愚見不如由小量開始，慢慢加重。

茵陳蒿

苦微寒，清利濕熱，尤其是血分之濕熱；本品是治黃疸專藥。治陽黃濕熱瘀結、腹微滿，與大黃、梔子配伍，濕重熱輕，小便不利，與五苓散配伍，若有外感，與藿香、連翹配伍；初生嬰兒患生理性黃疸久不愈（雖“照燈”亦無效）者，每日以本品一両加水適量煎至六至八安士，調入葡萄糖適量，加入奶水中，分多次服，直至黃疸退盡為止，間有陽氣不足者，需加白术；治初生嬰兒不完全阻塞性黃疸，以本品五錢、熟附子一錢、白术二錢，水一碗半，慢火煎得五安士，再加入葡萄糖水調製成八安士，一日分四至六次，奶水調服。

《本草正義》說本品“蕩滌腸胃，外達皮毛，非此不可，蓋行水最速，故凡下焦濕熱瘙癢，及足脛跗腫，濕瘡流水，並皆治之”，其中濕熱瘙癢，濕瘡流水這八個字是運用本品治濕疹的辨証關鍵，不必限於某一部位。

本品又名綿茵陳，與粵港常用之土茵陳比較，前者味較苦，腸胃濕熱泄瀉、黃疸較為多用；後者氣較芳香，上焦之濕熱較為多用。

濕熱之邪流連三焦不解，發熱不退者，土茵陳有良好透解作用。

秦艽

辛苦微寒而質偏潤，故袪風除濕清熱而無傷津劫液之弊，有柔潤熄風之能，稱為風藥中之潤劑，《別錄》謂“療風無問久新，通身攣急”，與臨床甚為吻合，不但一般風濕熱痺可用，而中風不論新久，不論口眼喎斜或偏癱，不論真中類中，只要偏於實証皆可應用，但以真中效果較佳；本品又善治黃疸，孫思邈用治“皮膚眼睛如金黃色，小便赤”，《肘後方》引正元廣利方“療黃，心煩熱，口乾，皮肉皆黃”，都是重用本品加牛乳，或再加芒硝，筆者曾重用本品一両，加赤小豆、元明粉、綿茵陳、鮮麥芽，另吞服白礬末膠囊（見《白礬》條），治癒一例年齡十多歲的重度黃疸（急性乙型肝炎四月餘不愈，全身皮膚金黃色鮮明，轉氨酶 1000 以上），辨証屬濕熱鬱結成瘀熱而又陰虛便秘患者，因病例不多，只供參考。

筆者又倣秦艽白朮丸意，常用本品配白朮、赤小豆、黨參等、治療久痔下血，氣血已傷而又便秘者，甚有良效（見《痔瘡心得》）。

此外，本品又常用於骨蒸潮熱羸瘦之人，今之肺結核、紅斑狼瘡証、類風濕關節炎，常有用之。

萆薢

苦平，分清去濁，治小便混濁、白帶。周公有一方，治小兒小便排出過了一段時間，尿液即混濁不清，或見白色沉渣甚多，用本品配燈芯花、淡竹葉、甘草、益智仁、芡實；《本經》載本品“主腰背痛，強骨節，風寒濕周痺”、《別錄》：“關節老血”，可見本品善治腰脊骨節之勞損並有瘀血。筆者常據古方金剛丸（萆薢、肉蓯蓉、菟絲子、杜仲）及劉老經驗，配骨碎補、鹿含草、黃精等，治腰骶骨退化引致腰腿疼痛無力，尤其有痺証日久病史者（選加製川烏、龍膽草、毛冬青、土鱉）。若頸椎 4-7 退化，還需據具體情況應用（見《羌活》條）。

鹿銜草

又名鹿含草。甘苦微溫，是劉老最喜用的祛風濕藥之一，認為它藥性平和，屬強筋健骨的平補之品，除了用於腰腿疾患外，還常與玉竹、牛膝、寄生、苓、术、芍、草配伍，治療上肢尤其是肩部痠痛日久，活動不靈者。

本品止血而不留瘀，善治虛勞咳嗽，筆者常以之配伍降香、鬱金、海石、藕節（或藕汁）、蒲黃、白芍等治療支氣管擴張咳咯痰血，熱加黑梔子、生地、魚腥草；寒加祈艾、薑炭；體虛痰少而血不止，本品配白芨、北芪、黃精、生苡米、降香。

此外，冼平老師喜用本品配川貝、芒果核治日久咳嗽不止，屢有良效，供參考。

羚羊角

甘寒，一說鹹寒，但煎水服之無鹹味，抑或某地出產的羚羊角有鹹味，則未可知。宋代以前，本品主要用於清熱解毒，尤其清肝經實火，常與龍膽草、升麻或犀角或草決明之類同用，治木火相煽之抽搐、昏譫、狂躁、高熱、斑疹，或肝火上炎之頭痛、目赤腫痛、翳障，木火刑金之咳嗽。臨床所見，小兒高熱用了本品，雖然高熱，也沒有抽搐發生，所以可收退熱和預防抽搐之效。清代以後，本品較多用於平肝熄風，取其平肝鎮驚解痙兼泄肝之用，治肝陽上亢或化風之頭痛、眩暈、耳鳴、驚悸、癲癇，肝熱之脇痛、黃疸，血熱妄行之出血。

對治療多種頭痛，如偏頭痛、三叉神經痛、神經性頭痛、高血壓引致的頭痛、急性青光眼引致的頭痛等等，只要有肝經實熱的情況，例如脈弦有力、舌紅口苦口乾等，均可用本品治療，常獲良效，非其他藥物可代替。

筆者曾以本品作動物實驗，初步認為有良好而迅速的降谷丙轉氨酶的作用。

近賢冉雪峰先生認為本品和犀角一樣，能入腦入心，“能開熱閉、散熱結以宣之”，因此，筆者認為它對於熱邪深入，鬱結於心腦，影響到元神、神志、心智、精血等病患，應有殊功，曾用本品為主藥治療數例敗血症、病毒性腦炎（不用西藥），均獲治癒，此數例從中醫角度，均屬氣血兩燔、心肝實熱。

治療肺癌、淋巴癌之屬於熱毒者，本品與牛黃似為主藥。

另外，《別錄》說本品“主溫風注毒伏在骨間”，孟詵：“主中風筋攣，附骨疼痛”，《綱目》亦說“經脈攣急，歷節掣痛，而羚角能舒之”，臨床觀察，本品對透解四肢筋骨伏熱，確有良效，但是這一作用亦可用羚羊骨代替。羚羊骨善治熱痹之筋骨疼痛，若其病在少陽經，效果更好，用量五錢至一両，先煎。本品亦有降谷丙轉氨酶的作用，但不及羚羊絲。

鈎藤

甘涼，輕清疏解，善治肝風、清肝熱，是治肝陽化風的常用藥，更是小兒科常用藥，歷代醫家均喜用之，如陶弘景、甄權、錢仲陽、陳飛霞等名家、大家均有用本品治小兒的專方。《本草正義》說：“蓋氣本輕清而性甘寒，最合於幼兒稚陰未充，稚陽易旺之體質”。小兒每多外感風熱、肝熱風動抽搐，驚啼、夜間煩躁不安等症，可配蟬退、竹心、狗肝菜、孩兒草、白芍、珍珠母。今人多用治肝熱之高血壓頭痛眩暈，因現代藥理亦證明有降壓作用。李時珍說：“鈎藤久煎則無力”，《本草匯言》進一步解釋：“俟他藥煎熟十餘沸，投入即起，頗得力也”。確是經驗之談。

《本草征要》認為本品可“舒筋”，《本草述》亦載本品治“一切手足走注疼痛，肢節攣急，又治遠年痛風癱瘓，筋脈拘急作痛不已者”。江世英老師善用鈎藤根治風濕手足疼痛之屬於風熱者，用量為一両，效果很好，筆者據此意，用鈎藤加葛根、海桐皮、桑枝等治肩頸痛之屬於風熱者，效果良好。

天麻

味甘微辛而質潤，藥性平和，善能祛外風而通經絡，達肢節；息內風又平肝陽，止眩暈，定驚搐。廣泛用於中風、急驚、慢驚、癲癇、頭風、頭痛等証，對有風痰上擾的患者尤佳。由於甘潤，本品尚有一些補益作用。《本經》："久服益氣力，長陰，肥健"，《日華子本草》："助陽氣補五勞七傷"，《藥品化義》："肝病則筋急，用此甘和緩其堅勁，乃補肝養膽，為定風神藥"，前人盛贊它治虛風之功，也寓補虛緩急之意。

天麻需經炮製，否則容易中毒，筆者行醫逾五十年，碰見兩例服未經炮製天麻即煎服，因而眩暈嘔吐、出藥疹的患者，不可不注意。

牛黃

苦涼清香。善治竅絡之熱痰與瘀蘊結之實証，並有清心透腦、涼肝息風之功。除了治溫熱病痰熱閉竅的神昏譫語、中風及中風後遺証外，還可用於：1. 痰熱互結的癲狂；2. 大葉性肺炎見咳痰黃稠帶鐵銹樣血，甚難咯出、咳聲如犬吠者，可於當用方中加青天葵、竹瀝；3. 肺癌咳痰黃稠或帶血絲、脈滑有力者，可加羚羊絲、花蕊石、鬱金、梔子、鮮藕汁、竹瀝、半夏（注意用法及用量）等，若服後每天吐出大量黃稠痰而精神轉佳，是吉像；4. 肝癌脈弦滑，脇痛痰多者、淋巴癌屬痰瘀熱互結者，每服五厘至一分；5. 急性扁桃腺炎，甚至化膿，用本品一分、真冰片末一分、珍珠末五分混和吹噴於患處，一日 3-4 次，另用山豆根一両煎水含漱，一日數次，可速愈。

白花蛇

甘鹹溫、小毒，祛風通絡，通關透節，搜剔筋骨竅絡之風：一 . 治中風日久，半身癱瘓，口面喎斜，手足麻木拘攣，本品配合補益藥，常有奇效；二 . 治濕疹日久，正氣虛弱，皮膚乾燥搔癢，本品在扶正氣藥的治療基礎上，有很好的祛風止癢作用；三 . 慢性腰肌勞損，在補益腰腎的基礎上，加入本品，有很好的祛風通絡止痛作用，若缺此藥，其效大減，甚至無效；四 . 手部肌肉筋腱慢性勞損疼痛，如網球肘、腕管綜合征、肩周炎，本品常可作為輔助之祛風止痛藥；五 . 治牛皮癬。多家本草均肯定本治“疥癩”、“遍身疥癬”的功效。有一類頑固性牛皮癬，乾燥奇癢無比，屬陰虛血燥、風毒深入，“諸藥不能及”（《本草圖經》語）者，以本品配全蟲、製川足、炮山甲、露蜂房、西洋參、甘草治療，有良效；六 .《本草匯》：“治雞距風、筋爪拘攣，肌肉消蝕者”，据此記載，用治類風濕關節炎，局部關節已拘攣變形疼痛，常可減輕關節痛楚，若易以烏梢蛇則療效大減。

川足

辛溫性燥、小毒。諸家所論，以張錫純最佳。他認為本品“走竄之力最速，內而臟腑，外而經絡，凡氣血凝聚之處皆能開之，性有微毒，而轉善解毒；凡一切瘡瘍諸毒皆能消之；其性尤善搜風，內治肝風萌動；外治經絡中風、口眼歪斜、手足麻木”，今人有喜用本品治癌，說是以毒攻毒，雖然不能說沒有一點依據（如《日華本草》：“治癥癖”）但效用成疑：筆者用治腰脊疼痛，尤其是椎間盤脫出，覺得它有較強止痛作用，但不能持久，須根據腰脊痛的具體情況治其本，療效方顯，例如血瘀配田七、蘇木；腎陽虛，配右歸飲之類；治中風偏癱，手足麻木不仁日久，甚至拘攣者，有搜風通絡之功；成人用量一次不宜超過三條為宜，並且要注意，個別患者有過敏反應，要及早停藥，可試用（焗服）藏紅花，其毒可解。

全蠍

《本草衍義》說：“蝎，治小兒驚風，不可闕也”，曾見羅元愷老師治一小兒，患泄瀉一月餘，每日瀉下稀糞水五六次至十餘次不等，面色青白、偎依母懷，狀甚疲倦，指紋沉青開丫，老師問：“患兒糞便常帶青綠色否？起病前曾受驚吓否？”，其母答：“患兒起病前確因鄰舍燃砲竹後即發病，至今夜間仍然常常無故驚叫，大便亦如所言”，老師說：“這是驚瀉”，處方四君子湯加全蠍一錢，兩服痊愈，可見老師是真正能用全蠍者。

本品善能搜剔經絡、孔竅的風痰而有定驚止搐止痛作用。三叉神經痛的發作部位與少陽經有關，臨床所見多屬實証，於當用方中加入全蠍、羚羊角，有很好的止痛作用。中風後遺証有屬於風痰阻絡者，其脉多滑，全蠍不可或缺。葉天士用本品治頑固性頭痛，今人每每用來治發作日久的風濕痺痛、類風濕關節炎的關節疼痛，甚至腰脊椎移位引致的疼痛，其使用理據也與上述作用有關。

感冒愈後，仍然鼻塞、痰多、喉癢甚、耳聤甚至耳聾，多因痰濕阻於經脈、孔竅所致，可予除痰方如溫膽湯加麻黃、全蠍、蟬退，或再加僵蠶，三兩服即愈。

吳茱萸湯治頭痛，內有久寒加芎、歸，若加入全蠍或川足，止痛效果更理想。

《開寶本草》用本品“療諸風癮疹”、臨床所見，有一類頑固濕疹患者，局部皮膚乾燥、顏色深暗，甚至甲錯、增厚、搔癢不止，可用活血化瘀藥加全蠍、白花蛇、製川足、土鱉等，常有奇效。

個別患者服本品後有皮膚過敏現像，即需停用。

僵蠶

鹹辛平，祛風化痰散結，善治風痰阻於咽喉，喉中甚癢（須排除因鼻水倒流、及血虛生風等因素刺激咽喉而致），根據寒熱不同，分別配伍細辛、炮薑、牛子、生訶子、玄參之類，王貺謂：“凡咽喉腫痛及喉痺，用此下嚥立愈，無不效也”；若治面癱，須待發病三、四日後用之方妙，用量二至三錢，須洗去粘在表面的石灰，方可用（見《大青葉》條）。

蛇床子

辛苦溫，性燥，小毒。《本經》：“主男子陰痿、濕癢，婦人陰中腫痛，除痹氣，利關節”，《大明本草》：“去陰汗、濕癬、赤白帶”。筆者據此意用治：1. 治白帶陰癢，加入完帶湯中，每次用量三錢，若陰戶腫癢，可洗浸（方見苦參條）；此法亦治陰囊搔癢，治濕疹，這類濕疹以濕、水淋漓，搔癢夜甚為特點，可於當用方中加入本品。；2. 治“香港腳”，見《黃精》條；3. 治陽痿，與溫腎壯陽藥同用，須配益精血之藥，方能減少溫燥之性，而且藥效持久。

白礬

酸澀寒，治濕熱鬱結發黃，其黃疸日久不退，可用白礬末一分，裝入膠囊中，每次服一分，日三服，連服六日為一療程，休息 1–2 日，再服另一療程，約 2–4 療程可愈。也曾稍減此份量（日三服改為日兩服）加入蠲飲六神湯、鬱金等方中，治數例癲癇脉滑痰多、體壯患者（不用西藥），初步觀察，可大大減緩發病期；枯礬外用治陰癢、濕疹、香港腳，痔瘡，方法見《黃精》條及《痔瘡心得》一文。

半夏

阮君實老師晚年授筆者一方，治療聲帶增厚和聲帶瘜肉，療效很好：生半夏（打碎）四錢、生甘草三錢、桂枝三錢、桔梗四錢、麥冬六錢、黨參三至五錢、大棗（擘）三枚，水煎 50-55 分鐘（務必保證煎煮時間）。頓服，緩緩咽下。每日一服，連服 8-12 劑為一療程。注意：1. 本方為成人量。 生半夏打碎即可，不必如幼粉狀；2. 個別瘜肉嚴重者，初服時，咽喉有少許收緊不舒服的感覺，半小時內可自行緩解，為安全起見，可囑患者預備生薑汁小半碗必要時服。第二服以後，這些反應即可消除；3. 治療期間，患者應注意保護聲帶，不要令聲帶疲勞，不要吃辛辣刺激聲帶的食物。阮老師說，他已治療八十多例，全部無不良反應，患者都不用服生薑汁。筆者遵循恩師教誨，至今已治療 140 例以上，也是全無不良反應，全部不用服生薑汁；治癒率約為 85%，治癒的主要標準是：復檢證實聲帶瘜肉消失，患者聲音恢復正常；4. 生半夏以三葉半夏為正品，效果也最佳，若土半夏則療效不保証。

上方綜合仲景甘草湯、桔梗湯、苦酒湯、半夏散、麥門冬湯等治療咽喉疾患的方子加減而成。熱重，減少桂枝用量直至去掉;寒重，減少麥冬用量，加炮薑五分至八分;半夏是君藥，《本經·半夏》：“喉咽腫痛”，苦酒湯治“少陰病，咽中傷，生瘡，不能語言，聲不出”。半夏在這裏必須生用方效。若形羸或少年，可酌減至三錢，煎煮時間亦減為 45-50 分鐘。生半夏的毒性作用主要是對眼、咽喉、胃腸等粘膜的強烈刺激，使人嘔吐，所以很多醫者都不敢生用內服，但是，他們忽略了一點，一般認為，半夏的毒性成分不溶或難溶於水，據《中藥材》（1987，(4)：37）載："生半夏含毒性成分，'令人吐'，'戟人喉'，此成分不溶或難溶於水，而有效成分則溶於水"；半夏催吐成分不溶或難溶於水，加熱可破壞（引自《中藥大辭典》半夏條、江蘇新醫學院編、1977 年 7 月第一版），《中成藥》（1988，(7) 18）更指出："生半夏和製半夏的湯劑雖用至 100g/kg，均未見任何毒性反應，說明煎煮，可使生半夏的毒性大為降低"，所以只要嚴格遵守上述用法用量，內服其水溶液是安全的，數十年所治患者，有兩人竟咯出如米粒大肉狀物，病患霍然而愈，其理似不可解，錄以存疑。需要強調的是，未經煎煮的生半夏切忌內服。

生半夏的散結作用，還表現在治療其他很多疾病上，例如甲狀腺囊腫、乳腺增生，甚至乳癌、肺癌、食道癌，只要辨証屬痰凝結聚，原則上都可用本品煎服，煎法用量如上，其效果比用製半夏要好得多。即使用作降逆止嘔，也是生半夏作用為優。至於用作一般燥濕袪痰之用，用製半夏就可以了。

《本草綱目》載："半夏，孕婦忌之"，"墮胎"，但仲景卻用乾薑人參半夏丸治妊娠嘔吐不止，雖然可以用"有故無殞"一語來解釋，後世如《藥征》等亦據此反駁《綱目》，而且，臨床所見，用薑製半夏治妊娠惡阻，一般份量並未見墮胎，然而現代藥理證實，半夏蛋白可引起流產，動物試驗證明半夏蛋白是抑制小白鼠早期妊娠的有效成分（《中藥化學》）。所以，對習慣性流產者，還是慎用為好。

北杏仁

微苦，質潤多脂，小毒。苦味降泄，能降氣止咳、祛痰，潤腸通便，常用於肺氣膹鬱引致的胸痺、痰多、咳喘、喉痺，或腸燥便秘等症，又常與辛散、宣通肺氣藥物配伍，如麻黃、香薷、蘇葉、薄荷等，以發越、宣降邪氣，治療外邪犯肺，肺竅閉阻、肺失宣降、甚至上逆，而見寒熱、咳喘等証。北杏的降泄作用還用於：1. 分消三焦，治濕阻三焦、氣機不暢之証，如葉天士所說："（溫病）邪留三焦…分消上下之勢，隨証變法，如近時杏、樸、苓等類"，吳鞠通引葉氏所說："肺主一身之氣，氣化則濕亦化"，代表方如三仁湯、藿樸夏苓湯、宣痺湯、三石湯等；2. 減輕某些藥的副作用，葉天士說："夏月氣閉無汗，渴飲停水，香薷必佐杏仁，以杏仁苦泄降氣"，"香薷辛溫氣升，熱伏易吐，佐苦降如杏仁、川連、黃芩則不吐"；3. 治療因肺氣痺阻而引致的大便不通，在這方面，利用了北杏降泄肺氣和質潤多脂，有助於潤腸通便，常與蘇子、紫菀、杷葉、枳殼等配伍（見《枇杷葉》條）。

紫菀

苦辛甘微溫，質潤而不燥不滯，長於潤肺除痰，下氣止咳止血。多用於肺虛咳嗽，但在解表散寒藥的配合下，雖有外感風寒咳嗽亦可用。本品單味重用，即有潤肺通便作用，但與蘇子、枳殼等同用，則通便之力更佳（見《枇杷葉》條）；若與細辛、款冬花、麻黃等同用，可用治寒飲咳嗽；本品兼入血分，孫思邈用之治尿血；《別錄》："療咳吐膿血"；又，紫菀湯，與阿膠、川貝、知母等同用，可治陰虛勞嗽痰血。

款冬花

本品質溫潤，長於潤肺止久咳，有少許舒張氣管，緩解氣管痙攣及略帶麻醉作用，患者即使煎水呈霧化吸入，亦可收咳喘減緩之效。但外感風寒初起，需要和解表散寒藥同用，單獨使用的機會很少，

款冬與紫菀雖然都味甘而質潤，都能用於新久咳嗽，但款冬溫性較大而苦降之力稍遜，又因微有麻醉氣管的作用，所以寒咳久咳而常喘鳴的肺氣不足患者，用款冬花較多，而潤腸通便和治療咳血、尿血的機會較少。

貝母

川貝、浙貝均能清化熱痰、散結消腫。但川貝甘味大，苦味小（有的川貝甚至無苦味），性微寒，偏於甘潤而解鬱結，《本草別說》謂："能散心胸鬱結之氣"，丹溪證實這一功效"殊有功"，所以葉氏亦常用之（見《枇杷葉》條）。肺燥咳嗽，或虛勞咳嗽而帶有氣鬱不暢者更為適宜，若小兒燥咳，可用蜜糖燉川貝末；即使肺燥乾咳久咳無痰，亦可用本品加百合、桔梗、枇杷葉、甘草，少量陳皮、法夏，一兩服即愈，可見此時川貝並非除痰，而是潤燥解鬱，令肺燥引致膹鬱的咳逆得以緩解；浙貝苦寒大而甘味小，故泄熱散結消癰之功大於潤肺，常用治肺癰、熱痰膠結。亦常用治陰虛火旺、痰熱鬱結之瘰癧，研末，每日用一小湯匙沖服，或加少許蜜糖燉服，效果遠勝煎劑。也可用治熱毒瘡癰，取其清熱解毒散結之功。

百部

對本品的藥性，前人有不同見解，《本經》認為是微溫，程鐘齡及近賢焦樹德先生等皆遵之，反對者亦不乏其人，如甄權、李東垣等皆認為是寒性，繆仲醇更明確指出："百部根正得天地陰寒之氣，故蜀本云微寒，日華子言苦，若本經言微溫者誤也"，以筆者臨床愚見，本品味甘微苦而質潤，作平性似更恰當。對肺燥氣傷，咳逆上氣者最適合。咳嗽不論新久，只要符合上述病機，經過適當配伍便可以使用，本品還可用於：1. 百日咳，可用本品五錢至一両（視年齡、體質而定）燉蜜糖適量，一日內不拘時，分多次服完，連用 7-10 日，大多數患兒可愈；2. 淋巴結核，本品配黃精，然後據具體情況，選加柴胡、北芪、玄參、川貝、浙貝、麥冬、黃芩、夏枯草；3. 咳嗽不論新久寒熱，凡有肺虛者皆可考慮加入。例如有一類平素氣虛的患者，因久咳令肺氣更損，咳嗽夜甚，痰白而粘，難咯，大便困難，面白，舌淡苔白，不能服寒涼或溫補陽氣的補肺藥，此時惟有在補脾益氣的基礎上，加入潤肺而性平和之品，如百部、川貝、紫菀、款冬花、蘇子、南杏、百合、炙甘草之類，酌加靈芝，效果理想。4. 治蟯蟲，以本品一両至両半，煎水，於睡前浸肛 10-20 分鐘，連用七天，可愈，如能加上保留灌腸，效果更好；本品又治香港腳，見《黃精》條。

至於用治頭虱、陰道滴蟲等，見有關報導，不贅。

訶子

苦酸澀微寒，生用清而斂降，煨用去其寒而增收斂之性，故煨後用於久嗽、久瀉、久痢等証。但對於生用，一向有不同意見，大多數學者主張有外邪、尤其是外感咳嗽不能用，如李東垣直言“嗽藥不用”，李時珍修改為“咳嗽未久者不可驟用”，但筆者對此說有些懷疑。

本品首載於《藥性論》：“味苦甘，通利津液，主胸膈結氣…”，既無酸澀，更無收斂之語，反而既通且利而治結氣；再看《本經逢原》：“清金止嗽”；《藥品化義》：“訶子能降能收，兼得其善，蓋金空則鳴，肺氣為火邪鬱遏，以致吼喘咳嗽，或至音啞，用此降火斂肺，則肺竅無壅塞，聲音清亮矣”，都說本品有清肺或降泄肺熱的功效，是肺有實熱的咳嗽也可用了。再看看古人的具體應用。《宣明論．訶子湯》，以訶子、桔梗、甘草、童便組成，治失音不能言語，並沒有說初起或因外邪引起的失音不能用；《經驗方》以“生訶藜一枚含之咽汁，治嗽，氣嗽久者亦主之”，也就是說，氣嗽不論新久都可用。藥理證實，本品對多種細菌、真菌均有較強抑制作用，並有訶子肉、瓜蔞、百部治大葉性肺炎的報道。由此可知，生訶子清肺止嗽開音的功效是肯定的，只要是肺熱，並不在新久。

筆者用生訶子配鹹竹蜂、蟬退、千層紙，加入麻杏甘石湯中，治外感風熱失音、咽喉腫痛、咳嗽；用本品配僵蠶、桔梗加入三拗湯中，治感冒鼻塞流涕、喉癢咳嗽（寒加細辛、濕加羌活），覺得效果不錯，供參考。

昆布

消痰散結，善治瘰癧，但又與其它治瘰癧藥物有所不同，表現在：1. 孫思邈：“破積聚”；李東垣：“癭硬如石者，非此不除”、“若瘡，堅硬結硬者宜用”。可見古人已發現本品所治非一般瘰癧或瘡癰，而是痰積日久，以致堅硬如石的腫物，《本草通玄》說它“主噎膈”《聖濟總錄》

用昆布丸治噎膈，以本品為主；《藥性論》說它“去面腫，主惡瘡鼠瘻”，所以筆者用本品治頑痰結聚的腫物，例如鼻咽癌、肺癌、食道癌、胃癌、睾丸癌等，取其清熱解毒，軟堅散結，除痰破積；2. 利水消腫，《本草拾遺》：“治陰潰腫”，筆者曾試用本品加陰道癌已見潰腫出血的患者，有一定效果。

枇杷葉

苦平，偏於微寒，也有醫家如葉天士認為是辛涼，氣味俱薄，能清降肺氣、降胃氣。並藉以流暢三焦氣機：1. 治肺氣膹鬱所引起的胸悶、咳喘、痰多。至於病因，可以由外邪或內因而起，例如由肺熱引起咳喘或因熱生風而致的暗瘡，可用清肺枇杷飲；治溫邪上侵，肺氣不清，咳嗽痰黃，咽喉不利，用鮮枇杷葉加桑、杏、兜鈴、川貝、沙參；治秋燥傷肺咳喘，有清燥救肺湯；治暑濕入於肺絡以致肺氣上逆，咳嗽晝夜不安，甚至喘不得眠者，用葶藶、枇杷葉、六一散，筆者曾據此加入地龍乾、僵蠶、飛天蠄蟧、青鹽、冰片治急性喉炎而效；2. 濕熱餘邪蒙繞三焦，以致脘中微悶，知飢不食，有薛生白的五葉蘆根煎，《重慶堂隨筆》說：“凡風溫、溫熱、暑、燥，諸邪在肺者，皆可用以保柔金而肅治節”，其實濕熱之邪阻肺，也有用本品的，《臨証指南·咳嗽》：“濕鬱溫邪，總是阻遏肺氣，嘔咳脘痞，即病形篇中，諸嘔喘滿，皆屬於肺…鮮枇杷葉、杏仁、象貝、黑山梔、兜鈴、馬勃”。

本品開肺氣，有輕可去實之功，所以還用它來治療下列疾病：A. 腸痺，如丹溪的腸痺方，葉天士謂“丹溪每治腸痺，必開肺氣，謂表裏相應治法”，“腸痺宜開肺氣以宣通，以氣通則濕熱自走”。方用枇杷葉加紫苑、杏仁、蔞皮、鬱金、梔皮、枳殼汁、桔梗汁；B. 呃逆，《別錄》“主卒啘不止，下氣”，葉天士：“面冷頻呃，總在咽中不爽，此屬肺氣膹鬱，當開上焦之痺”，方用枇杷葉、炒川貝、鬱金、射干、白通草、香豉。筆者年輕時，見阮君實老師用之神效，乃倣之，其症呃聲響亮而頻作，每數秒即一次，日夜不停，眠食飲水俱受影響，舌苔白，脉象有力，上方一兩劑必愈 ；C. 流暢三焦氣機，《臨証指南・痞》載兩醫案：“脉澀，脘痞不饑，口乾有痰，當清理上焦”，用枇杷葉、杏仁、梔、豉、鬱金、蔞皮、薑竹茹（這一類痰咳在臨床上常見，此方很有效）；“氣阻脘痺，飲下作痛，當開上焦”，用枇杷葉、杏仁、蘇子、降香、白蔻，橘紅，近賢潘華信先生在《未刻本葉天士醫案發微》一書中指出：“咳嗽氣逆、脘悶氣滯諸証，天士每宗希雍（蘇子、枇杷葉）調氣降氣之治”。2. 降胃氣：上述葉氏各方，雖然原說是治上焦、治肺，其實已顧及因氣機阻滯而影響胃氣的和降。

絲瓜絡

清熱解暑、祛風通絡除痰。常用治暑濕在經絡引致肩背、四肢痠重疼痛，此病在粵港地區，於夏秋常有，常配粉防己、蠶沙、滑石、苡米、（廣東）海桐皮之類，若兼發熱無汗，表証未解，宜配香薷散加二香散或新加香薷飲加水翁花之類解表化暑濕。

葉天士常用絲瓜葉治暑風咳嗽，筆者以絲瓜絡代之亦效。

厚樸

葉天士說："厚樸多用則破氣，少用則通陽。"，可見厚樸用量對功效有很大關係。厚樸苦辛溫，氣味俱厚，其臭香濃，應是行氣散結，降泄通滯，寬中辟穢化濁之類的藥物，如果用量小，氣味自然減薄，味厚則通，氣薄則發泄，故厚樸少用，可有宣通陽氣，甚至有宣發外邪之用，故《本經》首句說它治"中風傷寒"，葉氏治溫病邪留三焦，用杏樸苓等法，乃苦辛宣降、流暢樞機、分消水濕之意，三仁湯、藿樸夏苓湯、杏仁滑石湯、加減藿香正氣散等名方均由此而來，各方除杏仁滑石湯外，都兼顧外感，而且厚樸用量亦較輕，說明製方者很可能已考慮到厚樸兼有通陽和宣發外邪的作用。就粵港人的體質，用於通陽消痰除滿、降氣化濕，只需一至兩錢即可，但如厚樸生薑半夏甘草人參湯証，雖正氣不足，但邪氣亦盛，則厚樸非用七至八錢不為功，而且一兩劑即大效。同理，李東垣的枳實消痞丸、中滿分消丸都是重用厚樸而少用參朮。由於本品苦辛溫性燥，治溫病的時候，用量往往較輕，不少溫病學者寧可用花，取其溫燥之性較輕，兼理上焦而降氣化濕，如新加香薷飲，以花代替香薷散的厚樸，周公、劉老晚年都喜用川樸花、佛手花、砂仁殼（甚至用春砂花）、雞內金、二陳湯組方，治療老人體虛，多年咳喘痰多之証，這類病者，多經中西治療，對藥物的選擇、藥量的多寡。甚至服藥時間都很敏感，脾肺已很虛弱，胃呆納少，進食稍多，亦腹脹痰增氣促，但舌苔白滑或白膩，甘溫則助痰濕、苦辛溫燥則傷氣，雖有外台茯苓飲、香砂六君等成法可遵，但濕盛運化力弱之人，服後亦覺胃脹氣滯痰多納呆，此時惟有輕劑宣降，理氣化濕除痰，看似平平無奇，但往往取效。若舌淡脉虛，胸腹脹滿痰多，舌苔雖白潤而不厚膩，乃脾肺虛，運化不及，宜倣治虛脹之旨，白术與厚樸同用，而以白术為主。歷代本草多有論述，《臨証指南·腫脹》更有不少病案可循。

孕婦慎用。

藿香

《本草正義》稱贊本品"芳香而不嫌其猛烈，溫煦而不偏於燥烈，清芬微溫，善理中州濕濁痰涎，為醒脾快胃，振動清陽妙品；暑濕時令要藥"。本品辛香通利九竅，辟穢化濁，應用及配伍甚廣，現舉數例：1. 本品有輕微而溫和的解表發汗作用，可配香薷治暑濕在表，惡寒發熱無汗、頭身痠重疼痛，本品既有助解表發汗化濕，又減輕香薷熱服易吐的副作用；2. 通鼻竅，可配白芷、羌活等，治濕氣在頭，致鼻塞流涕、頭重如裹、頭痛；3. 配白蔻仁、玫瑰花、佩蘭、槐花、西瓜衣治穢濁阻於脾胃，致口腔潰瘍、口臭、牙疳、舌苔厚膩穢濁；4. 治濕熱中阻引致霍亂吐瀉，可選加川樸、川連、滑石、丁香之類；5. 安胎，治妊娠嘔吐、胎動不安（見《砂仁》條）。

嬰幼兒初起傷風流涕、吐奶，可用藿香葉二錢，浸焗於熱米飯湯中片刻，取汁調入葡萄糖水適量，分多次服，有防治作用。

檀香

辛溫芳香，善治心腹、胸咽之寒凝氣滯疼痛，東垣贊為"理氣必用之劑"，丹參飲用之治心胃痛，乃氣血同治之劑。亦可加入疏肝解鬱方中，增強行氣止痛作用。

筆者用羚羊角一錢至錢半，以水三碗半煎至兩碗，再加入本品二至五錢，煎至一碗許代茶，分多次於一日內服完，可連服數日，治肝癌之劇痛屬實証者，常可大大減輕痛楚，若以沉香代替檀香，效果亦佳。

木香

辛香苦降溫行，《本草匯言》說它“管統一身上下內外諸氣”，能辟穢，升降氣機，舒肝解鬱，醒脾順氣，理腸宣滯，消食安胎，是理氣止痛的要藥。最宜用於胸脇脘腹脹痛、氣機上逆的實証，如氣鬱、食滯、惡阻等，部份胃炎常有上述症狀，所以常用本品。此外如寒疝、痢疾、泄瀉，也常使用。現代藥理證實，本品有明顯利膽作用，可重用 5-6 錢，配合延胡、鬱金等，加入當用方中，治療膽道疾患；若用於虛証，本品的使用目的主要是配合補益藥，起到補而不滯或治療兼証的作用，故一般用量宜輕，五分至錢半即可。

方歌有“香連治痢習為常，初起宜通勿遽嘗”一句，由於下利或痢初起，有葛根芩連湯、黃連香薷飲等，內有川連，所以初學者都以為勿遽嘗是指木香，其實是誤會。本草書並沒有下利或下痢初起不宜用木香的記載，治痢名方，內有木香的芍藥湯也沒有類似禁忌。查香連丸原出《局方》大香連丸，治泄瀉或下痢，也沒有說初起不能用。可能方歌作者認為方中有吳茱萸之故，因為吳萸可用於少陰病吐利或久瀉，有止久瀉之功，今用於初起，似屬不妥，但這一說法，似乎也站不住脚，因為《局方》戊己丸治泄瀉或下痢，用吳萸、川連、白芍；河間、丹溪都有吳萸、川連二藥作為方劑治瀉利的例子，都没說初起禁用，何况香連丸中的吳萸是炒後即去，是取其氣而不取其味。由此看來，方歌作者是多慮了。

烏藥

辛溫，本草書載："根葉皆有香氣"、"氣雄性溫"、"無處不達"，用於：1. 胸脘脹滯不快。本品多生於荒野，價廉易得，粵北民間常用治脘腹脹痛。因飲食積滯、七情鬱結、寒凝氣阻、濕阻氣滯所致的脘腹脹痛、脇脹、胸痞、噯氣、嘔吐，可見本品行氣散寒濕而順暢氣機，尤其是濕濁或寒濕阻於腸間的腹脹痛、腸鳴泄瀉，於當用方中加入本品，常獲良效；2. 本品是溫肝腎、散寒降逆的要藥，因為是辛香流氣，符合治疝氣，尤其是寒疝實証的用藥原則，所以治寒疝睾丸冷墜疼痛最佳。此外，又善治小便頻多色白，或帶混濁之証。對於經前或經期因飲冷嗜寒或入水，以致經來腹痛，可用本品五錢（鮮品一両）加煨薑五錢、陳皮二錢煎水頓服，艾灸關元、氣海、三陰交，可使經痛迅速緩解。

麝香

辛香走竄。李時珍說它"能通諸竅之不利，開經絡之壅遏"，可謂道盡本品之功效。葉天士謂本品"入絡通血"，用治瘀腐阻於隧道。筆者曾治一位因嚴重車禍，顱內出血，昏迷七日，致嚴重腦震盪後遺的患者，甦醒後，連續服用以本品為君藥的通竅活絡湯十餘服後，恢復正常工作，至今已四十多年，未見後遺証發作；又曾用本品治眼科圓田氏症一例，治泌尿系結石屬瘀血者十多例，都取得很好的效果；至於用本品在安宮牛黃丸中，治痰熱瘀阻的中風、中風後遺偏癱、敗血証已有數十例，都說明本品有良好的通竅透絡祛瘀的作用。

李時珍和葉天士等都說本品治瓜果食積，朱敬修老師有臨床治驗，證實確有良效。

南瓜子

本品味甘無毒，可用治華分支睾吸蟲，用法：每日以鮮奶適量，煮沸後加入去殼研碎之鮮南瓜子二至四両（視年齡、體質），連服四天至六天。

鶴虱

粵港用南鶴虱，微苦微辛平，小毒。善驅鈎蟲，療效約80%，用法：鶴虱八錢、尖檳六錢、當歸一両，水三碗煎至八分，分兩次空腹服，每次隔半小時、連服三日為一療程，後隔兩日覆查，如未痊癒，再服一療程。筆者曾用治二十例，暫未見副作用。

芎藭

辛溫氣香，本草認為是血中之氣藥，上行頭部、下行血海，主要入少陽經。

本品善走竅絡，攻多於補、走而不守，能上通腦部、鼻竅、頭面，而有祛風散寒、祛瘀、醒神等作用，《本經》說它“主中風入腦頭痛”，《別錄》：“治腦中冷動，面上游風去來，目淚出，多涕唾，忽忽如醉”。《大明本草》治“腦癰”。都強調入腦、通竅絡而非泛指頭部，故本品除了治風寒頭痛、偏頭痛（配當歸尤擅治血虛血瘀頭痛、配白芷、細辛治頭風頭痛、多淚）之外、還善於治腦內積瘀、鼻淵等；對於感冒鼻塞、流清涕不止而又頭痛者，川芎實為常用之良藥，常配羌活及少量麻黃，效果更佳；若日久而見鼻塞流清涕，則是虛証居多，川芎只是輔佐藥而己；本品能通心竅、解鬱滯、達四末，故能治血瘀氣滯之心胸痛（《別錄》：治心腹堅痛）、脇痛、手足麻痺；下能行血海之瘀滯而有調經止痛作用，故能治經痛、經閉、胞衣不下、癥瘕。

《本草從新》日："川芎單服久服，令人暴亡"，其說源自丹溪："久服致氣暴亡。若單服既久，則走散真氣，既使他藥佐使，亦不可久服"，大抵因其辛散太過、耗人元氣之故，但久服並不等於不可重用，筆者曾用本品治血瘀氣滯之心絞痛頻發作患者，初用二至三錢無效，於是改用每劑七錢，其效乃顯，連服三劑方止。《本經》謂本品治"寒痹筋攣緩急"，甄權用治"腰腳軟弱"，筆者曾見過一老醫治一位患坐骨神經痛患者，其痛沿少陽經，太陽經放射，大概屬氣虛血瘀之類，老醫每劑只用北芪、川芎各一両，兩味煎服，兩服竟愈，筆者曾多次比較過，同樣以黃芪桂枝五物湯為主，但以川芎一錢和三錢、五錢治氣血虛、沿少陽經痛的下肢痛（按現代醫學標準診為坐骨神經痛），確實以川芎用五錢效果最好，然而一般使用，並不需要如此大量，例如一般少陽經頭痛，不少醫者喜用三錢川芎，但筆者亦比較過，用七分至錢半亦足以取效。另外，秦伯未先生認為，治血管神經性頭痛忌用本品，可供參考。

臨床治血痢（細菌性痢疾），腹中疞痛甚，於當用方中加用乳香、川芎各一錢，痛乃大減，出自《本草綱目》："血痢已通而痛不止，乃陰虧氣鬱也，加川芎為佐，氣行血調，其痛立止"；張景岳謂乳香"通血脉，止大腸血痢疼痛"，《沈氏尊生書》："赤白痢腹痛不止者，加入乳香無不效"。

桃仁

苦甘平，富含油脂。活血散瘀，潤腸通便。由於仲景治瘀血方中，本品每與大黃、水蛭、䗪蟲等同用，後世治跌仆瘀傷，又常與紅花、乳香、沒藥、大黃等為伍，即使《本經》亦只言其“主瘀血，血閉瘕，邪氣……”，所以在很多醫者印像中，本品與其他破血逐瘀藥沒有多大差別。然而細想之下，它們還有所不同的，從性味來說，桃仁除苦泄外，還有味甘而有油脂的一面，桃為補益身體的五果之一，再看看張錫純的見解：“徐靈胎云，桃花得三月春和之氣以生，而花色鮮明似血，故凡血鬱、血結之疾，不能自調和暢者，桃仁能入其中和之散之，然其生血之功少，而祛瘀之功多者何也？蓋桃核本非血類，故不能有所補益，若瘀血皆已敗之血，非生氣不能流通，桃之生氣在於仁，而味苦又能開泄，故能逐舊而不傷新也”。可見桃仁非一般單純破血逐瘀的藥物如紅花、水蛭等可比，事實上，如方劑五仁丸、麻子仁丸、補陽還五湯、甚至桃紅四物湯、生化湯等，都不乏桃仁和補益藥同用的例子，在這些方子裏，桃仁基本上都起著和血活血的作用而不言破血攻逐，其中有些方還是以生長正氣，包括生新血為最終目標的，可見相對於紅花大黃等藥，本品雖治瘀血而不甚傷害正氣。

五靈脂

甘溫氣腥臊難服，但藥價平宜，化瘀止血止痛而不留瘀是其優點。某少年被打至遍體瘀傷後三個月來診，周身痛楚，又苦於經濟條件，無力住院，筆者忽想起沈金鰲有用五靈脂治類似病例，遂囑該少年購來二両五靈脂，每日用一両，酒水同煎，緩緩連渣服下，藥後痛大減，因而又自購一両，同法再服一天，其病如失。至今數年，幸無遺患。此方用治數例，症狀相若，亦獲痊癒。

類風濕關節炎日久，多有關節變形，從中醫理論看，是有痰或瘀，若瘀血阻滯，本品加延胡索為要藥。

肩周炎、腕管綜合徵、“彈響指”，多屬勞損，臨床上，多用補氣血取效，但同時見手指麻痺者，最好加入延胡索、五靈脂，對改善麻痺症狀有良效。

本品腥臊入肝，生用破肝經血瘀而止痛，善治痛經、產後的瘀血疼痛，冉雪峰先生認為五靈脂 能“平腦解痙”，與蒲黃“二者均有活血利絡之功”（《中風臨証效方選註》），所以筆者常用二藥配夜明砂或乾水蛭治腦血管痙攣、腦血管閉塞屬於瘀阻的疾患；葉天士治疝氣有名言：“濁結於下有形，非辛香無以入絡，非穢濁無以直走至陰之分”，冉雪峰先生認為五靈脂“質最濁”，故筆者常以之配伍小茴香、台烏治疝氣屬實者。

《鷄峰普濟方》載本品為細末二錢，熱酒下，治卒暴心痛不可忍，劉老善用失笑散治胃脘痛屬瘀者，效果很好。鄧鐵濤老師曾說，用失笑散（五靈脂、蒲黃）散劑口服比湯劑效果好得多，筆者試用治瘀阻經痛、胃痛，果如所述。

蒲黃

甘微寒而略帶清香，質輕，散瘀止血止痛而不留瘀，又能利尿，筆者常用本品與五靈脂、雞內金，各一份，砂牛、琥珀各半份，共研幼末，每日以粥水或開水調服一小匙（約一錢至錢半），治療泌尿系結石，尤其是瘀血凝滯之結石，效果良好，所排出之結石多夾有鐵銹色；

又用治陰道癌、子宮癌之屬血瘀者，可與五靈脂、花蕊石、生鱉甲、冬葵子、豬苓、丹參等同用；若治支氣管擴張之咯血，須據陰虛、陽虛、痰熱、瘀阻等不同情況配伍相關藥物，其效方佳；治產後惡露未盡，血虛而有熱者，不宜用生化湯，只宜本品加入交加散（生地、生薑汁）、酌加山楂肉、降香；又善治舌腫、口腔潰瘍，於當用方中加入本品一二錢，半入煎劑，半調蜂蜜敷患處，有良效。此外，關公用本品治腦腫瘤之屬瘀血者。

一般習慣，本品炒用止血，生用化瘀，但冉雪峰先生說：“方書多謂生用消瘀，炒黑止血，本經則止血、消瘀血兩兩相連并載，蒲黃本身…能使血管破裂處凝固愈合”，其意是說生用亦能止血。筆者常用生蒲黃治咯血、血淋等病，效果理想。

澤蘭

本品藥性溫和，能活血祛瘀、散結行水，《本經》說它治“大腹水腫、身面四肢浮腫”，而現代藥理研究，本品含黃酮甙，又有強心作用，所以筆者常用本品治療心臟病，包括先天心、風濕心、肺心、冠心病，只要是有血瘀同時有水腫者，均可加入使用，另外，下肢靜脈曲張而有腳腫、跌打瘀腫（《本經》：“骨節中水、金瘡”）、血瘀經閉、經痛均為常用之藥，又能治產後血瘀腹痛。《雷公炮炙論》說本品“能破血，通久積”，《日華子本草》又說它“利關脉，破宿血，消癥瘕”，葉天士以之治膽絡血滯引致脅下痛，筆者用它與丹參、桃仁、琥珀等治療肝硬化兼見靜脈曲張者，有一定效果。

益母草

苦辛微寒，活血祛瘀通經下死胎，清熱利水消腫治熱淋，歷代本草都偏重於治療婦科和跌仆瘀傷，但近年藥理研究，本品有强心，增加冠脉流量和心肌營養性流量的作用，並有擴張血管、降壓、抗心肌缺血和心律失常，抑制血小板凝集和血栓形成等作用，故筆者常以本品加入治療心血管疾病或腎病的藥方中，尤其是用於血管瘀阻並有高血壓水腫的患者。

治療血瘀經痛，民間有一驗方，用鮮益母草一至二株，洗淨切碎，加生薑一至二両剁碎，共煎鷄蛋一個服下，往往有效。

本品有清熱解毒、利水消腫的功效。李時珍說它治尿血、小便不通。藥理亦證明有抗血栓形成以及紅細胞聚集，改善腎功能、利尿等作用，筆者用它治急性腎炎而有尿血者，確有良效；若治慢性腎炎，則需辨証加入不同方劑才有效，例如尿中紅細胞甚多，小便量少，久久不愈，多屬陰虛，須加入猪苓湯，若單用益母草、紫珠草。小薊之類，效果並不理想。

《本草匯言》載本品治血貫瞳人、頭風眼痛、眼目血障等眼疾，認為是行血活血的效果，今有報導用治中心性視網膜脉絡膜炎，很值得參考。

土鱉

鹹寒，有毒。破血逐瘀，續筋駁骨，為治骨折瘀腫常用要藥，又治急性腰部扭挫傷。

治腰椎間盤脫出引致腰部劇痛，於當用方中加入本品，常可減輕疼痛。

不少面部褐色斑患者，屬於肝血虛而有瘀血，或兼有肝鬱，前者用桃紅四物湯，後者用逍遥散合血府逐瘀湯加減，但都要加土鱉、甚至再加乾水蛭，再輔以活血補血祛風之品外敷局部，治療一個半月至兩個月，可獲良效。

本品又可用治乳癰有瘀熱互結者，與蒲公英同用，有良效；又常用治子宮肌瘤、血管瘤，常與軟堅散血藥配伍。

濕疹日久，以致肌膚甲錯、膚色暗黑者，多挾瘀血，須於當用方中加入動物藥，如土鱉等（見《全蠍》條）。

骨碎補

苦溫，本品破而能補，故《開寶本草》謂“破血止血、補傷折”，可見本品雖然破血，卻對正氣損傷不明顯，非一般破血之藥可比，因而是續筋駁骨、活血消腫止痛的傷科要藥，又治腎虛耳聾、久瀉。《藥性論》：“主骨中毒氣，風血疼痛，五勞六極”；《本草正》：“療骨中邪毒，風熱疼痛，或外感風濕，以致兩足痿弱疼痛”；《本草述》：“治腰痛行痺”。據以上記載，本品所治為外感風毒入於腰腿，其骨中邪毒引致腰痛、足痿腳弱等症，故筆者試用治療因病毒過用激素，引致骨枯；又用本品配治腰脊、補精血之藥，治腰脊骨質退化引致腰腿痛，引伸到治療頸椎退化，均取得一定效果（見《黃精》條）。

琥珀

甘平。《別錄》：“消瘀血，通五淋”；陳藏器：“止血生肌”。可見本品藥性平和，化瘀止血而不傷正，尤善治瘀血為淋，筆者亦常用本品治泌尿系結石屬於瘀血結聚者，但如有陰虛則須慎用，恐利水傷陰也，丹溪說：

“若血少不利者，反致其燥急之苦”，正是此意；膀胱癌有不少屬於陰虛而又血瘀者，可用知柏地黃丸（湯）加田七、五靈脂、琥珀；又常用治肝硬化有瘀血鬱阻者，常配丹參、桃仁、丹皮、鬱金之類，近日筆者用此方配合何人飲、參苓白术散治療淋巴癌引致脾腫大患者，效果不錯，脾臟基本回復正常大小（見第一冊《腫瘤》）；本品又長於鎮驚安神而治驚悸失眠；《大明本草》謂本品“明目磨翳”，為孫思邈治目翳常用之藥，筆者常用治眼底出血，若有瘀血殘留，甚至影響視力者更為適合。

花蕊石

李時珍認為本品“專於止血，能使血化為水，酸以收之也。而又能下死胎，落胞衣，去惡血”，可見花蕊石長於治子宮之瘀血，有化瘀止血、止血又不留瘀之效。筆者常用之治療子宮肌瘤、多囊卵巢、胎盤殘留以致惡露不止、崩漏等屬於血瘀者，均有效果，又曾試用治療一例陰道癌及數例肺癌患者，均有瘀血症狀，藥後出血停止或大為減少，但病例尚少，僅供參考。

降真香

止血良藥，能降氣、行血、止血而不留瘀。符合繆仲醇治吐血之三要訣。筆者常用治：1. 跌仆損傷內出血，常配田七、雲南白藥內服，亦常用於研末外敷；2. 支氣管擴張咯血，此証以熱為多，常配鬱金等（見《鹿銜草》條）；3. 肩背肌肉扭挫傷，甚至撕裂後，瘀血停滯，劇痛不止，常作為主藥，選配土鱉、田七、乳香、羌黃、紅花之類，若因勞損而起，則配歸、芪等不可或缺；4. 冠心病胸痛屬瘀阻者，常配川芎、桃仁之類；5. 手术後創口久不愈合（需排除異物、炎症等因素），可以本品加北芪為基礎，酌加透膿散、陽和湯等。

延胡索

現代藥理證實，本品所含的主要成分延胡索乙素有鬆弛平滑肌及顯著的鎮痛、鎮靜、安定作用，而《綱目》又說它"能行血中氣滯，氣中血滯，故專治一身上下諸痛"，加之藥性平和，所以很多醫者常用治全身上下因氣滯血瘀引致的肌肉疼痛，包括與此有關的腹中血塊疼痛、婦科諸痛、腰肌勞損疼痛、泌尿系結石和膽石引起的疼痛；又因所含全碱有抗潰瘍、抑制胃分泌的作用，胃肌屬平滑肌，而李時珍有根據前人"心痛欲死，速覓延胡"的經驗，用延胡索末冲服治療胃脘痛的醫案，因而本品又是治胃痛的常用藥；此外，本品所含的醇提物能擴張冠脉、增加冠脉血流量及降低阻力，提高耐缺氧能力，總碱有抗心律失常，抗心肌缺血、擴張外周血管等作用，前人亦有治心腹痛、心痛等記載，所以現代又常用治冠心病，包括心絞痛等（臨床上，用黨參煎水送服延胡索末，對治療心血管瘀阻形成的心胸窒悶常有效）。然而，單憑"衷西參中"，似乎並不足以概括延胡在臨床上的全部應用，例如，前文所說的五靈脂與本品配伍應用，就不能用上述藥理解釋。

少女初來經幾年內，常有經前或經來腹痛，甚至劇痛，可用少量酒水送服延胡末2-3錢，每日兩次，連服兩天，有迅速緩急止痛之效，若不能飲酒，可用開水加酒、延胡末同煎片刻，待酒精揮發後服，更有效。

鬱金

苦辛寒，涼血活血行氣，治氣血之鬱結，常配香附，氣鬱常配佛手、素馨花，血滯常配丹參，若鬱結化火，宜配玫瑰花、梔子：又能解濕熱鬱阻，肺氣失宣（見《枇杷葉》、《梔子》條）；若濕溫痰濁蒙蔽心包，宜菖蒲鬱金湯；若氣血鬱結之脅痛、乳脹、痛經，宜加柴、芍、香附之類，若有膽石，可重用本品八錢至一両；若有癥積，則鱉甲、桃仁、山甲、莪术亦當加入。本品又為治支氣管擴張咯血之要藥（見《鹿銜草》條），此証常有痰熱鬱結於肺肝，常以本品配降香、桃仁、海石、鹿含草、魚腥草、生梔子或黑梔子、蒲黃、藕節或鮮藕汁；本品亦治濕熱鬱結而為瘀熱發黃，氣血不暢者（見《龍膽草》條）。

藏紅花

甘寒入血分，清熱涼血，化瘀止血，最宜用於血分熱毒發斑疹，即使熱毒已成為瘀熱或已傷陰都可應用，臨床常見於麻疹出疹期，尤其是麻疹合併肺炎，甚至出現心衰的時候，疹點深紅或暗紅，甚至紅中帶黑，或溶合成片，唇絳紅、暗紅乾燥而帶光亮，甚至乾裂，舌絳常帶芒刺，舌質乾、或有裂紋、少津或無津，面色赤，或赤而帶青，鼻乾如煤，或喘促鼻翼煽動，脈細數，或出現脈摶短絀，此時應速用紫雪丹，以西藏紅花 3-5 分開水調送，如加柱角煎水服更佳，津傷者，必加生地、白芍，便秘加紅條紫草，甚則加大黃；痰多脈疾者，加猴棗散；輕度至中度心衰，加六神丸，即可取效，若重度心衰，必須結合西藥抗心衰，方可挽回於萬一，此外，猩紅熱、丹毒、過敏性皮炎、血小板減少性紫癜等，凡有類似上述症狀者，西藏紅花都是很重要的藥物。成人用量 5 分至 1 錢。

孕婦及陽虛者禁用。

艾葉

粵北婦女常用鮮艾葉、鮮益母草洗淨切碎煎雞蛋，治虛寒腹痛、經痛有良效，因艾葉辛溫氣香，能散寒濕、辟濕濁、止血止痛。《別錄》說本品有辟風寒之用，所以，對於有血寒引致腹痛。經遲、經痛、崩漏等，同時有外感風寒的患者，本品是最理想的藥物。筆者還常用治：1. 經行之時患風寒感冒咳嗽或咳喘；2. 寒哮因外感風寒誘發，鼻流清涕不止，咳喘入夜及晨起為甚，常配蘇葉、麻黃、細辛、乾薑等，藥理研究，謂本品對過敏性哮喘有明顯平喘、鎮咳、祛痰作用，對腺病毒、鼻病毒、流感病毒有抑制作用，可供參考；3. 支氣管擴張患者亦有屬虛寒者，若兼患風寒咳喘，本品為要藥。

其他功效見教材，不贅。

白芨

苦甘澀微寒，補肺胃，收斂止血，祛瘀消腫，去腐生肌。主要用於：1. 肺癰後期，癰膿已除，正氣大虛；肺結核，尤其是空洞型結核。前人認為“肺損復能生之”，可配北芪、黃精等（見《黃精》條）；2. 胃潰瘍、十二指腸球部潰瘍，若屬虛証，亦可以白朮調服白芨末；如有實熱，可用白芨配川連或崩大碗、蒲公英之類；3. 皮膚皸裂，亦可用於治主婦手日久（見《黃精》條）；4. 治香港腳（見《黃精》條）；5. 皮膚潰瘍久不收斂，在排除異物或細菌等病因後，可配北芪、降香、甘草等；6. 崩漏，用於氣陰兩虛的崩漏，配人參、淮山、阿膠等。

蓮房

苦涼，對暑熱、暑濕鬱結於上焦而有胸中痞悶，或兼煩熱者，有清解之功；對暑傷血絡而致咯血者，能清透絡中之熱並能止血；此外，用本品煅炭存性，每次一茶匙，早晚各一次，白粥調服，可治崩漏，古方有蓮殼散，以乾蓮蓬炭、棕櫚炭、炒香附末組成（《張子和醫學全書》），但單用蓮蓬炭治一般漏下，亦能取效，筆者常在清經湯中加入一個蓮房或兩地湯中加蓮房炭一個，止血效果更好。

藕

甘微寒多汁，皮和節帶澀，生用養陰生津，涼血止血而不留有瘀血。用於溫熱病傷津口渴，而又胃納不佳，尤其是不喜服藥的患者。中醫用自然汁液治病，歷史悠久，宋人治失血，幾乎都離不開藕汁；清代溫病諸大家更因此形成一大治法，葉天士謂："液傷熱熾，徒用煎劑無益"，正是這一治法的運用要點，其中鮮藕汁確比蓮藕煎服的效果好得多。對於有鮮藕汁在內的五汁飲，冉雪峰有詳盡解釋："此方生津救液，平燥息風，涼而不滯，清而能透，潤而不膩。醫林多以平淡不置深論，不知火熱暴悍，熱愈熾而則陰愈傷，陰愈傷則熱愈熾，甚或熱壅固拒，煎劑不納，入口頻吐，此証苦寒既益其燥，呆補又滯其機，惟此五藥用汁，取清輕之氣，清涼之質，於無法中生出法來"。這一評論也正是藕汁的運用要訣，非經臨証不能有此體會。

鮮藕汁又可用於多種血熱的出血，尤其可用於鼻咽癌引起的衄血、肺癌咯血、支氣管擴張的咯血、紫癜性腎炎的出血（配小薊）以及膀胱癌引致出血屬熱者，都有較好效果。

山楂

酸而不收澀，甘而無補益，功效：1. 消肉食肥膩之積。長期嗜油膩之品，積聚油垢，非此不除，所以諸家本草，都說本品消肉積，獨有《本草通玄》則強調“消油垢之積”。某大藥行總經理體質健碩，患頭痛多年，夜間發作，脹痛難忍，陰雨天更甚，多方檢查不明原因，中西治療不效。先父診其舌苔厚膩而脈滑，細詢其飲食，謂每晚收工，必品嘗一大隻油炸裹蒸粽，診斷為食積，以一両山楂肉為君，配以芒果核、布楂葉、萊菔子，並戒吃油粽，三劑竟愈，可見治病求本之重要及山楂消食之功效；2. 治痢疾。《圖經》說本品“治痢疾”，尤其是血痢。因為痢疾多與飲食不節有關，而血痢多因濕熱鬱積於腸道，損傷血絡而成，其血痢亦即腸道血瘀。山楂善消食積、行結氣、去惡血，藥理證實，本品對各型痢疾桿菌有明顯抑制作用，筆者治血痢每加入本品，效果很好，在治療本病中，山楂肉和山楂子的效果相同，而且須重用八錢至一両方佳；3. 治胎盤殘留。《食鑒本草》：“化血塊，活血”，丹溪用治產後惡露不盡，腹中痛及產後兒枕痛。然而傅青主卻提出，產後雖有血塊，但“一應散血方、破血藥，俱禁用，雖山楂性緩，亦能害命，不可擅用，惟生化湯系血塊聖藥也”，他又在“產後用藥十誤”中告誡：“毋用山楂湯以攻塊定痛，而反損新血”。但張錫純卻提出：“山楂若以甘藥佐之，化瘀血而不傷新血，開鬱氣而不傷正氣，其性尤和平也”。筆者經臨床驗證，於當用方中，例如生化湯或加參生化湯或交加散中，加入山楂子（打）或楂肉八錢，治療胎盤殘留，有良效；4. 治乳癰。王孟英說本品“破瘀血、散結、消脹”。先父用山楂子（打）加入治乳癰方中，效果很好。

不少中國人用山楂肉作日常飲料。據報道，國外用與國產同屬不同種的多種山楂對實驗性動脈粥樣硬化症的療效已受到重視，如五蕊山楂 crataegus pentagyna 的流浸膏對實驗性膽甾醇性動脈粥樣硬化家兔有降低血膽甾醇作用，提高卵磷脂／膽甾醇之比，降低器官的膽甾醇沉著以及降低血壓。藥理證實本品還有促進脂肪消化、降血脂、強心、抗氧化、抗血小板凝集、擴張冠脈等作用，所以不少醫者及民間都有用本品治冠心病、高血脂証、脂肪肝、高血壓病，甚至有長期服用以作“預防”或消脂減肥。筆者認為應具體分析。首先，並非所有高血壓病都和血脂或血小板凝聚有關，脂肪肝也並不一定降血脂就能治療，肥胖患者也不一定過食脂肪食物引起，臨床所見，也有不少無效的例子。何況本品有攻無補，體虛者不宜單獨使用，元・朱丹溪認為：“若胃中無食積，脾虛不能運化，不思食者，多服之，反尅伐脾胃生化之氣也。”清・王孟英更說：“多食耗氣、損齒、易饑、空腹及羸弱人或虛病後忌之。”此外，胃酸過多者，畢竟慎用為宜。由於長期服用，不少人有胃痛、胃脹、泛酸、胃納變差等副作用。還有，孕婦宜慎用。

蠶沙

古人善用蠶沙者，當以王孟英為首。他說，蠶沙“乃桑葉所化，夫桑葉主熄風化濕，故聖惠方以之治霍亂轉筋也。既經蠶食，蠶沙亦至勝風袪濕，且蠶殭而不腐，得清氣於造物者，故其矢不臭不變色。殆桑從蠶化，雖走濁道而清氣猶存……蠶沙既引濁下趨，又能化濁使之歸清”。大腸乃傳送濁物之所，若胃腸因濕濁阻滯，清氣不升，濁氣不降，甚至清濁相混而成霍亂，惟有用蠶沙化濁祛濕而歸之於清。筆者據此意，常以本品用於濕熱泄瀉而有腸鳴頻作之証。此外，治小兒驚瀉亦常加入。

本品常與木瓜同用治濕濁之脚攣急，此症在粵港地區並不少見，須與芍藥甘草湯等腳攣急証區別。

筆者常用宣清導濁湯（蠶沙、寒水石、皂角、雲苓、猪苓）治前列腺炎屬濕鬱氣結者，用蠶沙之意，取其穢濁直走至陰以化濕濁、宣清氣，常加入萆薢、冬葵子、兩頭尖、廣東王不留行之類，濕熱盛者，加龍膽草、黃柏。

睾丸炎、精索發炎，初發病時，常屬濕熱，當用方中加川楝子、蠶沙。

五加皮

祛風濕、補肝腎、强筋骨、療水腫。除了教材所列治症外，還可用於：1. 扁平疣。本病多見於青少年，從中醫理論分析，應該與風濕之邪阻於肺衛有關，筆者常用麻杏苡甘湯、麻黃連翹赤小豆湯、麻黃加术湯之類，加入五加皮取效；2. 風濕痺証，兼見體虛的腰膝痿軟疼痛，尤其是有瘀血阻滯者更為適合，因為多家本草都認為本品兼有活血祛瘀之功。聊舉一例：何女士，88 歲，2017 年 9 月 30 日診。患者有痴呆証，前六天在家不慎跌倒，腰臀着地，經入院檢查，幸無骨折，但近五天來腰痛，腹脹痛，大便不通，近兩日服西藥僅下大便兩小粒，餘証不減，遂轉診中醫，患者手震顫，呆滯遲緩，血壓：142/82mmHg，舌淡，脉沉遲，處方：五加皮、半楓荷、鬱李仁（打）、杜仲、巴戟各五錢，黨參一両、白朮二両、枳殼四錢，水煎，空腹頓服，日一服，服藥兩劑，共得大便七次，量甚多，血壓正常，諸証悉除，以四君子湯加淮山、杜仲、巴戟、五加皮善後。

海桐皮

辛苦微寒，主要用於風濕在皮膚、經絡的痺痛，試以葉氏《臨証指南 · 痹》中運用本品的案例分析：1. 都有風濕外邪入中的病史；2. 都有四肢皮膚或經絡痺痛的表現，但都没有骨節疼痛；3. 多屬風濕熱痺（僅一例屬寒，即配以桂枝、羌、防、獨活）。再看古方如舒筋湯、海桐皮散等亦多有如此配伍，可見多用於祛外來風濕、宣通經絡；4. 藥性平和，根據病情，可配清熱、祛風、祛濕、通絡、養血、固表、溫經等多種藥物。

粵港地區使用的海桐皮，有的其實是木棉樹二層皮，藥性更為平和，功效亦類似，筆者曾用本品一両至両半，配桑白皮、石斛各一両、白芍三至四両、甘草五錢，治療數例陰虛挾濕熱的坐骨神經痛或髖關節扭挫傷的患者。這些患者病程最長一年多，最短二十多天，服三兩劑便痊愈，各位不妨試用。

木瓜

酸溫微澀。功效：平肝，舒筋，祛濕，和胃。主治：1. 治風濕，主要用於腰膝疼痛，劉老常用四斤金剛丸為湯劑，加入鹿含草，治療風濕日久，肝腎不足，腰膝痠軟疼痛無力，其中木瓜是主藥之一；2. 治吐瀉，本品治多種吐瀉，但都和濕傷脾胃有關。筆者治暑風行於腸胃的洞泄，也常加入本品以解暑祛濕、和胃遠肝；葉天士說："木瓜之酸，救胃汁以制肝"， 他常在健脾益胃的方中加入本品，筆者體會，這類患者的右關脈常常弦而無力。葉氏又說："木瓜之酸，制暑通用要藥"，常用於暑月吐瀉津傷煩渴；薛生白治濕熱証病後肺胃兩虛、元神大虧，用參、麥冬、石斛、木瓜、蓮肉、谷芽等，亦取此意。

麥芽

張錫純先生對麥芽有很好的見解，現簡述個人體會：1. 消食。能消谷物米麵之食並消脹氣，有焦麥芽，炒麥芽、生麥芽之別，北醫喜焦用，粵港喜炒用，筆者治溫病夾食必生用，因為生用不僅藥性較涼，有利於治溫，並且具生發之性，有利於流通氣機：2. 與參、朮、芪并用，不至於呆補而致脹滿。尤其是肝鬱或病後，脾胃運化納食功能減退，容易氣滯濕停，若加入鮮谷芽、鮮麥芽之類則無此弊，又如汗後腹脹滿用厚樸生薑半夏甘草人參湯，筆者常重用生麥芽或炒麥芽而去炙甘草，覺得效果較好；3. 兼能通利二便，嬰幼兒以大便軟或稍稀為正常，嬰兒更常見蛋花樣大便，若便秘或如粒狀或挾消化乳食，最易患消化不良、厭食、濕疹等病，最宜於當用方中加入生麥芽，既可消食理氣化滯，又有助大便暢通，若炒或焦用，似無通利大便之用；4. 善舒肝氣，鎮肝熄風湯用生麥芽，張錫純先生謂"善將順肝木之性使不抑鬱"，筆者常以本品加入素馨花、合歡花、川鬱金、白芍、香附、石斛等，治療婦女肝鬱化火傷陰之証（常現於更年期，見《石斛》條）；5. 回乳。必如朱丹溪所言重用方效，筆者每用生麥芽四両為一劑。另外，倣此意治乳癧、乳腺囊腫增生，亦有良效；6. 治黃疸。可用生麥種子浸水發芽，待見有少許綠苗時便用，效果最佳，可以每日用鮮品一兩半至二両，煎水代茶。有舒肝健胃退黃，還有降低谷丙轉氨酶的作用，可以連服多日。

龍骨

質重味澀，有重鎮收斂固澀安神等功效。外用收濕斂瘡、生肌止汗，內用平肝鎮怯、定驚安神、收斂固澀而用於精血津液散失滑脫等証。朱敬修老師曾說："外感不忌龍骨牡蠣"，也就是說，龍、牡性雖收斂，只是收斂散失的正氣，却不會斂住外邪。仲景桂枝去芍藥加蜀漆龍骨牡蠣救逆湯就是其中一例。《本經逢原》指本品"為收斂精氣要藥，有客邪則兼表藥用之"，徐靈胎更說得明白："（龍骨）斂正氣而不斂邪氣，所以仲景於傷寒之邪未盡者亦用之"。張錫純通過豐富臨床實踐，驗證了這一說法："其味微辛，收斂之中仍有開通之力。愚於傷寒、溫病、熱實脉虛，心中怔忡，精神騷擾者，恒龍骨與萸肉、生石膏并用"。由此可見，朱老師對藥物是很有研究的。

《本經》載龍骨治"女子漏下"，所以固冲湯用治崩漏，取其收斂填固的作用，《綱目》則認為本品益腎，主帶脉為病。蓋崩漏量多或日久，腎之精血必耗，傷及奇經，故葉天士有"漏下多時骨髓枯"之語，筆者往往在運用劉老治崩漏方（北芪、當歸、烏梅、乾薑）方無效的時候，加入鹿角霜和龍骨，效果不錯。

《本草述》又謂本品可以療陰陽乖離之病，例如小便數，《衷中參西錄》亦有治小便頻數的記載，其實《金匱》已有天雄散，《皇漢醫學》用治老人遺尿，阮君實老師亦常據此用之（見《仙茅》條）。

三棱、莪术

兩藥味辛、苦。莪术稍溫。除了治跌仆損傷外，兩藥都集中治療胸腹的癥積。以金元大家為例，丹溪常兩藥同用，後人多宗之。但河間創製的玄胡丸和大延胡索散，前者泛治中外諸邪所傷的癥積，只用三棱；後者治婦人經病，產後腹痛，腹滿喘悶，癥瘕癖塊，及一切心腹暴痛，提示癖塊且具體症狀較重，則三棱莪术俱用。此外，分析他的積聚門其它處方，如密補固真丹、開結妙功丸，皆有虛實兼雜的表現，都只有三棱而無莪术，可見三棱治症較輕，對正氣也相對耗損較小；治酒積、食積、諸積，面黃疸，積硬塊，用金黃丸（《宣明論方》），只用三棱而無莪术，東垣治中滿腹脹，內有積聚，堅硬如石，其形如盤，令人不能平臥，大小便澀滯，上喘氣促，面色痿黃，通身虛腫，用廣茂潰堅湯（《蘭室秘藏·卷上》），只用莪术而無三棱，但方後註：中滿減半，止有積不消，再服半夏厚樸湯，此方有三棱而無莪术，並把潰堅湯內攻邪藥物減量或去掉，再加入肉桂扶正。《東垣試效方》治五積都不用三棱，但治肥氣、痞氣却用莪术，從上述比較可知，積聚明顯較重，須用攻積破結較强的莪术而方亦名潰堅。而積聚較輕者，或體質兼虛者，只用三棱，證明河間、東垣都認為莪术攻堅之力較大。

對於三棱，筆者同意冉雪峰先生的看法："甘不大甘，辛不大辛，氣味如此和緩，功效如此喧赫，除腐壞之凝聚，不傷良好之氣血"，臨床上，對飲食積滯較重者，筆者常把它和一般消食藥同用，覺得確有加快消食行滯破積的作用，而正氣無損。莪术藥力稍峻，正氣不足患者用藥時間稍久，不少人有疲乏，甚至氣短、眩暈的感覺，此外，參考現代藥理說莪朮有明顯的免疫保護效應，對多種癌細胞有直接破壞，又有保肝、促進微循環恢復等作用，中醫歷來認為它歸肝脾二經，所以較多用治肝硬化、肝癌、胃癌等，多與活血化瘀、軟堅散結、或扶正藥物同用。

各科病証

1. 感冒

感冒常見症狀是鼻塞、流涕、噴嚏、咳嗽、頭痛、惡寒、發熱、周身痠痛，然而，上述症狀並非一定全備，而且每次感冒的症狀也不盡相同。

感冒如在某一時間內在一方廣泛流行，症狀相類者，稱時行感冒，西醫稱為流行性感冒（簡稱流感，下同）。同樣，每次時行感冒的症狀亦有差異，以近幾年香港的流感而論，雖然都有鼻塞流涕、惡寒等表現，但某次流感，多兼見咽痛；另一次則兼見周身痠痛；再一次則多見頭痛，也有以鼻塞、日夜咳嗽為主要症狀……依中醫觀點分析，病因、病症重點不盡相同，所以並無一首治療感冒或流感的通用方。

鑒別診斷：1. 病源：感冒有先犯皮毛和口鼻吸入之不同。《內經》說："今風寒之客於人也，使人毫毛畢直"，是指皮毛先受；至於口鼻吸入致病，則諸位溫病學家多有闡發。例如葉天士說："病自外感，治從陽分、若因口鼻受氣，未必恰在足太陽經矣、大凡吸入之邪，首先犯肺，口鼻均入之邪，先上繼中"、"暑熱必挾濕，吸氣而受，先傷於上"、"時令濕熱之氣，觸自口鼻"（《臨証指南醫案》）。臨床上，往往可見惡寒發熱為主而口鼻症狀不明顯，或鼻塞流涕不止而惡寒甚微者，治療亦有偏重；2. 惡寒、脈浮：惡寒、脈浮是感冒最常見的脈症，所以對於感冒來說，"有一分惡寒，便有一分表証"這句話是對的，但絕不能說有惡寒便有表証。《金匱》云："諸浮數脈，應當發熱，而反灑淅惡寒，若有痛處，當發其癰”。事實上，舉凡瘡瘍、腸癰、肺癰、喉癰，甚至膽石、熱淋、熱痺……在它們發病的某階段，都有惡寒發熱，甚至脈浮的表現，切不可誤認為感冒。至於感冒是否一定脈浮，本書有關脈診的章節已有提及，不贅。3. 身痛：感冒可有身痛，有人認為身疼痛屬寒，身沉重屬濕，也有人認為邪在表則身疼、邪入裏則身重，更有人認為“（受寒）不汗出之同時，皮腠間的水液凝澀不散，而出現周身沉重，甚至酸楚”，可是白虎湯亦治身重，羌活勝濕湯治証是“腰脊重痛，或一身盡痛、不能轉側”，九味羌活湯治証是“肢體痠楚疼痛”，那麼，白虎湯是治濕的嗎？後兩方是治濕為主，還是治寒為主？羌活勝濕湯是治邪在表還是在裏？最佳辦法，不如結合感冒其他症狀和脈舌配合來判別病邪性質為妙。4. 頭項強痛：須分經及分病邪性質論治。先說頭痛，如巔頂用藁本、眉棱骨用白芷、兩顳用川芎……前人早有論述；若分病邪性質，如羚角、鈎藤清解少陽風熱、防風、川芎發散少陽風寒；白芷、葛根、羌活皆可解表而治陽明經邪，但白芷散寒、葛根清熱、羌活除濕……頸項強痛也是如此，俯仰不得與轉盼困難，須分經而治，《靈樞 · 雜病》說：“項痛不可俛仰，刺足太陽；不可以顧，刺手太陽也”便是邪在手足太陽分治的明證，用藥方面，若俛仰困難，則風寒用麻、桂，濕勝用羌活，熱盛用葛根，暑傷用滑石；若轉盼困難，除了手太陽，還有病在少陽，因少陽主樞，行人身之側也，柴胡或青蒿為常用之藥。

感冒以挾食最為常見，又易化為食痰。此食痰常令一邊的寸脈不浮。

虛人感冒最應留意，仲景有瘡家、淋家、衄家、亡血家、脈微弱、尺中脈微、脈遲、下後而身重心悸等等，都不可發汗的告誡，筆者初出道之時，診一患感冒的農村婦女，年約二十多歲，外形似乎頗健碩，主訴頭身重、胸痞、困倦、微惡風，脈濡、苔厚白膩微黃，處方予三仁湯加神曲，患者翌晨覆診，謂昨夜服藥後，至今汗出不止、眩暈欲仆，經量度血壓甚低，筆者大吃一驚，即予西藥處理才轉穩定，仔細詢問，方知病者因患鈎蟲病而貧血，與“亡血家”同理，故困倦之症和柔細之脈（濡脈為浮而柔細之像）也可以是血虛的表現，其脉之無力有力，實為虛實之關鍵，此症以虛為實，雖三仁湯亦足以亡陽。此後行醫有年，把這一教訓推而廣之，遇有產後感冒、經行感冒、有經常失血可能的患者（例如痔瘡、地中海貧血、經常皮下出血的患者），雖然感冒症狀輕微、貧血症狀也不明顯，也注意用藥分寸，適當加上扶正氣的藥。

在感冒用藥上，筆者接觸過不少初學者，他們最喜歡運用的方是：風寒用葛根湯、桂枝湯，風熱用銀翹散、麻杏甘石湯，後兩方則幾乎發熱必用，如果服用一兩天感冒未除，尤其是體溫不降，就不免心裏慌張，立即加入或全部改用西藥。他們通常忽略了以下幾點：第一，就粵港而言，除了辨別風寒、風熱外，常常要注意挾有濕邪。上述方劑幾乎沒有袪濕的作用，所以，即使症狀一時似乎減輕，但濕邪纏綿，有汗不解，感冒依然存在甚至加重：其實，臨床上還有不少良方都兼有治濕邪在表的作用，如荊防敗毒散、柴葛解肌湯等，都是港粵地區治感冒常用方；第二，通常服感冒藥，要一天服兩次甚至三次，還要注意煎藥、服藥等環節才能收效；第三，要根據病者體質投藥，不一定要用發汗藥，更非用強發汗藥或大劑藥量才奏效，有時更是適得其反。葉天士說：“小兒肌疏易汗，難任麻桂辛溫，表邪太陽治用，輕則紫蘇防風一二味，身痛加羌活，然不過一劑；傷風症亦肺病為多，前杏枳桔之屬，辛勝即是汗藥”。同理，老年人氣血虛衰，若患外感，亦需同法處理，粵港地處東南，溫暖潮濕，居民體質，亦是“肌疏易汗”，所以葉氏的說法亦適用於粵港，而臨床所見，由於溫熱傷津，故運用發汗藥的時候，更要謹慎，通常筆者在運用較強的發汗藥時，都會叮囑病人飯後服藥，或藥後約半小時啜熱稀粥，甚或加蓋被取汗，既有助扶正發汗，又可防過汗傷正。陰血虛而患外感者並非少見，古有《小品方》之葳蕤湯及《通俗傷寒論》之加減葳蕤湯，筆者常用家傳方：桑寄生、白芍、首烏、北沙參、青蒿、神曲，白薇、菊花，或再加玉竹。第四，要注意感冒的兼夾症。若感冒挾食，選加芒果核、布渣葉、大腹皮，萊菔子。

感冒而兼胃腸症狀，即所謂“胃腸型感冒”。藿香正氣散及其加減方、六和湯、三仁湯、甘露消毒丹均可使用，藿香正氣散外散風寒挾濕而內化腸胃之濕濁，六和湯兼脾虛挾濕、尤其是暑濕；後兩方治濕溫在上中二焦，若惡寒明顯則力有不逮，須加蘇葉或香薷。若暑熱重於濕，則是新加香薷飲証，惡寒重者，加蘇葉，胃腸症狀重者，必加黃連。

經行感冒，西醫稱“週期性感冒”，每於經前或經行初期發生，偶亦有經後期才發生的，其症與感冒無異，但多見頭部症狀，舌多偏淡，脈亦不足（與正常月經將來之脈比較而言），逍遙散加減為要方，於經前一周左右開始服藥，至經來即止，堅持四至五週期，可獲痊癒，氣虛加黨參。

以上所述都是治感冒的“正方”，但民間尚有很多治法和草藥“偏方”，常有奇效。例如治感冒初起，民間常煎生薑水熱服或沐浴後覆被取微汗（見《薑》條），或用鮮銀花藤連葉一大紮煎水洗澡，再覆被取汗，常可取效；又如，有一類診為重感冒的患者，惡寒發熱常一周以上不愈，午後熱甚，體溫常流連在 37.8-38.5°C之間，頭身痠重疼痛，尤其是腰脊重痛，神倦脈濡，面色灰滯，小便深黃，民間俗稱挾色傷寒，若用治濕溫方或清營涼血透解，或用西醫治感冒藥或抗生素，並無效果，病情發展，身痠痛、神倦益甚，寒熱依然，夜間偶有譫語，民間用榕樹鬚、鴨腳木、苦瓜乾、鬼羽箭、白薇、路兜簕之類，卻有良效，若見高熱而體尚壯實者，可加鮮痕芋頭一両先煎 4-6 小時，再加入上方同煎。

2. 哮喘點滴

哮喘是頑固、反覆發作、難以根治的疾患。論者多遵丹溪之說，未發時扶肺、脾、腎為主，既發以攻邪為急而分冷哮、熱哮論治，然而證諸臨床，很多患者都是長期發作，有些還是天天發作，難道都要連續攻邪為急？有些患者，明明病情緩解，甚至三數天都沒有發作，醫者於是趕快抓緊時機扶正，不料才扶了一、二天，甚至藥才服了不久，患者又發作了，這時候是不是又急於攻邪？再者，單從治哮喘發作的常用方來看，小青龍湯有去麻黃加附子之例，蘇子降氣湯有沉香納氣歸腎之議，顯然都有虛實兼顧、標本同治的用意，並非一味攻邪為急。

治療本病首先要摒絕病源，如花粉、塵蟎、含異性蛋白的食物、特殊氣味、某些寒涼或辛熱飲食等等均可誘發本病，但因人而異；氣候變化亦常為病發誘因，但又與患者常患鼻過敏有關，故此治療鼻過敏，常常是避免本病發作的關鍵，有時還是治療哮喘發作以至根治的重要一環；第二，本病大部份時間處於虛實兼雜的階段，因為長期患病、反覆發作，發作時很多患者吸氣不足，身常出汗，平時又多有鼻敏感，所以肺的正氣常虛，但是痰阻於肺而不得根除，實邪長期盤踞，所以本病所謂發作，不過是邪氣較盛或加外感誘發而已，所謂未發作，只是正邪之爭相對靜止，或正氣較強而已；第三，在診斷上，舌診通常只能作有限度的參考，因為長期使用類固醇的關係，不少患者舌質較紅，切不可單憑這一點遽斷為熱；另外，舌乾少苔或無苔未必無痰蘊伏，可能是葉天士所說的“望之若乾，手捫之原有津液，此津虧濕熱薰蒸”而成的濁痰；第三，脈診對診治本病，有的時候會有關鍵性作用，有一位約六七十歲的男性患者，哮喘發作多日不止，診斷為哮喘合併感染、心力衰竭，當時西醫已用盡辦法，仍不見效，患者面色灰黯而浮，兩目無神，只能端坐呼吸、雖吸氧而仍張口喘息抬肩、困難呼吸，口角流涎，肢冷，兩肺滿佈喘鳴音，脈搏短絀，吳灼燊老師根據患者牢脈，用黑錫丹，服至第三天，患者終於脫離危險期，症狀明顯好轉；有一位約五十歲、職業是漁民的男患者，哮喘日夜發作已四天，胸滿氣促，除了西藥外，前醫已用過小青龍湯、蘇子降氣湯、旋覆代赭湯合二陳湯等無效，筆者畢業不久，亦傍徨無計，乃細心診其脈，右關明顯獨虛，如凹下感覺，忽然想起《內經》“咳逆上氣，厥在胸中，過在手陽明、太陰”一語，於是用苓桂朮甘湯，重用白朮八錢，服藥一劑而哮喘大減，三劑而哮喘得止，續調治四天出院。

哮喘既然是宿飲、痰飲留伏，哮必兼喘，那麼，《傷寒論》、《金匱》兩書中凡治痰飲（水飲）、咳嗽上氣的有關篇章都可作重要參考，但是，只要稍加留意，就不難發現仲景十分重視這些病証的脈診，例如在“咳嗽上氣”這一章共八條條文中，有脈診者佔其五；在“痰飲咳嗽”這一篇中，關於痰飲的主脈、診斷、四飲的區別、預後等等，莫不與脈診有重大關係，試舉其中數條為證：“脈雙弦者，寒也，皆大下後素虛；脈偏弦者，飲也”；“脈浮而細滑，傷飲”；“胸中有留飲，其人短氣而渴……脈沉者，有留飲”；“病者脈伏……此為留飲欲去”；“脈沉而弦者，懸飲內癰”；“膈間支飲……其脈沉緊”；“欬家其脈弦，為有水，十棗湯主之”；“脈弦數，有寒飲，冬夏難治”；“久欬數歲，其脈弱者，可治，實大數者死，其脈虛者，必苦冒……”實踐證明，這些條文悉數可以應用到哮喘中，也就是說，治療哮喘，診脈是很重要的一環，希望學者留意。

有認為哮喘証不宜用北芪，因北芪升提陽氣，其實是誤解，蓋哮和喘都有虛實，甄權認為本品“主虛喘”是最好證明。

病例：陳女士，57歲，2021年7月16日診。向有哮喘，經常發作，每投小青龍湯、蘇子降氣湯得以臨床治愈。此次恰逢酷暑，哮喘大作，服上方無效而來診，據述近兩三天汗大出、哮喘仍不止，眩暈、胸中窒悶如堵，氣短心悸，渴欲暖飲，試觸手足濕冷，舌淡，脈兩關尺俱虛，處方：北芪、白术、淮小麥各一両，熟附子、炙甘草、生龍骨各五錢，乾薑四錢、山萸肉八錢、五味子三錢、大棗四枚，水四碗半煎至大半碗，日一服，三劑後汗止喘平，諸症臨床痊愈。

3. 針藥配合治療腎病的體會

腎病概指腎的多種病變，本文只討論腎炎。

腎炎是腎小球腎炎的簡稱，常見有急、慢性腎小球腎炎，腎病綜合徵，腎小管間質性腎炎，乙型肝炎病毒相關性腎炎，狼瘡腎炎，過敏性紫癜腎炎等。這些疾病，涉及中醫各臟腑、經絡，病機複雜，証候不一，治療各異，現將筆者多年的治療體會與諸位討論。

中醫典籍雖無腎炎之名，但對腎炎所發生的症狀，如水腫、尿血、淋証、眩暈、癃閉、腰痛、虛勞等，多有詳細論述，為我們提供了很多治療“腎炎”的重要資料。

水腫是“腎炎”的常見症狀，《內經》有風水、腎風、水脹、石水、湧水等記載，並對水腫的症狀加以論述。如《靈樞 · 水脹》：“水始起也，目窠上微腫，如新臥起之狀，其頸脈動，時咳，陰股間寒，足脛腫，腹乃大”。與腎炎水腫相似。《湯液醪醴論》更指出水腫治則和針刺大法：“平治於權衡，去菀陳莝，微動四極，溫衣繆刺其處，以復其形，開鬼門，潔靜府”。張仲景按病因脈証，分為風水、皮水、正水、石水、黃汗、裏水並有方藥；又按五臟分為心水、肝水、肺水等，並論述症狀，指出水腫治則：“諸有水者，腰以下腫，當利其小便；腰以上腫，當發汗乃愈”。又辨証施治，予以處方，指出預後，其中明確提出“血不利，則為水，名曰水分”，為後世用活血祛瘀法治療某些腎炎奠定了基礎。

唐·孫思邈對水腫病因、病機進一步發揮外，還選載了很多治療方劑，其中千金鯉魚湯和《食治》中提出水腫須忌鹽，對現今治療腎炎仍有參考價值；元·朱丹溪《丹溪心法·水腫》：“若遍身腫，煩渴，小便赤澀，大便閉，此屬陽水…若遍身腫，不煩渴，小便不赤澀，此屬陰水”，把水腫分為陰水、陽水兩大類；清·唐容川闡發仲景之旨，提出“瘀血化水，亦發水腫，血積日久，亦能發為痰水”，對現今治療某些腎炎用活血化瘀法提供了明確的理論依據。

尿血也是腎炎常見症狀，可通過尿液等手段檢查，明顯時肉眼可見，《內經》把尿血稱為溲血、溺血，《素問·氣厥論》：“胞移熱於膀胱，則癃溺血”，《素問·四時逆從論》：“少陰澀…則病積溲血”，指出溺血、溲血與膀胱、小腸、心、腎有關。但綜合後世醫家如巢元方、陳無擇、朱丹溪、王肯堂、張景岳等論述，尿血的病位雖在膀胱、小腸、腎，但從心主血、肝藏血、脾統血、肺朝百脈等理論結合臨床，則心、脾、肝、腎有病，均可發生尿血，根據上述理論來治療腎炎尿血，十分有效。

尿蛋白是腎炎常見症狀，患者常見尿有泡沫，一般可從尿化驗出來，治療十分棘手，中醫典籍中尚找不到它相應的病名，但與“尿濁”、“膏淋”相似，它與腎藏精、脾升清降濁、肺主治節、三焦司決瀆、肝主疏泄等有關，此外，濕熱內蘊、瘀血阻滯也可導致精微外泄而產生蛋白尿。

高血壓也常見於腎炎。中醫稱為眩暈，主要從肝腎論治，但與五臟也有關，據病情、分虛實，虛者補虛，如補血，益氣，滋陰，實者祛濕，化瘀，除痰以熄風治眩暈。

臨床觀察，腎炎的病因多由外邪誘發，其次是居處卑濕、情志失調、飲食不節、房室縱慾、勞倦過度、藥物致傷等，最後可引致腎功能不全、腎臟損壞、腎衰竭、邪毒擾心等危重症候。

腎炎的治則：

1. 祛除外邪：可選用祛風發散、化濕利水、溫陽散寒、清熱瀉火等法。

2. 調理臟腑：可選用調理肺氣、通調水道；健脾益氣、化濕利水；補益腎氣、調理陰陽；舒肝解鬱、調節氣機；調導三焦等法。

3. 祛除病理產物：運用清熱利濕、祛痰化濁、活血化瘀、解毒辟穢等法。

4. 解除七情、飲食、勞倦等內因：運用調節情志，疏肝理氣，調和飲食，補益氣血，勞逸適度調節氣血陰陽等法。

5. 治療尿毒上犯心包：運用開竅醒神，除痰降濁，有熱清熱等法。

臨床上，我們要面對病者出現水腫、尿蛋白、尿潛血、高血壓等症狀，水腫要辨証施治，嚴重水腫要考慮急則治標用逐水法，瀉後再調理：頻發蛋白尿常導致體內蛋白不斷流失，後果不佳，要考慮腎藏精，在祛邪的同時，據病情要兼固精關、補精微；治療尿血要從病因著手，如心移熱於小腸、脾不統血等原因考慮，單純見血止血而用止血藥，效果往往不理想，此外，還要排除泌尿系結石、腫瘤、月經期等情況；高血壓易致眩暈，一般多用平肝熄風法，但腎炎患者，不少屬血虛生風、陰虛風動者，須辨別。

腎炎的治療：

1. 外感風溫、風寒，繼發水腫。此症多於急性腎炎。

外感風溫、風寒均可引起肺失宣降，水液代謝失常而水腫。

風溫証：發熱惡風，眼瞼浮腫，漸至四肢全身皆腫，咽喉腫痛，小便短赤，苔黃質紅，脈浮數。

治則：疏風清熱、宣肺利水。

中藥：銀翹散，麻黃連翹赤小豆湯、五味消毒飲加減。咽喉腫痛，嚴重者化膿，最易誘發急性腎炎，應急加普濟消毒飲、石膏、兼喉風散噴喉等。

針灸：風池、外關、商陽、大椎、合谷、委陽。

風寒表實証：惡寒發熱，無汗，面目浮腫，咳嗽氣喘，小便不利，頭身痛，舌苔白，脈浮緊。

治則：辛溫發表，宣肺祛濕利水。

中藥：麻黃加朮湯加減，在粵港地區，這一類型比較少見。

針灸：風池、肺俞、列缺、委陽、外關。

風寒表虛証：惡風汗出，面目浮腫，小便短小，體倦乏力，舌苔薄白，脈浮緩。

治則：辛溫解表，調和營衛，宣肺利水。

中藥：桂枝湯合五苓散加減。

針灸：風池、足三里、合谷、委陽、尺澤。

濕熱侵表証：惡寒發熱，全身浮腫，四肢困倦，肌肉煩疼，關節痠痛，頭重如裹，胸痞咳嗽，口淡而苦，小便短小，舌苔白膩，脈浮滑數 。

治則：芳香化濕，宣肺解表，利水消腫。

中藥：藿樸夏苓湯合五皮飲加減。

針灸：外關、合谷、豐隆、委陽、肺俞。

2. 濕困脾陽：肢體浮腫，體倦困重，胸悶納呆，便溏，小便短小，舌苔白厚，脈沉緩。

治則：運脾除濕，利水消腫。

中藥：胃苓湯、如水腫甚，加五皮飲。

針灸：足三里、陰陵泉、委陽、三焦俞、偏歷。

3. 脾胃氣虛：少氣懶言，神疲困倦，肢體浮腫，腹脹痞滿，面色淡白，大便溏，舌淡白，質淡紅，脈緩。

治則：益氣健脾，利水祛濕。

中藥：參苓白朮散，五苓散加減，或防己黃芪湯。

針灸：陰陵泉、足三里、腎俞、太溪。

4. 肝腎陰虛：腰膝痠痛，頭暈耳鳴，五心發熱，口乾咽痛，顴紅盜汗，眼目乾澀，尿如淡茶，有泡沫，舌質紅，舌苔少，脈細數。

治則：滋補肝腎。

中藥：六味地黃湯合建瓴湯加減。

針灸：尺澤、太溪、陰陵泉、腎俞、三陰交。

5. 脾腎陽虛：下肢浮腫，肢冷便溏，腰膝痠軟，面色淡白，脘腹脹滿，畏寒怕風，舌淡白胖，脈沉細而緩。

治則：溫補腎陽，利水消腫。

中藥：真武湯合附桂理中湯加減。

針灸：腎俞、復溜、足三里、太溪、大椎、命門。

6. 瘀血：浮腫，面色黧黑，肌膚甲錯或有瘀斑，尿血，舌紫黯，脈澀。

治則：活血化瘀，調理營衛，利水消腫。

中藥：桃紅四物湯合五皮飲加減。

針灸：腎俞、委陽、曲池、血海、曲澤。

7. 邪毒與熱上犯心包：有濕濁化熱，熱入心包見神昏譫語，面赤身熱，口有尿味者，治以清熱開竅，除痰降濁，用紫雪丹、至寶丹、清營湯、牛黃承氣湯等加減。此証宜中西醫結合搶救。

針灸：大陵、水溝、豐隆、湧泉、支溝。

以上治法只作參考，臨床還要據具體症狀辨証施治，特別在針灸方面，要正確選穴和運用正確手法，方能取得良效。此外，飲食療法，氣功療法，民間驗方都可按實情選用

病例：

1. 慢性腎炎、早期尿毒徵（見第一冊38頁，韓紹康醫案）

2. 腎病綜合徵

張女士，32歲，護士，1993年6月10日初診。患腎病已三年，遍醫不效，經常尿檢蛋白+++-++++，小便

不多，雙下肢及面部微腫，血壓及血脂偏高，某醫院診為腎病綜合徵，來診時見面部和下肢微腫，面白無華，少氣懶言，困倦乏力，胃納不佳，小便短少，大便溏，時見眩暈，舌苔淡白而滑，舌質淡紅，脈沉細無力，檢查：尿蛋白 +++，血壓：135/90mmHg，膽固醇和甘油三脂值略偏高，BUN 和 Cr 值略偏高，診斷為脾腎兩虛，水濕不化，水腫，治以補脾益腎，利水化濕，選用參苓白術散合五苓散加減：黨參、白术、雲苓各 30（克，下同）陳皮 5 淮山、杜仲、澤瀉各 20，炒扁豆、桂枝、破故紙、大棗、豬苓各 15，七劑 水煎 日一劑。針灸：選取足三里行導補法，25 分鐘後全身暖和出汗。病者針藥後，小便增多，精神好轉，上方再服七劑。

6 月 24 日再診：小便增多，大便正常，面部已無浮腫，但下肢仍有微腫，精神、胃納好轉，無眩暈，舌脈如前，檢查：尿蛋白 ++，血壓 120/84mmHg，上方去陳皮、扁豆，加巴戟 15、北芪 20，七劑，水煎服，每日一劑，後又照此方略為增減，再服二十劑，水腫全消，精神更好。針灸仍取足三里導補。

7 月 15 日診：病者無水腫、無眩暈，胃納好轉，說話順暢，面色淡白，脈弦細有力，苔白略厚，舌質紅。水濕已去，宜注重健脾益氣，補腎固精，用血肉有情之品。檢查：尿蛋白 + 血壓：120/80mmHg 藥用：黨參 30、白术 30，杜仲、北蓍、淮山、雲苓各 20，澤瀉、紫河車、菟絲子、桑螵蛸、大棗、巴戟各 15，七劑，水煎服，每日一劑，以後病者按此再服，一個月後症狀基本好轉，尿蛋白（—）血壓：120/80mmHg，後照此方加減服用，一年後復檢，證實腎炎已痊癒，後結婚生女，至今腎炎沒有復發。

3. 膜性腎炎

區女士，25 歲，職員，2015 年 12 月 30 日初診。因外感和吃蝦、燒鴨，反復高熱半月，伴有雙膝關節痛，曾在某醫院就診。過去有膜性腎炎史，檢查：尿蛋白 ++，尿潛血 +-，尿白血球 +-，血常規：5.04 × 104E9/L，N：59.90%，診斷為膜性腎炎，發熱待查。來診時 T：39.4℃，自述寒熱往來，兩膝關節痛，腰部痠疼，頭痛，口乾，胃納不佳，大便乾結，小便短少，心煩，脈浮弦數，舌質深紅，苔黃乾，診為外感風寒、內傷飲食，邪入少陽化熱，治以祛風解表，消滯清熱，和解少陽方用小柴胡湯、溫膽湯加減：柴胡 10、蟬衣 10，防風、竹茹、法夏、枳殼、黃芩、青天葵、銀花、白薇、澤瀉、神曲、石葦各 15，芒果核 30、羚羊片 2（先煎），三劑，水煎服，每天一劑。

2016 年 1 月 3 日診：熱減，仍有寒熱往來，夜間發熱 38.3℃，照上方加減：青蒿 10（後下）、柴胡 10、銀花 15、黃芩 15、石葦 20、南豆花 10、丹皮 15、地骨皮 15、白芍 15、蟬衣 10、澤瀉 15、甘草 10、羚羊片 2（先煎），水煎服，每日一劑。

1 月 6 日：仍有惡寒，夜間發熱，口乾咳嗽，照 1 月 3 日方加桑白皮、浙貝各 15 以止咳除痰，生地 30、小環釵 15 以養陰清熱，三劑，水煎服。

1 月 10 日：發熱與寒熱往來已無，頭痛、兩膝關節痛消失，胃納好轉，照 6 日方加減：柴胡 10、黃芩 15、甘草 10，小環釵、丹皮、麥冬、淮山、花粉、地骨皮、連翹各 15，石葦 20、生地 30，三劑，水煎服。

1月13日：諸症消失，檢查尿蛋白（—），照6日方加太子參15、麥芽30、白芍15，去淮山、黃芩，每日一劑，至1月17日、20日復診，病情穩定，後常按上方不時服用，追訪七個月，無再發作。此病原有膜性腎炎史，復因感冒誘發，在治療感冒同時兼顧舊病，結果兩証皆愈。

4. 紫癜性腎炎

區先生，43歲，工人，2012年1月3日初診。患者於一年前運動後，身熱汗出，途中遇大風雨，衣衫盡濕，夜半遂高熱頭痛、渾身不適，腰部及四肢關節痠疼，口乾渴飲，急診於某醫院西醫，診為感冒，針藥數天，轉為低熱，頭身痛楚減輕，但出現尿血，胸腹、腰背、四肢皮膚漸次出現紫癜，診為紫癜性腎炎，經中西治療，症狀略好轉。來診轉自覺腰痠頭痛，腰以下仍見暗紅色紫癜，尿色如淡茶，睡眠差，常心煩失眠，口乾苦，舌邊尖深紅、苔薄黃，脈弦細數。檢查：尿蛋白+++，尿潛血+++，尿紅細胞+++，BUN，Cr正常，診為肝腎陰虛，心肝熱盛，熱傷血絡。陽絡傷則血外溢於皮膚而為紫癜，熱傷腎與膀胱，心移熱於小腸，陰絡傷則血內溢而為尿血，治當滋陰瀉火，清熱止血，予六味地黃丸、二至丸、小薊飲子加減：生地、淮山、石葦、女貞子各20，山萸肉、澤瀉、地丁、黃柏、白芍、銀花、旱蓮草、大薊、小薊、側柏葉各15，丹皮、蟬衣、太子參各10，六劑，水煎服，日一劑。

1月10日：症狀如前，上方去白芍、旱蓮草，加茜草根15，日一服。

1 月 17 日：症狀如前。檢查：尿蛋白 ++，尿潛血 +++，尿紅細胞 +++，照 1 月 3 日方去淮山、太子參、蟬衣，加茜草根、臘梅花各 15，六劑，水煎，日一服。

1 月 31 日：因運動及吃了燒烤品，尿血加重，色赤刺痛。檢查：尿蛋白 ++，尿潛血 ++++，尿紅細胞 +++，白細胞計數 14.19 × 10E9/L，舌邊尖深紅、苔黃，脈弦數，診為心肝熱盛、膀胱濕熱、熱迫血絡：龍膽草、枝子、黃芩、澤瀉、大薊、小薊、地丁、太子參、白芍各 15，生地、仙鶴草各 30，石葦、淮山各 20，丹皮、甘草各 10，水煎，日一服。

3 月 20 日：迭服上方，症狀明顯好轉，紫癜大減，小便已無刺痛，尿茶色轉淡，舌質紅、苔薄黃。檢查：尿蛋白 +，尿潛血 +++，尿紅細胞 ++，照 1 月 31 方去枝子、黃芩、澤瀉，加川連 10，藕節、茅根各 30，臘梅花 15，水煎，日一服。

6 月 19 日：紫癜基本消失，小便無茶色，無心煩失眠，口不乾。檢查：尿蛋白（—）尿潛血 +-，尿紅細胞 0-1，仍按上方加減：生地、藕節、仙鶴草各 30，淮山 20，太子參、白芍、山萸肉、黃柏、丹皮、茜草根、地榆、地丁、大薊、小薊、蓮房、臘梅花各 15，水煎，日一服，或加麥冬、石斛、關沙苑。

7 月 9 日：諸証基本痊癒。尿蛋白（—）尿潛血（—），以下方善後：生地、藕節、丹皮各 30，關沙苑、女貞子、石葦、淮山各 20，太子參、白芍、石斛、山萸肉、合歡皮、大薊、小薊、黃栢、臘梅花、側柏葉各 15，川連 10，六劑善後。

5. 慢性腎炎

鄺先生，50 歲，工人，2015 年 5 月 17 日初診。患慢性腎炎數年，經常尿有泡沫，眩暈，近年來出現小便短少，下肢水腫，胸悶納呆，檢查：尿蛋白 +++，尿潛血 ++，尿素氮 31mmol/L，血肌酐 Cr：126umol/L，某醫院診為慢性腎炎，腎功能不全，予西藥和洗腎（腹膜透析），來診時面色晦暗，精神疲乏，眩暈、口淡、胸悶、下肢水腫，小便不多，胃納不佳，舌質淡有齒印，苔厚白而滑，脈沉細無力。血壓：140/92mmHg，診為脾腎陽虛，水濕不化，水腫，治以溫脾補腎，行氣利水，用附桂理中湯合五苓散加減：制附子（先煎）、白术、桂枝、澤瀉、豬苓、故紙、白芍各 15，北芪、黨参各 30，雲苓 20，乾薑、炙甘草各 10，七劑，水煎，日一服。

5 月 21 日診：尿量增多，水腫、胸悶減，精神好轉，血壓：136/90mmHg，尿蛋白、肌酐變化不大，上方加巴戟 15、石葦 20，水煎，每日一劑，一個月後，尿量大增，水腫全消，已無胸悶、眩暈，胃納、面色好轉。檢查：尿蛋白 +，尿潛血 +，尿素氮 17mmol/L，血肌酐 106umol/L，以後按此方加減，有時停用附子、乾薑、故紙，繼續治療 2 年，但有時仍服西藥及洗腎，以防腎衰。病情穩定。

4. 痔瘡心得

痔瘡以濕熱者居多，醫者多以槐榆煎取效，日久失血漸多，轉為血虛，則有赤小豆當歸散為主方。通套治法，不過如此。

臨床所見，此病初起雖因濕熱蘊結，但每每纏綿反覆，發作的原因多因暴飲暴食，尤其煎炸燥熱煙酒過度，或因長期便秘，或因妊娠，或坐臥過久，以致加重血熱或局部血絡阻滯鬱結而致，除了針對以上病因作調理外，用藥方面，血熱傷陰可用槐花、生地、生鱉甲為主藥，酌加白芍、秦艽、女貞子之類，同類藥物尚有側柏葉、紫荊皮、刺蝟皮，療效差不多，但地榆帶澀，初發作時若兼便秘，反而要慎用，若便秘嚴重，不如用大黃效果更好。另外，方中之槐花，似乎效果稍遜於槐角。

此症兼外治效果更好，出血之時，可用槐花一両至両半，五倍子、大黃、黃柏、苦參、蘇葉各五錢煎水候溫，然後浸洗局部 10-15 分鐘，一日兩次；血止後，加入枯礬（五錢）共煎水，溫浸痔核 10-15 分鐘，早晚各一次，有止痛、縮小痔核的良好功效，內外痔均可用，若純為內痔，溫浸時間要適當延長。治療二至三天，效果理想。

若兼便秘瘀阻，可參考東垣秦艽白朮丸意化裁，注意：東垣在這裏所指的便秘是血燥所致，並非上文所指之便秘，所以方中用當歸、桃仁、秦艽而不用大黃，臨床所見適用於本方者其實不少，多屬反覆發作，失血而致大便燥結，因大便困難而致痔血及疼痛增加，其舌質偏淡，與濕熱實証大不相同；日久血虛者，必有唇淡、舌淡、爪甲不榮、脈細等症可參考，此時切不可作濕熱誤治，否則服後反增眩暈，可用赤小豆、當歸、祈艾、白朮，切不可棄赤小豆而單用當歸；氣虛加黨參；陽虛生寒，可加吳茱萸、炮薑。

若酒客而患痔疾者，可參考葉天士醫案："酒濕污血，皆脾腎柔膩主病，當與剛藥，黑地黃丸，謙甫治此症，立法以平胃散作主，加桂附乾薑歸芍，重加炒地榆以收下濕，用之神效，即此意也"。

病例：祁先生，46 歲，2010 年 11 月 2 日診。患有痔疾十多年，大便常 4 至 6 日一行，因而影響痔疾經常發作，腹常脹痛，曾用西藥通便及外用痔藥，又曾服中藥槐榆煎等，均無效，舌淡胖而黯，脈弦澀無力，筆者初用赤小豆當歸散加火麻仁，繼用歸芍異功散加田七亦無效，細詢患者，謂右脅常隱痛，每因便秘時間較久而加劇，但曾作超聲波檢查，未見異常，有醫者曾診為濕熱，服藥（患者只記得有柴胡、大黃二味）得瀉下，其痛反增。試予大黃附子湯合張子和玉燭散加減：熟附子、大黃、北細辛、全當歸、赤芍、桃仁、紅花、黨參、乾薑、川芎、元明粉（沖），藥後大便得下兩次，腹、脇痛俱減，再服一劑，大便再下兩次，腹、脇痛俱止，痔血反而明顯減少，上方去元明粉、赤芍、紅花、川芎，加乳香，另外，黨參改用吉林參，再服兩劑，大便仍通，痔血全止，舌之黯色亦減，與歸芍異功散合赤豆當歸散善後。

溫先生，38 歲，2017 年 3 月 25 日診，自童年開始在酒場已接觸煙酒，至今已有二十多年，自稱近兩年才戒酒，只飲少量啤酒及紅酒。患混合痔十多年，經常有痔血，前年曾因連日痔血，導致昏倒入院輸血救治。近日來痔血量較多，貧血病容，眩暈，每天夜尿 2-4 次，脈弦細數無力，P：92，舌淡胖，苔白滑，予黑地黃丸合秦艽白术丸加減：熟地、炮薑、白术、蒼术、黨參、北芪、秦艽、地榆、赤小豆、仙鶴草、熟附子、炙甘草。四劑，血全止，以附桂（肉桂）理中湯加地榆、赤小豆六劑善後。

附帶說一下，痔瘡有因肝硬化等病引致痔靜脈瘀阻而起，必須同時治療原病，方能減少痔瘡發作。

醫話

1.“病入膏肓”解

病入膏肓源出《左傳》，意指病情危篤深入，無藥可治。然而什麼是膏肓，膏肓在什麼地方？很多人都不甚了了。高等醫藥院校統一教材《醫古文》（上海科技出版社·1987年第5版）謂：“心臟與膈膜之間的部位為肓，心尖脂肪為膏，膏肓都指人體內深層部位，針藥難以達到，因又喻重病”。2011年，某教授在中央電視台對外廣播節目（講解五禽戲）中認為膏肓指背部的膏肓俞，認為該穴是人體重要穴位，接近心臟，所以病邪一旦侵犯到該穴就很危險。深圳電視台節目的講者亦認同膏肓即膏肓俞，可見持此觀點者大有其人。

筆者認為上述兩種解釋都是有問題的，尤其第二種解釋明顯錯謬，且看《左傳》原文：“居肓之上，膏之下，若我何”？意思是說兩個“豎子”聽說秦國名醫要來診治，其中一豎子提出一個躲在病人的肓之上，另一個躲在膏之下，看你這位名醫奈我何？很明顯膏和肓是兩個不同地方，並非膏肓俞一穴；再說，膏肓穴無論如何重要，也只是足太陽膀胱經的一個穴位而已，即使《針灸大成》作者、針灸大師楊繼洲也認為該穴“淺者針灸，可保十全，深者亦未易為力”，並非如《左傳》所說的：“在肓之上，膏之下，攻之不可，達之不及，藥不至焉，不可為也”，可見病入膏肓並非指膏肓俞。

第一種解釋似乎也源於《針灸大成》，但該書原文卻是：“肓，鬲也，心下為膏”，又曰：“膏，連心脂膏也”，《十四經發揮》亦載：“凡人心下有膈膜，前齊鳩尾”，都指肓是鬲，即膈膜，並非教材所說的“心臟與膈膜之間的部位”，硬把膏和肓兩個部位都和心臟扯在一起。

其實，膏肓一詞的解釋見於《靈樞 · 九針十二原》：“肓之原，出於鳩尾，鳩尾一；膏之原，出於脖胦，脖胦一”，鳩尾和脖胦都屬十二原穴，十二原有兩個很重要的作用，第一，“五臟有疾，應出十二原，明知其原，睹其應，而知五臟之害”；第二，“主治五臟六腑之有疾者”，尤其是第一點。兩穴都是任脈的重要穴位。鳩尾是任脈之絡穴，在劍突下方，因其接近主動脈，而且，肓之上非常接近心臟，故古人對此穴針灸都十分謹慎，《素問注》：“不可刺灸”；《銅人針灸圖》：“禁灸，大妙手方針，不然，針取氣多，令人夭”。脖胦即氣海，位於臍下寸半。氣海一向公認為強壯保健的要穴。《針灸大成》指出，此穴乃“男子生氣之海”，極言其穴之重要，膏之下乃丹田，亦即命門，膏之上乃神闕，乃元氣之舍。由此可見，鳩尾和脖胦一居上而近於心，心藏神，為五臟六腑之大主；一居下而近元氣之居舍，或近為先天元氣生命之門戶，若二豎分別扼守在心和元氣之門戶要衝之處，亦即表示病邪已深入到臟，而且到了人的最重要部位，心主不明則十二官皆危，元氣受遏則後天無所稟，真元垂絕，病情至此，確實是“攻之不可，達之不及”，藥石無靈，這才是病入膏肓之所以危篤的真義。

2.“養生”出處

養生一詞的出處，有認為源於《內經》，因為《內經》有幾處提到養生二字，如《靈蘭秘典論篇》：“凡此十二官者，不得相失也，故主明則下安，以此養生則壽· · · ·主不明則十二官危……以此養生則殃”，《靈樞 · 本神》

更直接指出養生的內容："故智者之養生也，必順四時而適寒暑，和喜怒而安居處，節陰陽而調剛柔，如是則僻邪不至，長生久視"。有學者甚至認為《內經》就是養生學，例如某書在《前言》中，直言"《黃帝內經》是上古乃至太古時代民族智慧在醫學和養生學方面的總結和體現"。多數學者又認為，養生一詞始於莊子。尤其《莊子》一書中，有名篇《養生主》為證，該篇有一著名文章庖丁解牛，文惠君聽了一番解牛妙論後，說："善哉！吾聞庖丁之言，得養生焉"，所以有編者就斷言："養生一詞最早見於莊子內篇"（見該書上篇第一章第一節）。

其實，養生一詞早於莊子之前就出現了，例如春秋時期著作《管子．白心第三十八》："欲愛吾身，先知吾情，周視六合，以考內身，以此知象，乃知行情，既知行情，乃知養生"（《管子譯注》，黑龍江人民出版社，2003 年 1 月第 1 版）這段話的大意是：要想愛惜自己的身體，就先要瞭解自身的具體情況，環觀宇宙，用以驗證自身，以此知曉物象，才能瞭解可行的事，知道可行的事，才知道養生之道。可見這段話和《內經》"善言天者，必應於人"如出一轍，說明採用天人合一之道來養身，是養生學的重要內容和方法。《立政九敗解第六十五》又載："生養何也？曰滋味也，聲色也，然後為養生。然則從欲妄行，男女無別，反於禽獸，然則禮義廉恥不立，人君無以自守也"。這段話的大意是：飲食滋味，聲色之樂，人類賴以生存養命，然後才談到養生，但是，縱欲胡為、男女無別，返回禽獸狀態，這樣一來，置禮義廉恥於不顧，統治者也無法保全自己了。《內經》提倡"食飲有節、起居有常、不妄作勞"，反對

“以酒為漿、以妄為常、醉以入房……務快其心、逆於生樂”，正是直接承傳並發展了管子的養生觀。

莊子生於西元前355–前275年，管子卒於西元前645年，養生一詞及其主要內容，最少在莊子以前的三百年左右就出現了。

3. 陽氣、天、日

陽氣是中醫理論的很重要的概念，然而，學者也有千慮一失，理解錯誤的時候。試看下面的例子；《內經 · 生氣通天論篇》說：“陽氣者，若天與日，失其所，則折壽而不彰，故天運當以日光明，是故陽因而上，衛外者也”。有學者譯為“人身的陽氣，如像天上的太陽一樣重要，假若陽氣失卻了正常的位次而不能發揮其重要作用，人就會減損壽命或夭折，生命機能亦暗弱不足。所以天體的正常運行，是因太陽的光明普照而顯現出來，而人的陽氣也應向上向外，並起到保護身體，抵禦外邪的作用”。

這段譯文至少有兩個明顯錯誤。第一，原文明明說陽氣就像天和日，而非天之日，不單是譯文的“像天上的太陽”而已，只要參照上文（原文）“蒼天之氣……順之則陽氣固”，和下文“故陽氣者，一日而主外：平旦……日中……日西……”就不難明白，天和日是不同概念，它們對陽氣的關係是不同的；第二，譯文錯把“日光明”中的“光明”當作形容詞，其實，“日光明”是古代星占學的專有名詞，是代表太陽在沒有黑斑等異像的最佳、最正常的狀態。古人觀察到太陽有很多現象，分別冠以不同名稱，例如日變色、日無光、日晝昏、日中烏見、日食、日墜等，有數十種之多，即使是“日併出”（同時出現幾個太陽）、“日鬥”（兩個太陽相鬥）、“日重累”（兩個太陽重疊），它們雖然都是“太陽的光明普照”，但也不算是“天體的正常運行”，而是異常的日象。只有在“日光明”的情況下，才是天運的最佳狀態，地球的氣候才正常，風調雨順、災害不生、五穀豐登、人民健康。古人認為，太陽的異常活動能引致地球的變化，從而影響人類。如太陽黑子的劇變能引起磁場的變化、大氣以致地球氣候的異常、地震的頻發、瘟疫的流行等等，其中不少認識正越來越被現代科學所證實，例如，我國著名科學家竺可楨先生早已證實：“日中黑子眾多，則地球上溫度低減；日中黑子稀少，則地球上溫度升高”（《天道與人文・古今氣候變遷考》竺可楨著，北京出版社），由此推論，天運在日光明的情況下，必然是陽光普照，陽氣充足。

4. 扁鵲診治虢太子屍厥解

《史記・扁鵲倉公列傳》載扁鵲救治虢太子屍厥（蹷），成為千古佳話。從中醫角度來看，如何理解？

據原文所述，虢太子的發病時間是雞鳴時分，即丑時（見高等醫藥院校教材《醫古文》第 5 頁註解，上海科技出版社 1987 年 5 月第 5 版，又，《雲夢睡虎地秦簡》：“鷄鳴丑，平旦寅”），距扁鵲得知消息的時候已將近半天，也就是說，太子病發於陰氣最盛之時，丑時為厥陰肝經氣旺之時，陰盡則陽生，本待至寅時則營衛之氣大會，氣機亦由陰轉陽，如果獨陰無陽，則陽氣無由得生，太子當死無疑，但扁鵲認為太子未死，又有什麼依據呢？扁鵲說：“試入診太子，當聞其耳鳴而鼻張，循其兩股以至於陰，當尚溫也”。推想扁鵲的判斷是來自《內經》。

《邪氣臟腑病形》說："十二經脈，三百六十五絡，其血氣皆上於面而走空竅…，其別走於耳而為聽，其宗氣上走於鼻而為臭……"。《繆刺論篇》進一步指出："邪客於手足少陰太陰足陽明之絡，此五絡皆會於耳中，上絡左角，五絡俱竭，令人身脈皆動，其狀若屍，或曰屍厥"。可見心腎肺脾胃的絡脈皆會於耳中，只是客邪令這些臟腑的絡脈一時閉阻，影響全身經脈皆引起反應，以致全身冰冷如屍，今太子耳尚鳴動，由於腎主先天精血，開竅於耳，少陽為樞，主少火生氣，其經脈絡於耳，脾胃為後天之本，證明這些臟腑及其所包括的先後天生機尚存，樞機未折，全身氣血仍在。《內經》又說："真氣者，所受於天，與穀氣併而充身者也；宗氣者積於胸中，出於喉嚨，以貫心脈，而行呼吸焉"。今太子鼻尚張，說明真氣、宗氣尚存，心肺功能尚在，後天穀氣未亡。可見耳鳴而鼻張是陰盡之後陽氣尚有生機，故能通過絡脈上走耳鼻空竅；另外，《內經 · 經脈第十》說："肝足厥陰之脈……循股陰，入毛中，過陰器"，《厥論》又說"前陰者，宗筋之所聚，太陰陽明之所合也"。今太子循兩股至陰器尚溫暖，證明厥陰之氣亦未絕，故能絡絕而徑通，以致後天（太陰陽明）之陽氣雖衰但還存在。

從以上分析可知，虢太子所患的是屍厥，是陰陽之氣一時不相順接而出現的假死現像，雖然四肢關節以下冰冷，但生機未泯，尚可救治。

扁鵲通過簡單的望（鼻張）聞（耳鳴）問（發病時間）切（循股至陰），便扼要地確定虢太子五藏之氣未絕，其診斷技術令人嘆服！

司馬遷還詳細記載了扁鵲成功救治虢太子屍厥的全過程，但是司馬公不是中醫，究竟他的記載是不是真實可信呢？從中醫角度分析，這樣治療是否正確呢？

上文已說明虢太子發病乃厥陰肝經經氣最旺之時，人體陰氣隆盛而陽氣衰微。《內經 · 厥論》說："陽氣衰於下則為寒厥"，又說厥証"或令人暴不知人"，寒厥是由"五指而上於膝上寒"（《方盛衰論》：寒厥到膝），以至影響到前陰，其病因正是"陰氣盛而陽氣衰……陽氣衰不能滲營其經絡，陽氣日損，陰氣獨在，故手足為之寒也"。參照虢太子病狀，和扁鵲診斷中有"循其兩股以至於陰"的記載，可見虢太子患的是厥証中的寒厥。

《內經 · 厥論》指出了厥証治療大法："盛則瀉之，虛則補之，不盛不虛，以經取之"；《刺節真邪篇》進一步指出："四厥，血脈凝結堅搏不往來者，亦未可即柔……治厥者，必先熨調和其經，掌與腋、肘與腳、項與脊以調之，火氣已通，血脈乃行，然後視其病，脈淖澤者，刺而平之，堅緊者，破而散之，氣下乃止，此所謂以解結者也" 為什麼要用熱熨之法呢？《刺節真邪篇》解釋："厥在於足…宗氣不下，脈中之血，凝而留之，弗之火調，弗能取之"。比對扁鵲治虢太子的過程，若合符節。

扁鵲先命弟子針虢太子的百會穴。由於頭為諸陽之首，百會乃總督一身陽氣的督脈要穴，為手足三陽與督脈之會，又是足厥陰肝經與督脈會合的地方，針刺百會能振奮一身陽氣，引通肝膽之氣，令陰盡陽生，生機展現，所以過了一會，太子就甦醒了。

接著，扁鵲命弟子“為五分之熨，以八減之齊和熨之，以更熨兩脅下”，很明顯，扁鵲是仿照《內經》的方法，以藥物輪流熱熨太子兩脇下，這和《內經》所言熨腋部的位置十分接近，目的都是調和肝膽氣機，《邪客》說：“肝有邪，其氣流於兩腋”，並認為兩腋是“機關之道，真氣之所過，血絡之所遊”，熨兩腋有助於血絡真氣的恢復暢通，還可兼顧心肺之氣，對恢復宗氣功能有幫助，而熨脇下更著重於布於脇肋的肝經，對順接陰陽之氣以治厥，效果更佳，而且這裏有期門、章門、日月、京門等要穴，分別為肝經、脾經、膽經、腎經的募穴。後賢李東垣指出：“凡治腹之募，皆為原氣不足，從陰引陽勿誤也”；期門又是足厥陰、太陰、陰維之會，日月為足太陰、少陽、陽維之會，章門乃臟之會，其重要性不言而喻。所以太子經治療後，很快就能起坐了。

從以上分析，可見扁鵲的治療是有根有據的，他的醫術決非僅僅飲了上池之水，不用學習就能達到如此精湛的地步，也可以證實司馬公的記載的真實和嚴謹。

醫案

1. IgG4 治驗

IgG4 是一種免疫介導性疾病，常累及大唾液腺，現報導一例的中藥治療過程。

關女士，60 歲，2020 年 7 月 13 日初診。

患者自 2014 年起因家變而鬱鬱寡歡，翌年發現右腮、左腮分別有“核”約 1 cm和 0.5 cm，2019 年 3 月因鼻衄往診西醫，鼻衄止後於 3 月 26 日 EBV 病毒 DNA 檢測呈陰性，12 月 20 日作頸部超聲波檢查，發現兩側唾液腺結節增大，右側為 1.21 cm x1.3 cm x1.26 cm，左側為 1.35 cm x0.82 cm x1.51 cm，2020 年 2 月 4 日經細針抽取右和左唾液腺結節的淋巴樣唾液進行顯微鏡檢查，排除了鼻咽癌病變，但唾液腺腺泡和導管確定為不常見的萎縮，淋巴樣唾液有慢性瀰漫性硬化、良性唾液性炎症和淋巴上皮病變，需進一步考慮；經對淋巴上皮組織活檢評估，需作進一步排除罕見的初期淋巴增生病變，2020 年 1 月 21 日查 IgG 水平為 16.2（經治療後 2021 年 12 月 6 日已降至 12.6），IgG4 水平為 2.444；ESR：26，ANA（抗核抗體），RF（類風濕因子），IgE 均正常，至此，西醫建議用激素治療，患者不同意而轉診中醫。

現症：兩腮唾液腺區域可觸及淋巴結，無壓痛及熱灼，皮色不變，晨起有痰難咯，口微乾苦，舌邊微帶齒印，脈弦滑。處方：生鱉甲五錢、黨參五錢、麥冬六錢、桔梗四錢，生半夏、甘草、浙貝各三錢，桂枝錢半，或加白芥子或製南星、全蟲，去大棗，連服十六劑，至8月7日診，因患者舌乾有裂紋改用下方：黨參、麥冬、浙貝、玄參各五錢，生半夏四錢，白芥子、鬱金、莪朮、生甘草各三錢，昆布、全蟲、製南星各二錢。或加蒲公英或旋覆花或生麥芽，連服四十八劑，後因患者嗜食煎炸至口乾苦，渴飲，痰黃稠難咯，一度改用清肺除痰藥如葦莖湯加翹、芩、魚腥草、公英等十餘劑，待痰熱清除後再服8月7日方加生鱉甲、生牡蠣十餘劑，此時目測及手觸兩腮唾液腺區域之腫大已大為縮減，2021年1月腹部CT：各臟腑正常；2021年1月28日診：口苦口乾渴，痰黃，小便黃，舌紅，苔黃滑，脈弦滑數，處方：龍膽草、絲瓜絡、生半夏、莪朮、浙貝、射干、牛子、柴胡各三錢，玄參、冬瓜仁各五錢，僵蠶、木通各錢半，十六劑後去膽草加昆布再服七十一劑，2022年2月10日超聲波檢查結果：與2019年12月20日比較，右側和左側（唾液腺）堅硬的結節外形平滑，測得大小都是0.4㎝x0.3㎝x0.5㎝，總動脈鞘周圍沒有明顯的淋巴腫大，2022年6月21日查IgG4水平為0.371；ESR為9，各項檢測標正常，追踪至2023年5月3日，IgG4水平為0.33，臨床治愈。

附：第一冊《腫瘤》一文的最新消息：L女士（B細胞惡性淋巴癌）2023年2月複查除WBC稍低外，血液各項檢查均正常。脾臟已縮減至11.2 × 9.6 × 8.3 ㎝的正常大小；G女士（肺癌廣泛轉移）2022年9月MRI復查，延髓癌病灶已全部消失，CEA：2.8；蕭先生（淋巴癌）2023年4月3日CT：除了右縱膈區淋巴結已縮小至0.8㎝外，其它包括頸椎、氣管、支氣管、肺門、脊椎附近都沒有增大的（異常）淋巴結。無新的增生病變；L先生（肺癌）2022年6月7日CT結果：雙肺殘留炎疤斑點基本清除，其他檢查無改變。以上各人至2023年6月下旬仍服中藥治療中（其中三人純用中藥），情況良好。

2. 新冠後味覺消失

李女士，60歲，2022年10月22日初診。今年3月6日感染新冠肺炎，翌日嗅覺味覺全失，再過兩三天，嗅覺慢慢恢復，但味覺依然全無，經多番治療無效而來診。患者脈細、右脈稍沉，舌淡微帶齒印，苔白潤、自覺舌尖如火辣，先後用炙甘草湯、地黃飲子、腎氣丸加減共十五劑，除吃番茄稍覺微酸外，效果不顯，但舌尖之火辣感漸減，診尺脈略浮，舌淡，改用下方：熟地一兩，紫石英、磁石、生龜板、山萸肉、淮山各五錢，焗肉桂粉五分，六劑後，舌尖火辣感消失，尺脈已不浮，脈弦，重按無力，右弱於左，舌淡，邊有齒印，苔白滑、《靈樞·脈度》云："心氣通於舌，心和則舌能知五味矣…脾氣通於口，脾和則口能知五谷矣"。屢治心腎，其效不顯，當治脾，改用下方：吉林參、陳皮、廣木香各三錢，白朮、雲苓各五錢，炙甘草、春砂仁（打、後下）木瓜各二錢，四劑後加蒼朮三錢，再服四劑，味覺已明顯恢復，復去蒼朮，四劑，味覺全部正常。追蹤兩周無復發，痊愈。

3. 面部紅斑

郭女士，39歲，2004年5月12日初診。

主訴：面部紅斑年半。

病史：一年半前面部近迎香穴附近出現紅點如針尖大，並覺搔癢，西醫謂"皮膚過敏"，服藥打針治療數月無效，面部紅點逐漸擴大成斑，沿鼻側兩邊呈蝶形散佈，西醫反復檢驗，排除“狼瘡”，改服激素類藥物，紅斑稍減，旋又增加，再服激素則無效，改診某中醫，診屬“血熱”，服清熱解毒涼血藥多劑，以及自服龜苓膏、外搽苦瓜汁，多方治療無效，因來診治。

患者神倦納差，面部紅斑呈蝶形沿鼻兩旁分佈（鼻部並無波及），總面積約 6 × 8 ㎝，顏色深紅接近瘀色，脈細澀，舌質淡紅、邊有齒印，並無瘀斑或瘀點。診屬氣血兩虛、瘀血結聚，藥用：北芪一両、白术八錢、當歸二錢、熟地一両、益母草五錢，澤蘭、桃仁、白芷各三錢，紅花錢半、甘草二錢，每日一劑，六服。

二診：精神稍好轉，紅斑色稍淡，脈舌如前，考慮病情日久，當以動物搜剔血絡較好，乃於上方去澤蘭、益母草，加入淡全蟲、地龍乾，六劑，去全蟲、地龍，加土鱉錢半，再服六劑，藥後進展緩慢，脈舌如前，考慮連番祛瘀，恐正氣不支，乃於三診方去土鱉、桃仁、紅花，加當歸至五錢，北芪至両半，再加川芎錢半，連服十劑。

五診（6 月 15 日）：精神胃納均有好轉，脈細緩稍澀，面部紅斑續減，處方：北芪両半、當歸二錢、白术八錢、熟地一両、桃仁三錢、甘草二錢、紅花錢半、乾水蛭一錢、白芷三錢，六劑。

經近兩月治療，紅斑已消退大半，面積只餘約 1 × 2 ㎝，顏色轉為一般紅色，脈之澀象已無，遂於五診方去水蛭，減桃仁為錢半、紅花一錢以善後，囑隔日服藥。於 8 月初再診，面部紅斑已消失，追蹤一年並無復發。

4. 心包積液

黎先生，52 歲，2019 年 3 月 6 日初診。

主訴：胸痞、咳嗽、氣促 13 天。
現病史：患者於今年 2 月 21 日因發熱、咳喘入院，診為肺炎、肺積水、心包積液，經西藥治療後，熱退，於 3 月 3 日出院，出院時肺部尚餘少量積液和心包大量積液，因血液檢查指標正常，西醫停用藥物，建議回家休息一段時間觀察，患者覺胸中痞悶、咳痰色黃白膠粘、氣促、疲倦無力而轉診於中醫。患者形瘦、氣短、心悸、微眩、納差、下肢微腫、二便少、口乾欲飲、舌稍淡、苔白黃厚而乾，脉浮弦滑數，重按無力。Bp：86/56mmHg，P：108 次 / 分 律整。
處方：丹參、青天葵、麥冬、小環釵、土茵陳各五錢，太子參、生甘草、枇杷葉各三錢，大棗三枚、芒果核（打）一個、羚羊絲五分（另煎），兩劑，日一劑，水三碗半煎至大半碗頓服，藥渣再用三碗水煎至半碗，隔五小時再服。

二診：諸証悉減，上方去芒果核加鬱金三錢，三劑，服法同上。

三診：胸痞、氣促已大為減少，已無心悸，精神、胃納正常，口中和，下肢仍有微腫，苔薄黃，Bp：96/68mmHg，P：81 次 / 分 。二診方去羚羊、枇杷葉，改小環釵為金釵斛五錢，加益母草五錢、澤蘭、粉防己各三錢，三劑。

四診：下肢腫消，三診方去防己、益母草、鬱金、金釵斛，加淮山、石斛各五錢，三劑後覆查，肺積水已消失，心包積液已大大減少，接近消失。三診方去澤蘭再服六劑，覆查心包積液已消失，痊愈。

5. 運用湧吐法一則

僧某，60 歲，一向自學中醫，因素患痰飲，每遇身體違和，即自行調製中藥煎服，所以家中亦常貯有藥材和成藥備用。2010 年 5 月 18 日晚上 9 時 30 分，筆者忽然接到僧某來電，電話中聲音斷續並帶喘促，訴說近來不思飲食，時有咳嗽，而舌常淡胖，所以今日下午自行處方二陳湯合真武湯一劑（其中熟附子用二錢）煎服，不料服下不久，即覺胸中窒悶異常，呼吸不暢，似不能上續，氣促不能平臥、喉間痰鳴、自診其脈，尺脈摸不到，故急電求助。他問：“我是不是患了痞証？是不是處方錯了？沒有尺脈，是不是大限將至？”聲音中充滿驚惶。筆者也感到奇怪，於是問他發病前有沒有外感症狀？他想了一下，說：“頭痛發熱身痛流涕等等都沒有，不過今早打了幾下噴嚏，覺得有點怕風”。筆者安慰他：“即使外感，未經誤下，也不會這麼快就變成痞証或結胸，問題不在二陳湯，恐怕是真武湯有誤，請你速用濃鹽煎湯（飽和溶液）送服藿香正氣丸（小丸）兩瓶，看看效果如何？”。

翌日上午，患者自行來診，謂服藥約一小時，嘔吐痰涎甚多，身有微汗，不久又腹痛瀉下，胸痞氣促痰鳴諸症消失，惟覺疲倦而睡，一宿醒來，渾身舒泰。筆者見他神清氣爽，舌淡潤而胖，除了左寸中按始得之外，餘脈俱浮弦細滑，遂予藿香正氣丸加減（重用白朮）善後。

事後閑聊，僧某仍然對此感到困惑。他說：“我一向服膺仲景，所用真武湯也是治陽虛水泛喘咳的典型方子，有何不妥？”筆者說：“太陽病發汗，汗出不解，陽氣大傷，無力制約寒水，才形成真武湯証。今外邪未解，卻先壯真陽，邪氣困於表，欲解無門；陽熱怫鬱，反而擾動痰水，宣洩不得，痰水與外邪搏結於胸。尊者說及‘尺脈摸不到’，正是發現病機之處，說明你的症狀是邪氣壅遏於上，令上下不通所致，《難經》指出，“上部有脈，下部無脈，其人當吐，不吐者死”，《內經》又說：“鹹味湧泄為陰”，所以用鹽湯加藿香正氣丸，俾邪氣得以宣洩而解。

朱丹溪說過，吐法也有發汗解表之意，自金元張子和之後，很少應用，《內經》說：“其上者，因而越之”，指出了因勢利導之法，若棄而不究，豈不可惜？

6. 眩暈誤治案

林某，11 歲，2022 年 6 月 6 日初診。患兒於 4 月 24 日戶外游玩後覺眩暈，急診住院，經驗血、CT 等多項檢查不明原因，一周後出院。5 月中旬眩暈大作，頭重墜、微惡寒，時時腹痛，時有胸痞悶，往診中醫，謂體虛，予八珍湯合逍遙散，加芷、藿、樸、夏、陳、杏、桔、尖檳、丹皮、玄參等二十二味，服藥一周，諸症反增，改予玉屏風散加黨參兩劑無效，再轉某醫，採用一天“焗桑拿浴”，第二天則艾灸，如此交替，已經一周，但覺“焗桑拿”後汗出則眩暈稍減，但半日又復如前，口渴腹痛更增，日漸倦怠食減，今已停學一周，轉來診治，診脈浮弦，右關重按則虛，舌尖紅，苔白滑，頗疑5 月中旬，患兒因暑病誤治，即停“桑拿”及艾灸，擬下方：藿香、佩蘭、蓮房、土茵陳、天麻、淮山、靈芝、砂仁。藥後半小時服熱稀粥。服藥兩劑，每次得微汗、腹痛次數稍減，再服兩劑，精神好轉，恢復上學，但覺痰多、大便稍爛，自訴有微汗則諸症稍減，予新加香薷飲加味：香薷錢半、川樸花二錢，金銀花、連翹、藿香、佩蘭、北杏各三錢，蓮房一個、燈芯花五個、竹茹五錢，服藥三劑，藥後得微汗，除了咳嗽、頭微重墜外，餘症均愈，予下方三劑：藿香、佩蘭、川樸花、白蔻仁、金銀花、蓮房、滑石、竹茹、川貝、雲苓。藥後痊愈。

7. 下半身無汗

關女士，55 歲，患者兩年半前收經，此後漸覺下半身寒冷，尤以兩膝為甚，更為奇怪的是，雖然劇烈運動或天氣炎熱，上半身有汗而腰以下汗滴全無，經西醫多方檢查均不明原因，遂於 2012 年 7 月 17 日就診於筆者。患者面色蒼白，精神疲倦，舌淡、苔白潤，脈沉細弦，胃納二便正常，處方：紫石英、肉蓯蓉、杞子各五錢，鹿茸、焗肉桂各五分，補骨脂、熟附子、羊藿葉、乾薑、菟絲子各三錢，仙茅、當歸各二錢，北芪八錢，四劑，日一服；二診脈証如上，去菟絲子、再服八劑，日一服；三診：藥後，精神、面色均好轉，下肢漸覺溫暖，二診處方再服四劑；四診，下肢除了踝骨以下仍覺寒冷外，其餘部位已覺溫暖，今早運動後，發現下半身有微汗，患者大喜過望，診脈細弦，舌淡苔薄白，於二診方去杞子，再服八劑，諸証悉愈。

討論：仲景治黃汗，下半身無汗，用桂枝加黃芪湯，患者雖然也是下半身無汗，卻呈現下元虛冷現像，上方顯然不恰當，頗費思量。《內經 · 陰陽應象大論》云：“陽之汗，以天地之雨名之”，“地氣上為雲、天氣下為雨、雨出地氣、雲出天氣”。然則雲雨之調節敷佈，乃天地之氣上下交泰的表現，人體汗液的正常敷佈，也是陰陽氣上下交通的結果。今患者半身無汗，顯然是上下失樞所致。《內經》又說：“雨氣通於腎”、“地氣上者屬於腎，而生水液也”，又因為腎主五液，《水熱穴論》說：“勇而勞甚，則腎汗出”，可見汗液的來源，與腎也有關。結合患者症狀，診為元陽虛衰較為合理。故處方補腎陽、壯督脈，亦合乎腎主水、督脈主一身陽氣之義。